INDUSTRIAL ROBOT

工业机器人
现场编程与调试

韩鸿鸾　蔡艳辉　卢　超　主编

U0350378

化学工业出版社

·北京·

图书在版编目（CIP）数据

工业机器人现场编程与调试/韩鸿鸾，蔡艳辉，卢超
主编．—北京：化学工业出版社，2017.9（2020.6 重印）
ISBN 978-7-122-30386-8

Ⅰ.①工…　Ⅱ.①韩…②蔡…③卢…　Ⅲ.①工业机
器人-程序设计　Ⅳ.①TP242.2

中国版本图书馆 CIP 数据核字（2017）第 190081 号

责任编辑：贾　娜　　　　　　　　　　文字编辑：陈　喆
责任校对：边　涛　　　　　　　　　　装帧设计：刘丽华

出版发行：化学工业出版社（北京市东城区青年湖南街 13 号　邮政编码 100011）
印　　装：北京盛通商印快线网络科技有限公司
787mm×1092mm　1/16　印张 21½　字数 592 千字　2020 年 6 月北京第 1 版第 3 次印刷

购书咨询：010-64518888　　　　　售后服务：010-64518899
网　　址：http://www.cip.com.cn
凡购买本书，如有缺损质量问题，本社销售中心负责调换。

定　　价：89.00 元

近年来，我国机器人行业在国家政策的支持下，顺势而为，发展迅速，保持着 35% 的高增长率，远高于德国的 9%、韩国的 8% 和日本的 6%。我国已连续两年成为世界第一大工业机器人市场。

我国工业机器人市场之所以能有如此迅速的增长，主要源于以下三点：

（1）劳动力的供需矛盾。主要体现在劳动力成本的上升和劳动力供给的下降。在很多产业，尤其在中低端工业产业，劳动力的供需矛盾非常突出，这对实施"机器换人"计划提出了迫切需求。

（2）企业转型升级的迫切需求。随着全球制造业转移的持续深入，先进制造业回流，我国的低端制造业面临产业转移和空心化的风险，迫切需要转变传统的制造模式，降低企业运行成本，提升企业发展效率，提升工厂的自动化、智能化程度。而工业机器人的大量应用，是提升企业产能和产品质量的重要手段。

（3）国家战略需求。工业机器人作为高端制造装备的重要组成部分，技术附加值高，应用范围广，是我国先进制造业的重要支撑技术和信息化社会的重要生产装备，对工业生产、社会发展以及增强军事国防实力都具有十分重要的意义。

随着机器人技术及智能化水平的提高，工业机器人已在众多领域得到了广泛的应用。其中，汽车、电子产品、冶金、化工、塑料、橡胶是我国使用机器人最多的几个行业。未来几年，随着行业需要和劳动力成本的不断提高，我国机器人市场增长潜力巨大。尽管我国将成为当今世界最大的机器人市场，但每万名制造业工人拥有的机器人数量却远低于发达国家水平和国际平均水平。工信部组织制订了我国机器人技术路线图及机器人产业"十三五"规划，到 2020 年，工业机器人密度达到每万名员工使用 100 台以上。我国工业机器人市场将高倍速增长，未来十年，工业机器人是看不到"天花板"的行业。

虽然多种因素推动着我国工业机器人行业不断发展，但应用人才严重缺失的问题清晰地摆在我们面前，这是我国推行工业机器人技术的最大瓶颈。中国机械工业联合会的统计数据表明，我国当前机器人应用人才缺口 20 万，并且以每年 20%～30% 的速度持续递增。

工业机器人作为一种高科技集成装备，对专业人才有着多层次的需求，主要分为研发工程师、系统设计与应用工程师、调试工程师和操作及维护人员四个层次。其中，需求量最大的是基础的操作和维护人员以及掌握基本工业机器人应用技术的调试工程师和更高层次的应用工程师，工业机器人专业人才的培养，要更加着力于应用型人才的培养。

为了适应机器人行业发展的形势，满足从业人员学习机器人技术相关知识的需求，我们从生产实际出发，组织业内专家编写了本书，全面讲解了工业机器人现场编程的方法与调试要点，以期给从业人员和大学院校相关专业师生提供实用性指导与帮助。

本书由韩鸿鸾、蔡艳辉、卢超任主编，袁有德、田震、谢华、董晓明任副主编，阮洪涛、刘曙光、徐艇、孔庆亮、程宝鑫、张朋波、孔伟、丛培兰、马岩、张瑞社、李永杉、梁典民、赵峰、张玉东、王常义、安丽敏、孙杰、柳鹏、丛志鹏、马述秀、褚元娟、汪兴科、王勇、丁守会、李雅楠、陈青、宁爽、梁婷、姜兴道、荣志军、王小方、郑建强、李鲁平、王树平参与编写。全书由韩鸿鸾统稿。在本书编写过程中得到了山东省、河南省、河北省、江苏省、上海市等技能鉴定部门的大力支持，此外，青岛利博尔电子有限公司、青岛时代焊接设备有限公司、山东鲁南机床有限公司、山东山推工程机械有限公司等企业为本书的编写提供了大量帮助，在此深表谢意。

在本书编写过程中，参考了《工业机器人装调维修工》《工业机器人操作调整工》职业技能标准的要求，以备读者考取技能等级；同时还借鉴了全国及多省工业机器人大赛的相关要求，为读者参加相应的大赛提供参考。

由于水平所限，书中不足之处在所难免，恳请广大读者给予批评指正。

编者

目录

CONTENTS

第1章

工业机器人现场编程与调试基础

1.1 工业机器人的组成与工作原理

1.1.1 工业机器人的基本组成

工业机器人通常由执行机构、驱动系统、控制系统和传感系统四部分组成，如图 1-1 所示。工业机器人各组成部分之间的相互作用关系如图 1-2 所示。

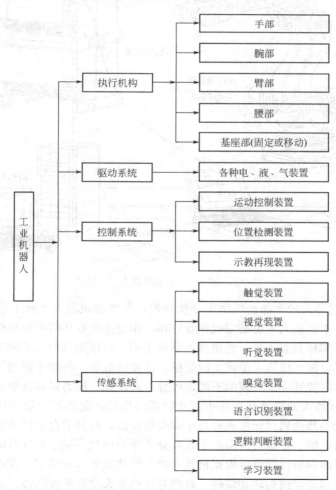

图 1-1　工业机器人的组成

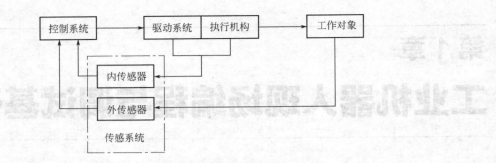

图 1-2 机器人各组成部分之间的关系

（1）执行机构

执行机构是机器人赖以完成工作任务的实体，通常由一系列连杆、关节或其他形式的运动副所组成。从功能的角度可分为手部、腕部、臂部、腰部和机座，如图 1-3 所示。

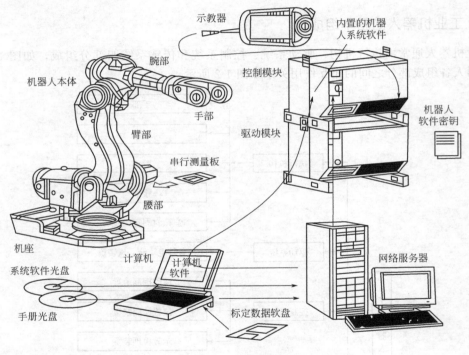

图 1-3 工业机器人

① 手部　工业机器人的手部也叫做末端执行器，是装在机器人手腕上直接抓握工件或执行作业的部件。手部对于机器人来说是完成作业好坏、作业柔性好坏的关键部件之一。

手部可以像人手那样具有手指，也可以不具备手指；可以是类似人手的手爪，也可以是进行某种作业的专用工具，例如机器人手腕上的焊枪、油漆喷头等。各种手部的工作原理不同，结构形式各异，常用的手部按其夹持原理的不同，可分为机械式、磁力式和真空式三种。

② 腕部　工业机器人的腕部是连接手部和臂部的部件，起支撑手部的作用。机器人一般具有 6 个自由度才能使手部达到目标位置和处于期望的姿态，腕部的自由度主要是实现所期望的姿态，并扩大臂部运动范围。手腕按自由度个数可分为单自由度手腕、2 自由度手腕和 3 自由度手腕。腕部实际所需的自由度数目应根据机器人的工作性能要求来确定。在有些情况下，腕部具有两个自由度：翻转和俯仰或翻转和偏转。有些专用机器人没有手腕部件，而是直接将手部安装在手部的前端；有的腕部为了特殊要求还有横向移动自由度。

③ 臂部　工业机器人的臂部是连接腰部和腕部的部件，用来支撑腕部和手部，实现较大运动范围。臂部一般由大臂、小臂（或多臂）所组成。臂部总质量较大，受力一般比较复杂，在运动时，直接承受腕部、手部和工件的静、动载荷，尤其在高速运动时，将产生较大的惯性力（或惯性力矩），引起冲击，影响定位精度。

④ 腰部　腰部是连接臂部和基座的部件，通常是回转部件。由于它的回转，再加上臂部的运动，就能使腕部作空间运动。腰部是执行机构的关键部件，它的制作误差、运动精度和平稳性对机器人的定位精度有决定性的影响。

⑤ 机座　机座是整个机器人的支持部分，有固定式和移动式两类。移动式机座用来扩大机器人的活动范围，有的是专门的行走装置，有的是轨道、滚轮机构。机座必须有足够的刚度和稳定性。

(2) 驱动系统

工业机器人的驱动系统是向执行系统各部件提供动力的装置，包括驱动器和传动机构两部分，它们通常与执行机构连成一体。驱动器通常有电动、液压、气动装置以及把它们结合起来应用的综合系统。常用的传动机构有谐波传动、螺旋传动、链传动、带传动以及各种齿轮传动等机构。工业机器人驱动系统的组成如图 1-4 所示。

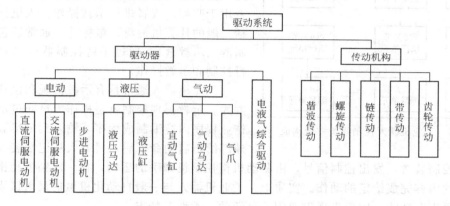

图 1-4　工业机器人驱动系统的组成

① 气力驱动　气力驱动系统通常由气缸、气阀、气罐和空压机（或由气压站直接供给）等组成，以压缩空气来驱动执行机构进行工作。其优点是空气来源方便、动作迅速、结构简单、造价低、维修方便、防火防爆、漏气对环境无影响，缺点是操作力小、体积大，又由于空气的压缩性大、速度不易控制、响应慢、动作不平稳、有冲击，气源压力一般只有 60MPa 左右，故此类机器人适宜抓举力要求较小的场合。

② 液压驱动　液压驱动系统通常由液动机（各种油缸、油马达）、伺服阀、油泵、油箱等组成，以压缩机油来驱动执行机构进行工作。其特点是操作力大、体积小、传动平稳且动作灵敏、耐冲击、耐振动、防爆性好。相对于气力驱动，液压驱动的机器人具有大得多的抓举能力，可高达上百千克。但液压驱动系统对密封的要求较高，且不宜在高温或低温的场合工作，要求的制造精度较高，成本较高。

③ 电力驱动　电力驱动是利用电动机产生的力或力矩，直接或经过减速机构驱动机器人，以获得所需的位置、速度和加速度。电力驱动具有电源易取得，无环境污染，响应快，驱动力较大，信号检测、传输、处理方便，可采用多种灵活的控制方案，运动精度高，成本低，驱动效率高等优点，是目前机器人使用最多的一种驱动方式。驱动电动机一般采用步进电动机、直流伺服电动机以及交流伺服电动机。由于电动机转速高，通常还须采用减速机构，目前有些机构已开始采用无需减速机构的特制电动机直接驱动，这样既可简化机

构，又可提高控制精度。

④ 其他驱动方式　采用混合驱动，即液、气或电、气混合驱动。

(3) 控制系统

控制系统的任务是根据机器人的作业指令程序以及从传感器反馈回来的信号支配机器人的执行机构完成固定的运动和功能。若工业机器人不具备信息反馈特征，则为开环控制系统；若具备信息反馈特征，则为闭环控制系统。

工业机器人的控制系统主要由主控计算机和关节伺服控制器组成，如图1-5所示。上位主控计算机主要根据作业要求完成编程，并发出指令控制各伺服驱动装置使各杆件协调工作，同时还要完成环境状况、周边设备之间的信息传递和协调工作。关节伺服控制器用于实现驱动单元的伺服控制，轨迹插补计算，以及系统状态监测。机器人的测量单元一般安装在执行部件中的位置检测元件（如光电编码器）和速度检测元件（如测速电机），这些检测量反馈到控制器中或者用于闭环控制，或者用于监测，或者进行示教操作。人机接口除了包括一般的计算机键盘、鼠标外，通常还包括手持控制器（示教盒），通过手持控制器可以对机器人进行控制和示教操作。

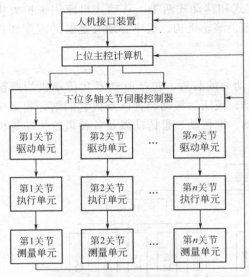

图1-5　工业机器人控制系统一般构成

工业机器人通常具有示教再现和位置控制两种方式。示教再现控制就是操作人员通过示教装置把作业程序内容编制成程序，输入到记忆装置中，在外部给出启动命令后，机器人从记忆装置中读出信息并送到控制装置，发出控制信号，由驱动机构控制机械手的运动，在一定精度范围内按照记忆装置中的内容完成给定的动作。实质上，工业机器人与一般自动化机械的最大区别就是它具有"示教再现"功能，因而表现出通用、灵活的"柔性"特点。

工业机器人的位置控制方式有点位控制和连续路径控制两种。其中，点位控制这种方式只关心机器人末端执行器的起点和终点位置，而不关心这两点之间的运动轨迹，这种控制方式可完成无障碍条件下的点焊、上下料、搬运等操作。连续路径控制方式不仅要求机器人以一定的精度达到目标点，而且对移动轨迹也有一定的精度要求，如机器人喷漆、弧焊等操作。实质上这种控制方式是以点位控制方式为基础，在每两点之间用满足精度要求的位置轨迹插补算法实现轨迹连续化的。

(4) 传感系统

传感系统是机器人的重要组成部分，按其采集信息的位置，一般可分为内部和外部两类传感器。内部传感器是完成机器人运动控制所必需的传感器，如位置、速度传感器等，用于采集机器人内部信息，是构成机器人不可缺少的基本元件。外部传感器检测机器人所处环境、外部物体状态或机器人与外部物体的关系。常用的外部传感器有力觉传感器、触觉传感器、接近觉传感器、视觉传感器等。一些特殊领域应用的机器人还可能需要具有温度、湿度、压力、滑动量、化学性质等感觉能力方面的传感器。机器人传感器的分类如表1-1所示。

传统的工业机器人仅采用内部传感器，用于对机器人运动、位置及姿态进行精确控制。使用外部传感器，使得机器人对外部环境具有一定程度的适应能力，从而表现出一定程度的智能。

表 1-1　机器人传感器的分类

内部 传感器	用途	机器人的精确控制
	检测的信息	位置、角度、速度、加速度、姿态、方向等
	所用传感器	微动开关、光电开关、差动变压器、编码器、电位计、旋转变压器、测速发电机、加速度计、陀螺、倾角传感器、力(或力矩)传感器等
外部 传感器	用途	了解工件、环境或机器人在环境中的状态,对工件的灵活、有效的操作
	检测的信息	工件和环境:形状、位置、范围、质量、姿态、运动、速度等 机器人与环境:位置、速度、加速度、姿态等 对工件的操作:非接触(间隔、位置、姿态等)、接触(障碍检测、碰撞检测等)、触觉(接触觉、压觉、滑觉)、夹持力等
	所用传感器	视觉传感器、光学测距传感器、超声测距传感器、触觉传感器、电容传感器、电磁感应传感器、限位传感器、压敏导电橡胶、弹性体加应变片等

1.1.2　机器人的基本工作原理

现在广泛应用的工业机器人都属于第一代机器人,它的基本工作原理是示教再现,如图 1-6 所示。

示教也称为导引,即由用户引导机器人,一步步将实际任务操作一遍,机器人在引导过程中自动记忆示教的每个动作的位置、姿态、运动参数、工艺参数等,并自动生成一个连续执行全部操作的程序。

完成示教后,只需给机器人一个启动命令,机器人将精确地按示教动作,一步步完成全部操作,这就是示教与再现。

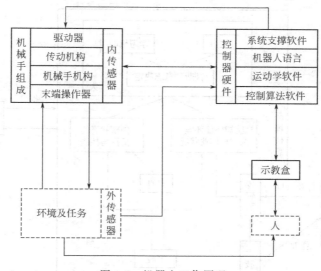

图 1-6　机器人工作原理

(1) 机器人手臂的运动

机器人的机械臂由数个刚性杆体和旋转或移动的关节连接而成,是一个开环关节链,开链的一端固接在基座上,另一端是自由的,安装着末端执行器(如焊枪),在机器人操作时,机器人手臂前端的末端执行器必须与被加工工件处于相适应的位置和姿态,而这些位置和姿态是由若干个臂关节的运动所合成的。

因此,机器人运动控制中,必须要知道机械臂各关节变量空间和末端执行器的位置和姿态之间的关系,这就是机器人运动学模型。一台机器人机械臂的几何结构确定后,其运动学模型即可确定，这是机器人运动控制的基础。

（2）机器人轨迹规划

机器人机械手端部从起点的位置和姿态到终点的位置和姿态的运动轨迹空间曲线叫做路径。

轨迹规划的任务是用一种函数来"内插"或"逼近"给定的路径，并沿时间轴产生一系列"控制设定点"，用于控制机械手运动。目前常用的轨迹规划方法有空间关节插值法和笛卡儿空间规划两种方法。

（3）机器人机械手的控制

当一台机器人机械手的动态运动方程已给定，它的控制目的就是按预定性能要求保持机械手的动态响应。但是由于机器人机械手的惯性力、耦合反应力和重力负载都随运动空间的变化而变化，因此要对它进行高精度、高速度、高动态品质的控制是相当复杂而困难的。

目前工业机器人上采用的控制方法是把机械手上每一个关节都当做一个单独的伺服机构，即把一个非线性的、关节间耦合的变负载系统，简化为线性的非耦合单独系统。

1.1.3 机器人应用与外部的关系

（1）机器人应用涉及的领域

机器人技术是集机械工程学、计算机科学、控制工程、电子技术、传感器技术、人工智能、仿生学等学科为一体的综合技术，它是多学科科技革命的必然结果。每一台机器人，都是一个知识密集和技术密集的高科技机电一体化产品。机器人与外部的关系如图 1-7 所示，机器人技术涉及的研究领域有如下几个。

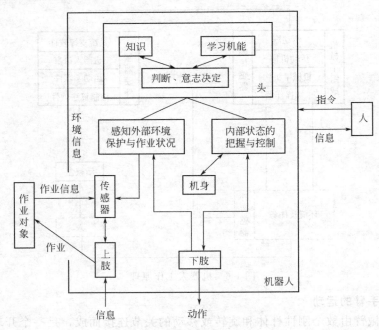

图 1-7　机器人与外部的关系

① 传感器技术。得到与人类感觉机能相似的传感器技术。

② 人工智能计算机科学。得到与人类智能或控制机能相似能力的人工智能或计算机科学。

③ 假肢技术。

④ 工业机器人技术。把人类作业技能具体化的工业机器人技术。

⑤ 移动机械技术。实现动物行走机能的行走技术。

⑥ 生物功能。以实现生物机能为目的的生物学技术。

（2）机器人研究内容

机器人研究的基础内容有以下几方面。

① 空间机构学　空间机构在机器人中的应用体现在：机器人机身和臂部机构的设计、机器人手部机构设计、机器人行走机构的设计、机器人关节部机构的设计，即机器人机构的型综合和尺寸综合。

② 机器人运动学　机器人的执行机构实际上是一个多刚体系统，研究要涉及组成这一系统的各杆件之间以及系统与对象之间的相互关系，为此需要一种有效的数学描述方法。

③ 机器人静力学　机器人与环境之间的接触会在机器人与环境之间引起相互的作用力和力矩，而机器人的输入关节力矩由各个关节的驱动装置提供，通过手臂传至手部，使力和力矩作用在环境的接触面上。这种力和力矩的输入和输出关系在机器人控制中是十分重要的。静力学主要讨论机器人手部端点力与驱动器输入力矩的关系。

④ 机器人动力学　机器人是一个复杂的动力学系统，要研究和控制这个系统，首先必须建立它的动力学方程。动力学方程是指作用于机器人各机构的力或力矩与其位置、速度、加速度关系的方程式。

⑤ 机器人控制技术　机器人的控制技术是在传统机械系统的控制技术的基础上发展起来的，两者之间无根本的不同。但机器人控制系统也有许多特殊之处，它是有耦合的、非线性的多变量的控制系统，其负载、惯量、重心等随时间都可能变化，不仅要考虑运动学关系还要考虑动力学因素，其模型为非线性而工作环境又是多变的，等等。主要研究的内容有机器人控制方式和机器人控制策略。

⑥ 机器人传感器　机器人的感觉主要通过传感器来实现，如表 1-1 所示。

⑦ 机器人语言　机器人语言分为通用计算机语言和专用机器人语言，通用机器人语言的种类极多，常用的有汇编语言、FORTRAN、PASCAL、FORTH、BASIC 等。随着作业内容的复杂化，利用程序来控制机器人显得越来越困难，为了寻求用简单的方法描述作业，控制机器人动作，人们开发了一些机器人专用语言，如 AL、VAL、IML、PART、AUTOPASS 等。作为机器人语言，首先要具有作业内容的描述性，不管作业内容如何复杂，都能准确加以描述；其次要具有环境模型的描述性，要能用简单的模型描述复杂的环境，要能适应操作情况的变化改变环境模型的内容；再次要求具有人机对话的功能，以便及时描述新的作业及修改作业内容；最后要求在出现危险情况时能及时报警并停止机器人动作。

1.2　机器人的基本术语与图形符号

1.2.1　机器人的基本术语

（1）关节

关节（Joint）：即运动副，是允许机器人手臂各零件之间发生相对运动的机构，是两构件直接接触并能产生相对运动的活动连接，如图 1-8 所示。A、B 两部件可以做互动连接。

高副机构（Higher Pair）：简称高副，指的是运动机构的两构件通过点或线的接触而构成的运动副。例如齿轮副和凸轮副就属于高副机构。平面高副机构拥有两个自由度，即相对接触面切线方向的移动和相对接触点的转动。相对而言，通过面的接触而构成的运动副叫做低副

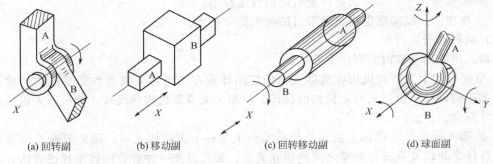

| (a) 回转副 | (b) 移动副 | (c) 回转移动副 | (d) 球面副 |

图 1-8　机器人的关节

机构。

关节是各杆件间的结合部分，是实现机器人各种运动的运动副，由于机器人的种类很多，其功能要求不同，关节的配置和传动系统的形式都不同。机器人常用的关节有移动、旋转运动副。一个关节系统包括驱动器、传动器和控制器，属于机器人的基础部件，是整个机器人伺服系统中的一个重要环节，其结构、重量、尺寸对机器人性能有直接影响。

① 回转关节　回转关节又叫做回转副、旋转关节，是使连接两杆件的组件中的一件相对于另一件绕固定轴线转动的关节，两个构件之间只作相对转动的运动副。如手臂与机座、手臂与手腕，并实现相对回转或摆动的关节机构，由驱动器、回转轴和轴承组成。多数电动机能直接产生旋转运动，但常需各种齿轮、链、带传动或其他减速装置，以获取较大的转矩。

② 移动关节　移动关节又叫做移动副、滑动关节、棱柱关节，是使两杆件的组件中的一件相对于另一件作直线运动的关节，两个构件之间只作相对移动。它采用直线驱动方式传递运动，包括直角坐标结构的驱动，圆柱坐标结构的径向驱动和垂直升降驱动，以及极坐标结构的径向伸缩驱动。直线运动可以直接由气缸或液压缸和活塞产生，也可以采用齿轮齿条、丝杠、螺母等传动元件把旋转运动转换成直线运动。

③ 圆柱关节　圆柱关节又叫做回转移动副、分布关节，是使两杆件的组件中的一件相对于另一件移动或绕一个移动轴线转动的关节，两个构件之间除了作相对转动之外，还同时可以作相对移动。

④ 球关节　球关节又叫做球面副，是使两杆件间的组件中的一件相对于另一件在三个自由度上绕一固定点转动的关节，即组成运动副的两构件能绕一球心作三个独立的相对转动的运动副。

（2）连杆

连杆（Link）：指机器人手臂上被相邻两关节分开的部分，是保持各关节间固定关系的刚体，是机械连杆机构中两端分别与主动和从动构件铰接以传递运动和力的杆件。例如在往复活塞式动力机械和压缩机中，用连杆来连接活塞与曲柄。连杆多为钢件，其主体部分的截面多为圆形或工字形，两端有孔，孔内装有青铜衬套或滚针轴承，供装入轴销而构成铰接。

连杆是机器人中的重要部件，它连接着关节，其作用是将一种运动形式转变为另一种运动形式，并把作用在主动构件上的力传给从动构件以输出功率。

（3）刚度

刚度（Stiffness）：是机器人机身或臂部在外力作用下抵抗变形的能力。它用外力和在外力作用方向上的变形量（位移）之比来度量。在弹性范围内，刚度是零件载荷与位移成正比的比例系数，即引起单位位移所需的力。它的倒数称为柔度，即单位力引起的位移。刚度可分为静刚度和动刚度。

在任何力的作用下，体积和形状都不发生改变的物体叫做刚体（Rigid Body）。在物理学上，理想的刚体是一个固体的、尺寸值有限的、形变情况可以被忽略的物体。不论是否受力，在刚体内任意两点的距离都不会改变。在运动中，刚体 E 任意一条直线在各个时刻的位置都保持平行。

1.2.2　机器人的图形符号体系

（1）运动副的图形符号

机器人所用的零件和材料以及装配方法等与现有的各种机械完全相同。机器人常用的关节有移动、旋转运动副，常用的运动副图形符号如表 1-2 所示。

表 1-2　常用的运动副图形符号

运动副名称		运动副符号	
转动副		两运动构件构成的运动副	两构件之一为固定时的运动副
平面运动副	转动副	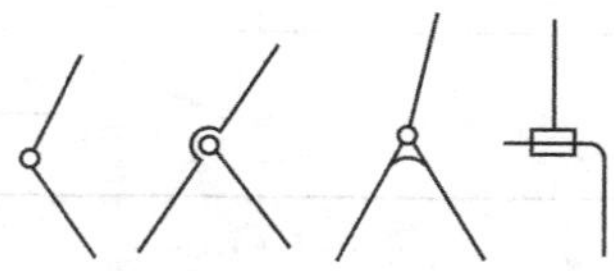	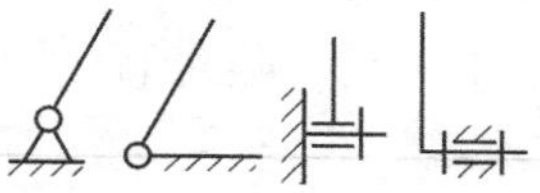
	移动副	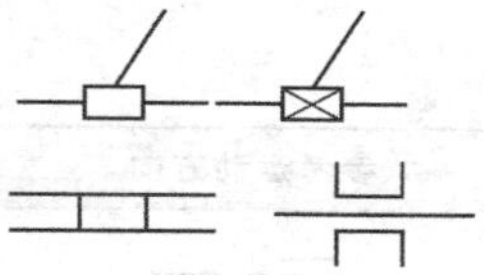	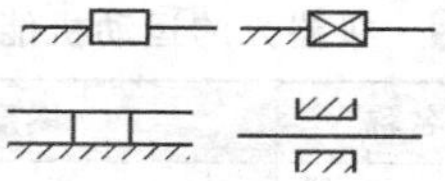
	平面高副		
空间运动副	螺旋副	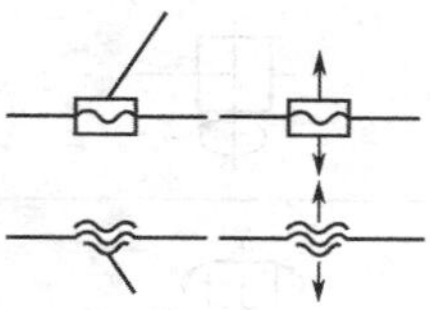	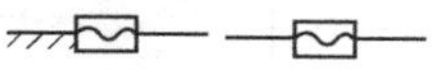
	球面副及球销副	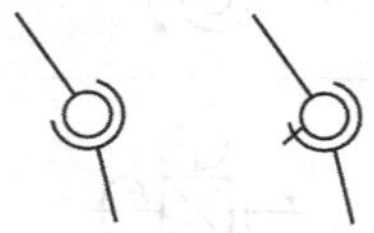	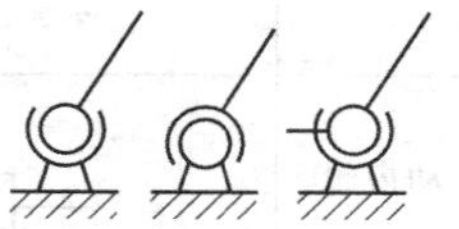

（2）基本运动的图形符号

机器人的基本运动与现有的各种机械表示也完全相同。常用的基本运动图形符号如表 1-3 所示。

表 1-3 常用的基本运动图形符号

序号	名称	符号
1	直线运动方向	 单向　双向
2	旋转运动方向	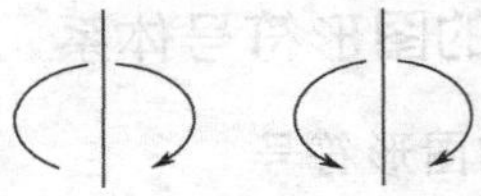 单向　双向
3	连杆、轴关节的轴	
4	刚性连接	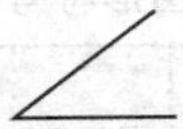
5	固定基础	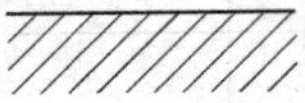
6	机械联锁	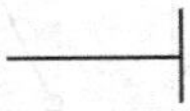

（3）运动机能的图形符号

机器人的运动机能常用的图形符号如表 1-4 所示。

表 1-4 机器人的运动机能常用的图形符号

编号	名称	图形符号	参考运动方向	备注
1	移动(1)	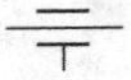	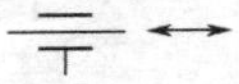	
2	移动(2)	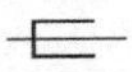	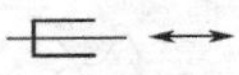	
3	回转机构	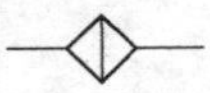	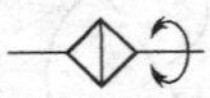	
4	旋转(1)	① 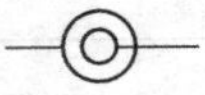 ② 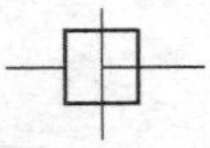	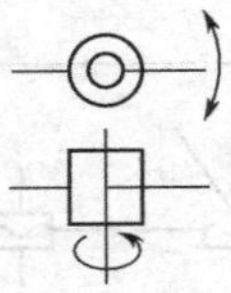	①一般常用的图形符号 ②表示①的侧向的图形符号
5	旋转(2)	① 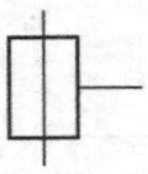 ② 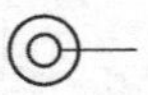	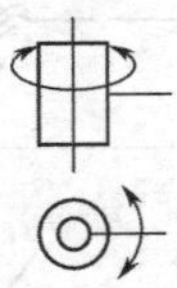	①一般常用的图形符号 ②表示①的侧向的图形符号
6	差动齿轮	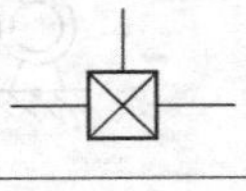	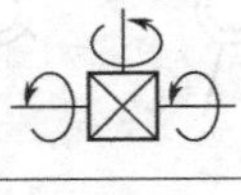	
7	球关节	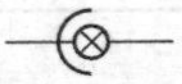		
8	握持	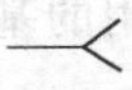	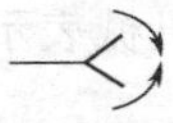	

续表

编号	名称	图形符号	参考运动方向	备注
9	保持			包括已成为工具的装置。工业机器人的工具此处未作规定
10	机座	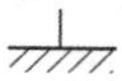		

（4）运动机构的图形符号

机器人的运动机构常用的图形符号如表 1-5 所示。

表 1-5　机器人的运动机构常用的图形符号

序号	名称	自由度	符号	参考运动方向	备注
1	直线运动关节(1)	1	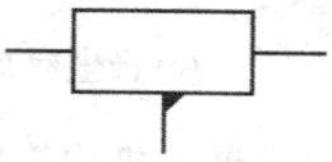	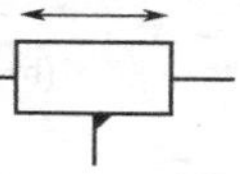	
2	直线运动关节(2)	1		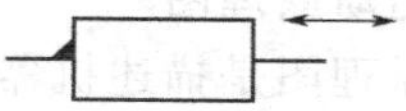	
3	旋转运动关节(1)	1	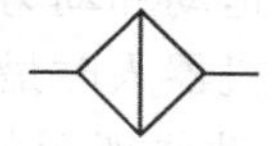	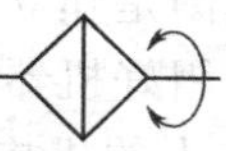	
4	旋转运动关节(2)	1			平面
5		1	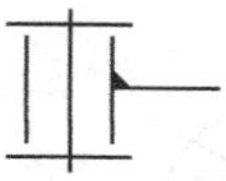	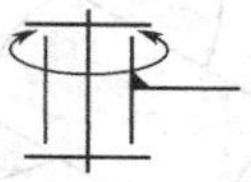	立体
6	轴套式关节	2	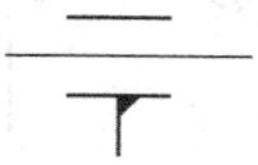	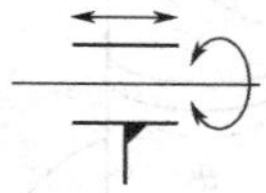	
7	球关节	3	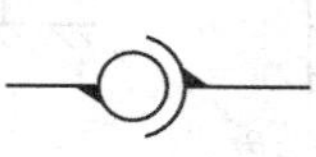		
8	末端操作器		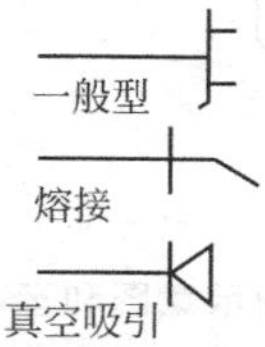 一般型 熔接 真空吸引		用途示例

1.2.3　机器人的图形符号表示

机器人的描述方法可分为机器人机构简图、机器人运动原理图、机器人传动原理图、机器人速度描述方程、机器人位姿运动学方程、机器人静力学描述方程等。

(1) 四种坐标机器人的机构简图

机器人的机构简图是描述机器人组成机构的直观图形表达形式，是将机器人的各个运动部件用简便的符号和图形表达出来，此图可用上述图形符号体系中的文字与代号表示。常见四种坐标机器人的机构简图如图 1-9 所示。

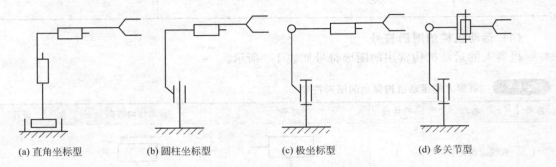

(a) 直角坐标型　　(b) 圆柱坐标型　　(c) 极坐标型　　(d) 多关节型

图 1-9　典型机器人机构简图

(2) 机器人运动原理图

机器人运动原理图是描述机器人运动的直观图形表达形式，是将机器人的运动功能原理用简便的符号和图形表达出来，此图可用上述的图形符号体系中的文字与代号表示。

机器人运动原理图是建立机器人坐标系、运动和动力方程式、设计机器人传动原理图的基础，也是我们为了应用好机器人，在学习使用机器人时最有效的工具。

PUMA-262 机器人的机构运动示意图和运动原理图如图 1-10 所示。可见，运动原理图可以简化为机构运动示意图，以明确主要因素。

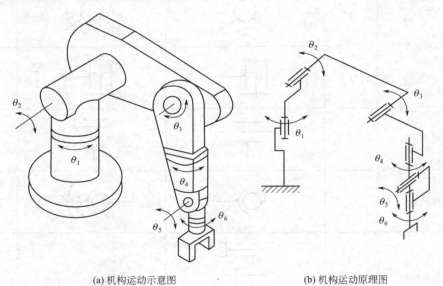

(a) 机构运动示意图　　　　　　(b) 机构运动原理图

图 1-10　机构运动示意图和运动原理图

(3) 机器人传动原理图

将机器人动力源与关节之间的运动及传动关系用简洁的符号表示出来，就是机器人传动原理图。PUMA-262 机器人的传动原理图如图 1-11 所示。机器人的传动原理图是机器人传动系统设计的依据，也是理解传动关系的有效工具。

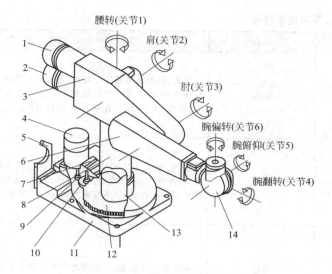

（a）PUMA-262 关节型机器人结构简图

1—关节 2 的电动机；2—关节 3 的电动机；3—大臂；4—关节 1 的电动机；5—小臂定位夹板；

6—小臂；7—气动阀；8—立柱；9—直齿轮；10—中间齿轮；11—基座；

12—主齿轮；13—管形连接轴；14—手腕

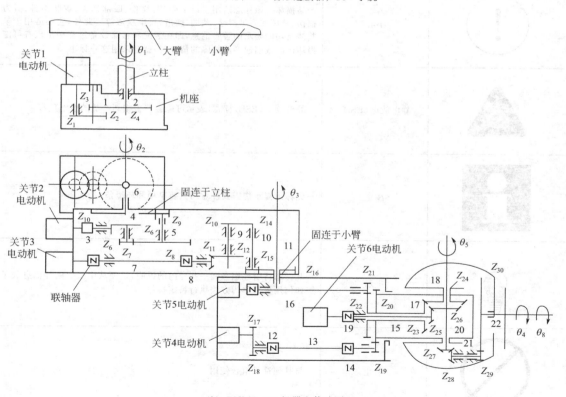

（b）PUMA-262 机器人传动原理

图 1-11 PUMA-262 机器人结构简图和传动原理

1.2.4 机器人的提示符号

工业机器人的常用提示符号如表 1-6 所示。

表 1-6 工业机器人常用提示符号

符号	名称	含 义
	危险	警告,如果不依照说明操作,就会发生事故,并导致严重或致命的人员伤害和/或严重的产品损坏。该标志适用于以下险情:触碰高压单元、爆炸、火灾、吸入有毒气体、挤压、撞击、坠落等
	警告	警告,如果不依照说明操作,可能会发生事故,导致严重的人员伤害,甚至死亡,或严重的产品损坏。该标志适用于以下险情:触碰高压单元、爆炸、火灾、吸入有毒气体、挤压、撞击、坠落等
	电击	触电或电击标志,表示那些导致严重个人伤害或死亡的电气危害
	小心	警告,如果不依照说明操作,可能会发生事故,导致人员伤害和(或)产品损坏。该标志适用于以下险情:烧伤、眼部伤害、皮肤伤害、听力损伤、挤压或失足滑落、跌倒、撞击、高空跌落等。此外,它还适用于某些涉及功能要求的警告消息,即在装配和移除设备过程中出现有可能损坏产品或引起产品故障的情况时,就会采用这一标志
	静电放电(ESD)	静电放电(ESD)标志,表示可能会严重损坏产品的静电危害
	注意	此标志提示您需要注意的重要事项和环境条件
	提示	此标志将引导您参阅一些专门的说明,以便从中获取附加信息或了解如何用更简单的方法执行特定操作
	禁止	与其他符号组合使用
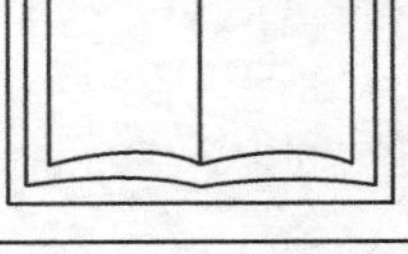	产品手册	阅读产品手册获取详细信息

符号	名称	含　义
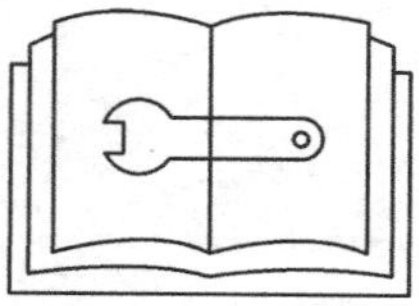	拆卸前提示	拆卸之前,请先参阅产品手册
	请勿拆卸	拆卸此部件可能会造成伤害
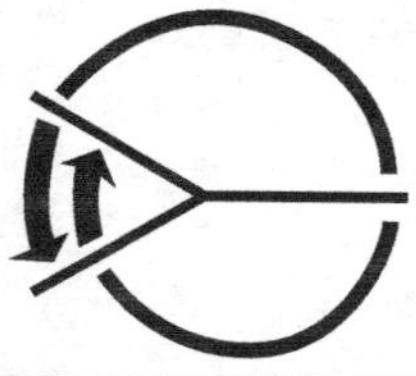	扩展旋转	相比于标准轴,此轴具有扩展旋转(工作区域)
	制动闸释放	按此按钮将释放制动闸,这意味着操纵器手臂可能会下降
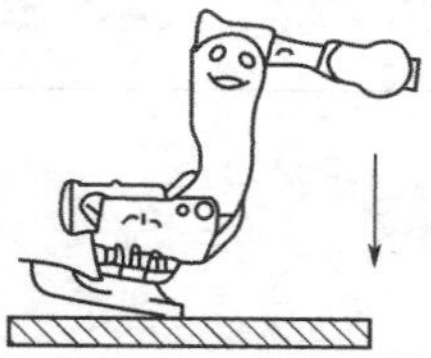	拧松螺栓时提示风险	如果螺栓未牢牢拧紧,操纵器可能会翻倒
	压轧	有压轧伤害的风险
	发热	可能会造成灼伤的发热风险
	移动机器人	机器人可能会意外移动

续表

符号	名称	含 义
 ⑥⑤④③②①	制动闸释放按钮	—
	吊环螺栓	—
	吊升机器人	—
	润滑油	如果不允许使用润滑油,可以与禁止符号组合使用
	机械停止	—
	储存的能量	警告此部件含有储存的能量 与请勿拆卸符号组合使用
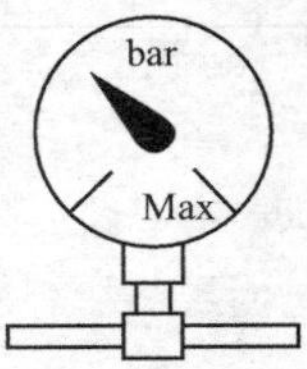	压力	警告此部件受到压力。通常包含压力水平附件文本
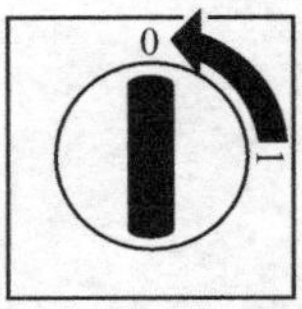	通过操纵柄关闭	使用控制器上的电源开关

1.2.5　工业机器人技术参数

技术参数是各工业机器人制造商在产品供货时所提供的技术数据。尽管各厂商所提供的技术参数项目是不完全一样的，工业机器人的结构、用途等有所不同，且用户的要求也不同，但是，工业机器人的主要技术参数一般都应有自由度、重复定位精度、工作范围、最大工作速度、承载能力等。

① 自由度　自由度是指机器人所具有的独立坐标轴运动的数目，不应包括手爪（末端操作器）的开合自由度。在三维空间中描述一个物体的位置和姿态（简称位姿）需要 6 个自由度。但是，工业机器人的自由度是根据其用途而设计的，可能小于 6 个自由度，也可能大于 6 个自由度。例如，PUMA-562 机器人具有 6 个自由度，如图 1-12 所示，可以进行复杂空间曲面的弧焊作业。从运动学的观点看，在完成某一特定作业时具有多余自由度的机器人，就叫做冗余自由度机器人，也可简称为冗余度机器人。例如，PUMA-562 机器人去执行印制电路板上接插电子器件的作业时就称为冗余度机器人。利用冗余的自由

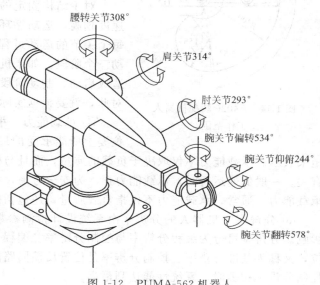

图 1-12　PUMA-562 机器人

度，可以增加机器人的灵活性，躲避障碍物和改善动力性能。人的手臂（大臂、小臂、手腕）共有 7 个自由度，所以工作起来很灵巧，手部可回避障碍物，从不同方向到达同一个目的点。

② 工作范围　工作范围是指机器人手臂末端或手腕中心所能到达的所有点的集合，也叫做工作区域。因为末端操作器的形状和尺寸是多种多样的，为了真实反映机器人的特征参数，所以是指不安装末端操作器时的工作区域。工作范围的形状和大小是十分重要的，机器人在执行某作业时可能会因为存在手部不能到达的作业死区（Dead Zone）而不能完成任务。图 1-13 和图 1-14 所示分别为 PUMA 机器人和 A4020 机器人的工作范围。

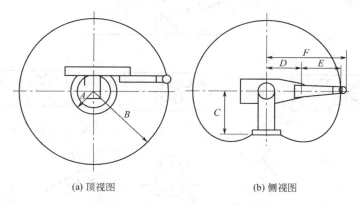

(a) 顶视图　　　　　　　　(b) 侧视图

图 1-13　PUMA 机器人工作范围

③ 最大工作速度　机器人在保持运动平稳性和位置精度的前提下所能达到的最大速度称

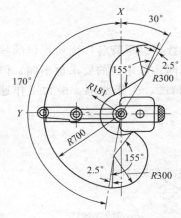

图 1-14　A4020 装配机器人
工作范围

为额定速度。其某一关节运动的速度称为单轴速度，由各轴速度分量合成的速度称为合成速度。

机器人在额定速度和规定性能范围内，末端执行器所能承受负载的允许值称为额定负载。在限制作业条件下，为了保证机械结构不损坏，末端执行器所能承受负载的最大值称为极限负载。

对于结构固定的机器人，其最大行程为定值，因此额定速度越高，运动循环时间越短，工作效率也越高。而机器人每个关节的运动过程一般包括启动加速、匀速运动和减速制动三个阶段。如果机器人负载过大，则会产生较大的加速度，造成启动、制动阶段时间增长，从而影响机器人的工作效率。对此，就要根据实际工作周期来平衡机器人的额定速度。

④ 承载能力　承载能力是指机器人在工作范围内的任何位姿上所能承受的最大质量，通常可以用质量、力矩或惯性矩来表示。承载能力不仅取决于负载的质量，而且与机器人运行的速度和加速度的大小和方向有关。一般低速运行时，承载能力强。为安全考虑，将承载能力这个指标确定为高速运行时的承载能力。通常，承载能力不仅指负载质量，还包括机器人末端操作器的质量。

⑤ 分辨率　机器人的分辨率由系统设计检测参数决定，并受到位置反馈检测单元性能的影响。分辨率可分为编程分辨率与控制分辨率。编程分辨率是指程序中可以设定的最小距离单位，又称为基准分辨率。控制分辨率是位置反馈回路能检测到的最小位移量。当编程分辨率与控制分辨率相等时，系统性能达到最高。

⑥ 精度　机器人的精度主要体现在定位精度和重复定位精度两个方面。

a. 定位精度　是指机器人末端操作器的实际位置与目标位置之间的偏差，由机械误差、控制算法误差与系统分辨率等部分组成。

b. 重复定位精度　是指在相同环境、相同条件、相同目标动作、相同命令的条件下，机器人连续重复运动若干次时，其位置会在一个平均值附近变化，变化的幅度代表重复定位精度，是关于精度的一个统计数据。因重复定位精度不受工作载荷变化的影响，所以通常用重复定位精度这个指标作为衡量示教再现型工业机器人水平的重要指标。

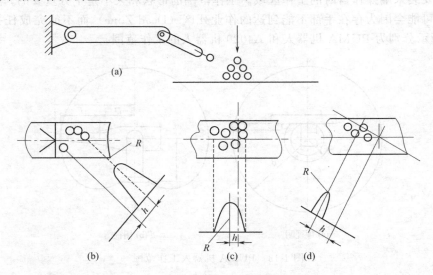

图 1-15　重复定位精度的典型情况

如图 1-15 所示为重复定位精度的几种典型情况：图（a）为重复定位精度的测定；图（b）为合理的定位精度，良好的重复定位精度；图（c）为良好的定位精度，很差的重复定位精度；图（d）为很差的定位精度，良好的重复定位精度。

⑦ 其他参数　此外，对于一个完整的机器人还有下列参数描述其技术规格。

a. 控制方式　控制方式是指机器人用于控制轴的方式，是伺服还是非伺服，伺服控制方式是实现连续轨迹还是点到点的运动。

b. 驱动方式　驱动方式是指关节执行器的动力源形式。通常有气动、液压、电动等形式。

c. 安装方式　安装方式是指机器人本体安装的工作场合的形式，通常有地面安装、架装、吊装等形式。

d. 动力源容量　动力源容量是指机器人动力源的规格和消耗功率的大小，例如：气压的大小，耗气量；液压高低；电压形式与大小，消耗功率等。

e. 本体质量　本体质量是指机器人在不加任何负载时本体的质量，用于估算运输、安装等。

f. 环境参数　环境参数是指机器人在运输、存储和工作时需要提供的环境条件，例如温度、湿度、振动、防护等级和防爆等级等。

1.2.6　典型机器人的技术参数

图 1-16 所示的工业机器人的技术参数见表 1-7～表 1-9。

(a) IRB 2600　　(b) 控制柜 IRC 5　　(c) 示教器

图 1-16　IRB 2600 工业机器人

表 1-7　机器人技术参数

序号	项目		规格
1	控制轴数		6
2	负载		12kg
3	最大到达距离		1850mm
4	重复定位精度		±0.04mm
5	质量		284kg
6	防护等级		IP67
7	最大动作速度（运动范围）	1 轴	175(°)/s(±180°)
		2 轴	175(°)/s(−95°～155°)
		3 轴	175(°)/s(−180°～75°)
		4 轴	360(°)/s(±400°)
		5 轴	360(°)/s(−120°～120°)
		6 轴	360(°)/s(±400°)

续表

序号	项目	规格
8	可达范围	IRB 2600-12/1.85 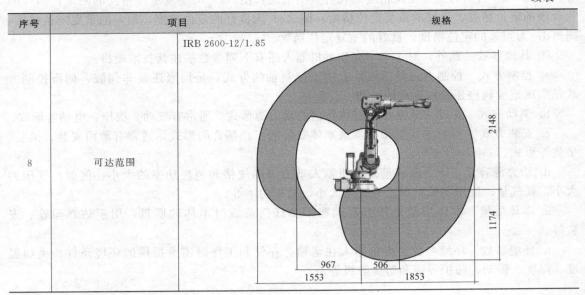

表 1-8 控制柜 IRC5 技术参数

序号	项目	规格描述
1	控制硬件	多处理器系统 PCI 总线 Pentium® CPU 大容量存储用闪存或硬盘 备用电源,以防电源故障 USB 存储接口
2	控制软件	对象主导型设计 高级 RAPID 机器人编程语言 可移植、开放式、可扩展 PC-DOS 文件格式 ROBOTWare 软件产品 预装软件,另提供光盘
3	安全性	安全紧急停机 带监测功能的双通道安全回路 3 位启动装置 电子限位开关:5 路安全输出(监测第 1～7 轴)
4	辐射	EMC/EMI 屏蔽
5	功率	4kV·A
6	输入电压	AC200～600V 50～60Hz
7	防护等级	IP54

表 1-9 示教器技术参数

序号	项目	规格	序号	项目	规格
1	材质	强化塑料外壳(含护手带)	5	操作习惯	支持左右手互换
2	质量	1kg	6	外部存储	USB
3	操作键	快捷键＋操作杆	7	语言	中英文切换
4	显示屏	彩色图形界面　6.7in 触摸屏			

1.3　工业机器人的坐标系

1.3.1　机器人的位姿问题

机器人的位姿主要是指机器人手部在空间的位置和姿态。机器人的位姿问题包含两方面问题。

(1) 正向运动学问题

当给定机器人机构各关节运动变量和构件尺寸参数后，如何确定机器人机构末端手部的位置和姿态。这类问题通常称为机器人机构的正向运动学问题。

(2) 反向运动学问题

当给定机器人手部在基准坐标系中的空间位置和姿态参数后，如何确定各关节的运动变量和各构件的尺寸参数。这类问题通常称为机器人机构的反向运动学问题。

通常正向运动学问题用于对机器人进行运动分析和运动效果的检验；而反向运动学问题与机器人的设计和控制有密切关系。

1.3.2　机器人坐标系

机器人程序中所有点的位置都是和一个坐标系相联系的，同时，这个坐标系也可能和另外一个坐标系有联系。

(1) 机器人坐标系的确定原则

机器人的各种坐标系都由正交的右手定则来决定，如图 1-17 所示。

当围绕平行于 X、Y、Z 轴线的各轴旋转时，分别定义为 A、B、C。A、B、C 的正方向分别以 X、Y、Z 的正方向上右手螺旋前进的方向为正方向（如图 1-18 所示）。

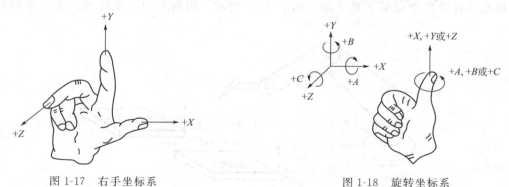

图 1-17　右手坐标系　　　　　　　　　　图 1-18　旋转坐标系

(2) 机器人坐标系的种类

① 基坐标系（Base Coordinate System）　在简单任务的应用中，可以在机器人基坐标系下编程，其坐标系的 Z 轴和机器人第 1 关节轴重合。机器人基坐标系的定义如图 1-19 所示，一般而言，原点位于第 1 关节轴轴线和机器人基础安装平面的交点，并以基础安装平面为 XY 平面，X 轴方向指向正前方，Y 轴与 X 轴符合右手法则，Z 轴向上。

② 世界坐标系（World Coordinate System）　如果机器人安装在地面，在基坐标系下示教编程很容易。然而，当机器人吊装时，机器人末端移动直观性差，因而示教编程较为困难。另

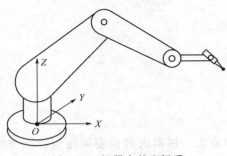

图 1-19 机器人基坐标系

外，如果两台或更多台机器人共同协作完成一项任务时，例如，一台安装于地面，另一台倒置，倒置机器人的基坐标系也将上下颠倒。如果分别在两台机器人的基坐标系中进行运动控制，则很难预测相互协作运动的情况。在此情况下，可以定义一个世界坐标系，选择共同的世界坐标系取而代之。若无特殊说明，单台机器人世界坐标系和基坐标系是重合的。如图 1-20 所示，当在工作空间内同时有几台机器人时，使用公共的世界坐标系进行编程有利于机器人程序间的交互。

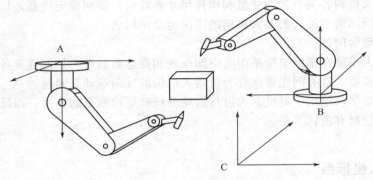

图 1-20 世界坐标系
A—基坐标系；B—基坐标系；C—世界坐标系

③ 用户坐标系（User Coordinate System） 机器人可以和不同的工作台或夹具配合工作，在每个工作台上建立一个用户坐标系。机器人大部分采用示教编程的方式，步骤烦琐，对于相同的工件，如果放置在不同的工作台上，在一个工作台上完成工件加工示教编程后，如果用户的工作台发生变化，不必重新编程，只需相应地变换到当前的用户坐标系下。用户坐标系是在基坐标系或者世界坐标系下建立的。如图 1-21 所示，用两个用户坐标系来表示不同的工作平台。

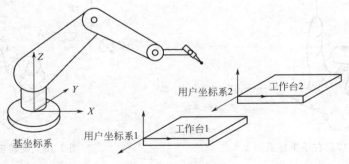

图 1-21 用户坐标系

④ 工件坐标系（Object Coordinate System） 工件坐标系是用来定义不同的工作台或者夹具的。然而，一个工作台上也可能放着几个需要机器人进行加工的工件，所以和定义用户坐标系一样，也可以定义不同的工件坐标系，当机器人加工工作台上加工不同的工件时，只需变换相应的工件坐标系即可。工件坐标系是在用户坐标系下建立的，两者之间的位置和姿态是确定的。如图 1-22 所示，表示在同一个工作台上的两个不同工件，它们分别用两个不同的工件坐标系表示。例如，在工件坐标系下待加工的轨迹点，可以变换到用户坐标系下，进而变换到基

坐标系下。

⑤ 置换坐标系（Displacement Coordinate System） 有时需要对同一个工件、同一段轨迹在不同的工位上加工，为了避免每次重新编程，可以定义一个置换坐标系。置换坐标系是基于工件坐标系定义的。如图 1-23 所示，当置换坐标系被激活后，程序中的所有点都将被置换。在 RAPID 语言中，有三条指令（PDispSet，PDispOn，PDispOff）关系到置换坐标系的使用。

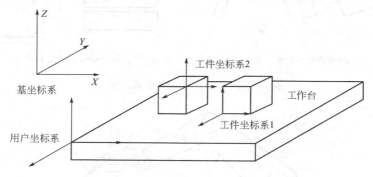

图 1-22　工件坐标系

⑥ 腕坐标系（Wrist Coordinate System） 腕坐标系和下面的工具坐标系都是用来定义工具的方向的。在简单的应用中，腕坐标系可以定义为工具坐标系，腕坐标系和工具坐标系重合。腕坐标系的 Z 轴和机器人的第 6 根轴重合，如图 1-24 所示，坐标系的原点位于末端法兰盘的中心，X 轴的方向与法兰盘上标识孔的方向相同或相反，Z 轴垂直向外，Y 轴符合右手法则。

⑦ 工具坐标系（Tool Coordinate System）安装在末端法兰盘上的工具需要在其中心点

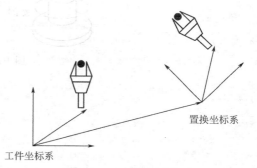

图 1-23　置换坐标系

（TCP）定义一个工具坐标系，通过坐标系的转换，可以操作机器人在工具坐标系下运动，以方便操作。如果工具磨损或更换，只需重新定义工具坐标系，而不用更改程序。工具坐标系建立在腕坐标系下，即两者之间的相对位置和姿态是确定的。图 1-25 所示表示不同工具的工具坐标系的定义。

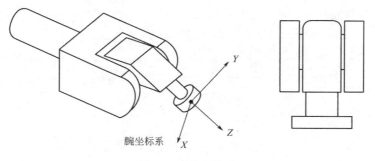

图 1-24　腕坐标系

⑧ 关节坐标系（Joint Coordinate System） 关节坐标系用来描述机器人每个独立关节的运动，如图 1-26 所示。所有关节类型可能不同（如移动关节、转动关节等）。假设将机器人末端移动到期望的位置，如果在关节坐标系下操作，可以依次驱动各关节运动，从而引导机器人末端到达指定的位置。

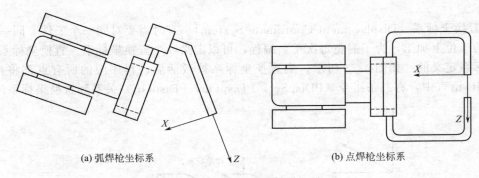

(a) 弧焊枪坐标系   (b) 点焊枪坐标系

图 1-25　工具坐标系

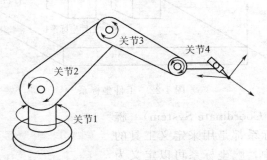

图 1-26　关节坐标系

第2章
工业机器人编程概述

2.1　认识工业机器人的编程

机器人运动和控制两者在机器人的程序编制上得到有机结合，机器人程序设计是实现人与机器人通信的主要方法，也是研究机器人系统的最困难和关键的问题之一。编程系统的核心问题是操作运动控制问题。

对机器人的编程程度决定了此机器人的适应性。例如，机器人能否执行复杂顺序的任务，能否快速地从一种操作方式转换到另一种操作方式，能否在特定环境中做出决策？所有这些问题，在很大程度上都是程序设计所考虑的问题，而且与机器人的控制问题密切相关。

由于机器人的机构和运动均与一般机械不同，因而其程序设计也具有特色，进而对机器人程序设计提出特别要求。

2.1.1　对机器人编程的要求

（1）能够建立世界模型（World Model）

机器人编程需要一种描述物体在三维空间内运动的方法。存在具体的几何形式是机器人编程语言最普通的组成部分。物体的所有运动都以相对于基坐标系的工具坐标来描述。机器人语言应当具有对世界（环境）的建模功能。

（2）能够描述机器人的作业

对机器人作业的描述与其环境模型密切相关，描述水平决定了编程语言水平。其中以自然语言输入为最高水平。现有的机器人语言需要给出作业顺序，由语法和词法定义输入语言，并由它描述整个作业。例如，装配作业可描述为世界模型的一系列状态，这些状态可用工作空间内所有物体的形态给定。这些形态可利用物体间的空间关系来说明。

（3）能够描述机器人的运动

机器人编程语言的基本功能之一就是描述机器人需要进行的运动。用户能够运用语言中的运动语句，与路径规划器和发生器连接，允许用户规定路径上的点及目标点，决定是否采用点插补运动或笛卡儿直线运动。用户还可以控制运动速度或运动持续时间。

（4）允许用户规定执行流程

机器人编程系统允许用户规定执行流程，包括试验和转移、循环、调用子程序以至中断等，这与一般的计算机编程语言一样。

（5）要有良好的编程环境

一个好的计算机编程环境有助于提高程序员的工作效率。机械手的程序编制是困难的，其编程趋向于试探对话式。如果用户忙于应付连续重复的编译语言的编辑—编译—执行循环，那么其工作效率必然是低的。因此，现在大多数机器人编程语言含有中断功能，以便能够在程序开发和调试过程中每次只执行一条单独语句。典型的编程支撑（如文本编辑调试程序）和文件系统也是需要的。

（6）需要人机接口和综合传感信号

要求在编程和作业过程中，便于人与机器人之间进行信息交换，以便在运动出现故障时能及时处理，确保安全。而且，随着作业环境和作业内容复杂程度的增加，需要有功能强大的人机接口。

机器人语言的一个极其重要的部分是与传感器的相互作用。语言系统应能提供一般的决策结构，以便根据传感器的信息来控制程序的流程。

2.1.2 机器人编程语言的类型

机器人语言尽管有很多分类方法，但根据作业描述水平的高低，通常可分为三级。

（1）动作级编程语言

动作级语言是以机器人的运动作为描述中心，通常由指挥夹手从一个位置到另一个位置的一系列命令组成。动作级语言的每一个命令（指令）对应于一个动作。如可以定义机器人的运动序列（MOVE），基本语句形式为：

MOVE TO（destination）

动作级语言的代表是 VAL 语言，它的语句比较简单，易于编程。动作级语言的缺点是不能进行复杂的数学运算，不能接收复杂的传感器信息，仅能接收传感器的开关信号，并且和其他计算机的通信能力很差。VAL 语言不提供浮点数或字符串，而且子程序不含自变量。

动作级编程又可分为关节级编程和终端执行器级编程两种。

① 关节级编程　关节级编程程序给出机器人各关节位移的时间序列。这种程序可以用汇编语言、简单的编程指令实现，也可通过示教盒示教或键入示教实现。

关节级编程是一种在关节坐标系中工作的初级编程方法，用于直角坐标型机器人和圆柱坐标型机器人编程较为简便。但用于关节型机器人，即使完成简单的作业，也首先要作运动综合才能编程，整个编程过程很不方便。

② 终端执行器级编程　终端执行器级编程是一种在作业空间内直角坐标系里工作的编程方法。

终端执行器级编程程序给出机器人终端执行器的位姿和辅助机能的时间序列，包括力觉、触觉、视觉等机能以及作业用量、作业工具的选定等。这种语言的指令由系统软件解释执行。可提供简单的条件分支，可应用子程序，并提供较强的感受处理功能和工具使用功能，这类语言有的还具有并行功能。

（2）对象级编程语言

对象级语言解决了动作级语言的不足，它是描述操作物体间关系使机器人动作的语言，即是以描述操作物体之间的关系为中心的语言，这类语言有 AML、AUTOPASS 等。

AUTOPASS 是一种用于计算机控制下进行机械零件装配的自动编程系统，这一编程系统面对作业对象及装配操作而不直接面对装配机器人的运动。

（3）任务级编程语言

任务级语言是比较高级的机器人语言，这类语言允许使用者对工作任务所要求达到的目标直接下命令，不需要规定机器人所做的每一个动作的细节。只要按某种原则给出最初的环境模型和最终工作状态，机器人可自动进行推理、计算，最后自动生成机器人的动作。任务级语言的概念类似于人工智能中程序自动生成的概念。任务级机器人编程系统能够自动执行许多规划任务。

各种机器人编程语言具有不同的设计特点，它们是由许多因素决定的。这些因素包括：

① 语言模式，如文本、清单等。

② 语言形式，如子程序、新语言等。

③ 几何学数据形式，如坐标系、关节转角、矢量变换、旋转以及路径等。

④ 旋转矩阵的规定与表示，如旋转矩阵、矢量角、四元数组、欧拉角以及滚动-偏航-俯仰角等。

⑤ 控制多个机械手的能力。

⑥ 控制结构，如状态标记等。

⑦ 控制模式，如位置、偏移力、柔顺运动、视觉伺服、传送带及物体跟踪等。

⑧ 运动形式，如两点间的坐标关系、两点间的直线、连接几个点、连续路径、隐式几何图形（如圆周）等。

⑨ 信号线，如二进制输入输出，模拟输入输出等。

⑩ 传感器接口，如视觉、力/力矩、接近度传感器和限位开关等。

⑪ 支援模块，如文件编辑程序、文件系统、解释程序、编译程序、模拟程序、宏程序、指令文件、分段联机、差错联机、HELP 功能以及指导诊断程序等。

⑫ 调试性能，如信号分级变化、中断点和自动记录等。

2.1.3 机器人语言系统的结构

如同其他计算机语言一样，机器人语言实际上是一个语言系统，机器人语言系统既包含语言本身——给出作业指示和动作指示，同时又包含处理系统——根据上述指示来控制机器人系统。机器人语言系统如图 2-1 所示，它能够支持机器人编程、控制，以及与外围设备、传感器和机器人接口；同时还能支持和计算机系统的通信。

机器人语言操作系统包括三个基本的操作状态：监控状态、编辑状态、执行状态。

监控状态是用来进行整个系统的监督控制的。在监控状态，操作者可以用示教盒定义机器人在空间的位置，设置机器人的运动速度、存储和调出程序等。

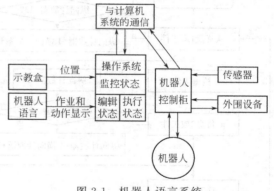

图 2-1　机器人语言系统

编辑状态是提供操作者编制程序或编辑程序的。尽管不同语言的编辑操作不同，但一般均包括写入指令、修改或删去指令以及插入指令等。

执行状态是用来执行机器人程序的。在执行状态，机器人执行程序的每一条指令，操作者可通过调试程序来修改错误。例如，在程序执行过程中，某一位置关节角超过限制，因此机器人不能执行，在 CRT 上显示错误信息，并停止运行。操作者可返回到编辑状态修改程序。大多数机器人语言允许在程序执行过程中，直接返回到监控或编辑状态。

和计算机编程语言类似，机器人语言程序可以编译，即把机器人源程序转换成机器码，以便机器人控制柜能直接读取和执行；编译后的程序，运行速度将大大加快。

2.1.4 工业机器人程序设计过程

不同厂家的机器人都有不同的编程语言，但程序设计的过程都是大同小异，下面以三菱公司生产的 Movemaster EXRV-M1 装配机器人的一个应用实例为例来说明程序设计的具体过程。要求该机器人将待测货盘 1 上拾起，在检测设备上检测之后，放在货盘 2 上；共 60 个工件，在货盘 1 上按 12×5 的形式摆放，在货盘 2 上按 15×4 的形式摆放。

(1) 了解 Movemaster EX RV-M1 装配机器人各硬件的功能

如图 2-2 所示，Movemaster EX RV-M1 装配机器人各主要硬件功能如下。

① 机器人主体　具有和人手臂相似的动作机能，可在空间中抓放物体或进行其他动作。

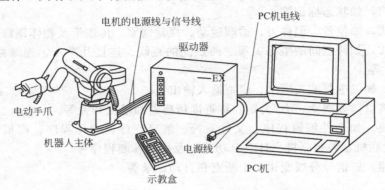

图 2-2　Movemaster EX RV-M1 装配机器人的系统组成

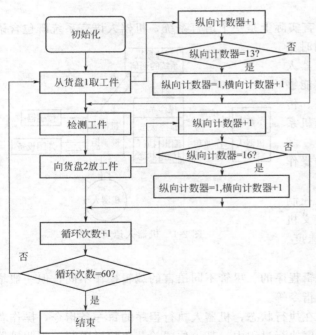

图 2-3　Movemaster EX RV-M1 装配机器人
工件检测动作流程

② 机器人控制器的功能　可以通过 RS-232 接口和 Centronics connector 连接上位编程 PC 机，实现控制器存储器与 PC 机存储器程序之间的相互传送；可以与示教盒相接，处理操作者的示教信号并驱动相应的输出；可以把外部 I/O 信号转换成控制器的 CPU 可以处理的信号；可以与驱动器（直流电机）直接连接，用控制器 CPU 处理的结果去控制相应关节的转动速度与转动角速度。

③ 示教盒　操作者可利用示教盒上所具有的各种功能的按钮来驱动工业机器人的各关节轴，从而完成位置定义等功能。

④ PC 机　可通过 PC 机用三菱公司所提供的编程软件对机器人进行在线和离线编程。

(2) 学习 Movemaster EX RV-M1 装配机器人的编程语言

这款机器人的编程指令可分为 5 类：位置/动作控制功能指令、程序控制功能指令、手爪控制功能指令、I/O 控制功能指令、通信功能指令。

(3) 设计流程图

实际上是用流程图的形式表示机器人的动作顺序，对于简单的机器人动作，这一步可以省略，直接进行编程，但对于复杂的机器人动作，为了完整地表达机器人所要完成的动作，这一步必不可少。可以看出，该任务中虽然机器人需要取放 60 个工件，但每一个工件的动作过程都是一样的，所以采用循环编程的方式，可设计出的流程如图 2-3 所示。

（4）按功能块进行编程

① 初始化程序　对于工业机器人，初始化一般包括复位、设置末端操作器的参数、定义位置点、定义货盘参数、给所需的计数器赋初值等。

PD 50，0，20，0，0；定义位置偏移量，位置号为 50，只在 Z 轴上有 20mm 的偏移量

复位：

10 NT；　　复位

定义末端操作器参数：

15 TL 145　　工具长度设为 145mm

20 GP i0，8，10；　　　设置手爪的开/闭参数

定义货盘参数：

25 PA 1，12，5；　　定义货盘 1（垂直 12×水平 5）

30 PA 2，15，4；　　定义货盘 2（垂直 15×水平 4）

定义货盘计数器初值：

35 SC 11，1；　　设置货盘 1 纵向计数器的初值

40 SC 12，1；　　设置货盘 1 横向计数器的初值

45 SC 21，1；　　设置货盘 2 纵向计数器的初值

50 SC 22，1；　　设置货盘 2 横向计数器的初值

② 主程序

100 RC 60；　　设置从该行到 100 行的循环次数为 60

110 GS 200；　　跳转至 200 行，从货盘 1 上夹起工件

120 GS 300；　　跳转至 300 行，将工件装在检测设备上

130 GS 400；　　跳转至 400 行，将工件放在货盘 2 上

140 NX；　　返回 100 行

150 ED；　　结束

③ 从货盘 1 夹起要检测的工件子程序　货盘 1 如图 2-4 所示。

200 SP 7；　　设置速度

202 PT 1；　　定义货盘 1 上所计光栅数的坐标为位置 1

204 MA 1，50，0；　　机器人移至位置 1 Z 方向 20mm

206 SP 2；　　设置速度

208 MO 1，0；　　机器人移至位置 1

210 GC；　　闭合手爪，抓紧工件

212 MA 1，50，C；　　抓紧工件，机器人移至位置 1 Z 方向 20mm

214 IC 11；　　货盘 1 的纵向计数器按 1 递增

216 CP 11；　　将计数器 11 的值放入内部比较寄存器

218 EQ 13，230；　　如计数器的值等于 13，程序跳转至 230 行执行

220 RT；　　结束子程序

230 SC 11，1；　　初始化计数器 11

232 IC 12；　　货盘 1 的横计数器按 1 递增

234 RT；　　结束子程序

④ 工件检测子程序

300 SP 7；　　设置速度

302 MT 30，-50，C；　　机器人移至检测设备前 50mm 处

304 SP 2；　　设置速度

306 MO 30，C；　　　机器人将工件装在检测设备上

308 ID；　　取输入数据

310 TB-7，308；　　机器人等待工件检测完毕

312 MT30，-50，C；　　　机器人移至检测设备前50mm处

314 RT；　　结束子程序

⑤ 向货盘2放置已检测完工件　货盘2如图2-5所示。

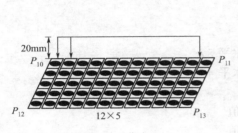

图 2-4　货盘 1

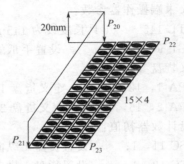

图 2-5　货盘 2

400 SP 7；　　设置速度

402 PT 2；　　定义货盘2上所计光栅数的坐标为位置2

404 MA 2，50，C；　　机器人移至位置2正上方的一个位置

406 SP 2；　　设置速度

408 MO 2，C；　　机器人移至位置2

410 GO；　　打开手爪，释放工件

412 MA2，50，C；　　机器人移至位置2正上方20mm处

414 IC 21；　　货盘2的纵向计数器按1递增

416 CP 21；　　将计数器21的值放入内部比较寄存器

418 EQ 16，430；　　如计数器的值等于16，程序跳转至430行执行

420 RT；　　结束子程序

430 SC 21，1；　　初始化计数器21

432 IC 22；　　货盘2的横向计数器按1递增

434 RT；　　结束子程序

(5) 按功能块调试修改程序

三菱装配机器人配置的编程软件可实现机器人动作过程模拟，编写完程序后，先用软件进行模拟，确认动作顺序正确后，再下载到机器人的控制器中。

2.1.5　示教编程器

示教编程器（简称示教器）是由电子系统或计算机系统执行的，用来注册和存储机械运动或处理记忆的设备，是工业机器人控制系统的主要组成部分，其设计与研发均由各厂家自行实现。

用机器人代替人进行作业时，必须预先对机器人发出指示，规定机器人进行应该完成的动作和作业的具体内容，这个过程就称为对机器人的示教或对机器人的编程。对机器人的示教有不同的方法。要想让机器人实现人们所期望的动作，必须赋予机器人各种信息，先是机器人动

作顺序的信息及外部设备的协调信息；其次是机器人工作时的附加条件信息；再次是机器人的位置和姿态信息。前两个方面很大程度上是与机器人要完成的工作以及相关的工艺要求有关，位置和姿态的示教通常是机器人示教的重点。

示教再现，也称为直接示教，就是我们通常所说的手把手示教，即由人直接扳动机器人的手臂对机器人进行示教，如示教编程器示教或操作杆示教等。在这种示教中，为了示教方便以及快捷而准确地获取信息，操作者可以选择在不同坐标系下进行。示教再现是机器人普遍采用的编程方式，典型的示教过程是依靠操作员观察机器人及其夹持工具相对于作业对象的位姿，通过对示教编程器的操作，反复调整示教点处机器人的作业位姿、运动参数和工艺参数，然后将满足作业要求的这些数据记录下来，再转入下一点的示教。整个示教过程结束后，机器人在实际运行时，将使用这些被记录的数据，经过插补运算，就可以再现在示教点上记录的机器人位姿。

以焊接机器人为例，由操作者对焊接机器人按实际焊接操作一步步地进行示教，机器人将其每一步示教的空间位置、焊枪姿态以及焊接参数等，顺序、精确地存入控制器计算机系统的相应存储区。示教结束的同时，就会自动生成一个执行上述示教参数的程序。当实际待焊件到位时，只要给机器人一个起焊命令，机器人就会精确地、无需人介入地一步步重现示教的全部动作，自动完成该项焊接任务。如果需要机器人去完成一项新的焊接任务（如汽车车型改变），无需对机器人作任何改装，只需要按新任务操作重新对机器人示教就可以实现。如果在机器人控制器计算机内存中同时存储多种焊件的示教程序，在同一条生产线上就可以很容易地实现多种焊件同时生产，当一种焊件到来时，仅需给机器人一个这种焊件的识别编码即可，这就是所谓的柔性。

如图 2-6 所示，示教再现功能的用户接口是示教器键盘，操作者通过操作示教器，向主控计算机发送控制命令，操纵主控计算机上的软件完成对机器人的控制。其次，示教器将接收到的当前机器人运动和状态等信息通过液晶屏完成显示。

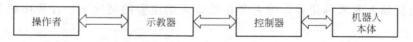

图 2-6　机器人操作流程控制简图

如果示教失误，修正路径的唯一方法就是重新示教。这些形式不同的机器人示教再现系统具有以下共同特点：

① 操作简单，易于掌握，轨迹修改方便。

② 要求操作员现场近距离示教操作，因而具有一定的危险性，安全性较差。

③ 示教过程烦琐、费时，需要根据作业任务反复调整机器人的动作轨迹姿态与位置，时效性较差，示教过程中必须停工，难以与其他操作同步。

④ 很难示教复杂的运动轨迹及准确度要求高的直线。

⑤ 示教轨迹的重复性差，无法接收传感器信息。

2.1.6　离线编程方式

（1）离线编程的组成

基于 CAD/CAM 的机器人离线编程示教，是利用计算机图形学的成果，建立起机器人及其工作环境的模型，使用某种机器人编程语言，通过对图形的操作和控制，离线计算和规划出机器人的作业轨迹，然后对编程的结果进行三维图形仿真，以检验编程的正确性。最后在确认无误后，生成机器人可执行代码下载到机器人控制器中，用以控制机器人作业。

离线编程系统主要由用户接口、机器人系统的三维几何构型、运动学计算、轨迹规划、三维图形动态仿真、通信接口和误差校正等部分组成。其相互关系如图2-7所示。

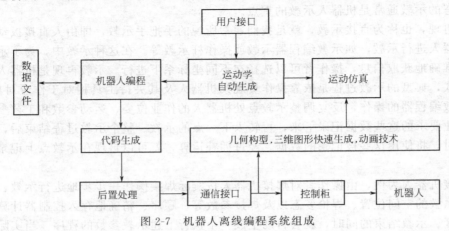

图2-7　机器人离线编程系统组成

① 用户接口　工业机器人一般提供两个用户接口，一个用于示教编程，另一个用于语言编程。

示教编程可以用示教器直接编制机器人程序。语言编程则是用机器人语言编制程序，使机器人完成给定的任务。

② 机器人系统的三维几何构型　离线编程系统中的一个基本功能是利用图形描述对机器人和工作单元进行仿真，这就要求对工作单元中的机器人所有的卡具、零件和刀具等进行三维实体几何构型。目前，用于机器人系统三维几何构型的主要方法有以下三种：结构的立体几何表示、扫描变换表示和边界表示。

③ 运动学计算　运动学计算就是利用运动学方法在给出机器人运动参数和关节变量的情况下，计算出机器人的末端位姿，或者是在给定末端位姿的情况下，计算出机器人的关节变量值。

④ 轨迹规划　在离线编程系统中，除需要对机器人的静态位置进行运动学计算之外，还需要对机器人的空间运动轨迹进行仿真。

⑤ 三维图形动态仿真　机器人动态仿真是离线编程系统的重要组成部分，它能逼真地模拟机器人的实际工作过程，为编程者提供直观的可视图形，进而可以检验编程的正确性和合理性。

⑥ 通信接口　在离线编程系统中，通信接口起着连接软件系统和机器人控制柜的桥梁作用。

⑦ 误差校正　离线编程系统中的仿真模型和实际的机器人之间存在误差。产生误差的原因主要包括机器人本身结构上的误差、工作空间内难以准确确定物体（机器人、工件等）的相对位置和离线编程系统的数字精度等。

（2）离线编程的特点

离线编程系统相对于示教再现系统具有以下优点：

① 可减少机器人停机时间，当对机器人下一个任务进行编程时，机器人仍可在生产线上工作，不占用机器人的工作时间。

② 让程序员脱离潜在的危险环境。

③ 一套编程系统可以给多台机器人、多种工作对象编程。

④ 便于修改机器人程序，若机器人程序格式不同，只要采用不同的后置处理即可。

⑤ 可使用高级计算机编程语言对复杂任务进行编程，能完成示教难以完成的复杂、精确

的编程任务。

⑥ 通过图形编程系统的动画仿真可验证和优化程序。

⑦ 便于和 CAD/CAM 系统结合，做 CAD/CAM/Robotics 一体化。

2.1.7　基于虚拟现实方式

随着计算机学及相关学科的发展，特别是机器人遥操作、虚拟现实、传感器信息处理等技术的进步，为准确、安全、高效的机器人示教提供了新的思路，尤其是为用户提供了一种崭新友好的人机交互操作环境的虚拟现实技术，引起了众多机器人与自动化领域学者的注意。这里，虚拟现实作为高端的人机接口，允许用户通过声、像、力以及图形等多种交互设备实时地与虚拟环境交互。根据用户的指挥或动作提示，示教或监控机器人进行复杂的作业，例如瑞典的 ABB 研发的 RobotStudio 虚拟现实系统。

2.2　机器人语言编程系统

2.2.1　机器人语言的编程

机器人的主要特点之一是通用性，使机器人具有可编程能力是实现这一特点的重要手段。机器人编程必然涉及机器人语言，机器人语言是使用符号来描述机器人动作的方法。它通过对机器人动作的描述，使机器人按照编程者的意图进行各种动作。

（1）机器人的编程系统

机器人语言编程系统包括三个基本操作状态：监控状态、编辑状态和执行状态。

① 监控状态：监控状态用于整个系统的监督控制，操作者可以用示教盒定义机器人在空间中的位置，设置机器人的运动速度、存储和调出程序等。

② 编辑状态：编辑状态用于操作者编制或编辑程序。一般都包括：写入指令，修改或删去指令以及插入指令等。

③ 执行状态：执行状态用来执行机器人程序。在执行状态，机器人执行程序的每一条指令都是经过调试的，不允许执行有错误的程序。

和计算机语言类似，机器人语言程序可以编译，把机器人源程序转换成机器码，以便机器人控制柜能直接读取和执行。

（2）机器人语言编程

机器人语言编程即用专用的机器人语言来描述机器人的动作轨迹。它不但能准确地描述机器人的作业动作，而且能描述机器人的现场作业环境，如对传感器状态信息的描述，更进一步还能引入逻辑判断、决策、规划功能及人工智能。

机器人编程语言具有良好的通用性，同一种机器人语言可用于不同类型的机器人，也解决了多台机器人协调工作的问题。机器人编程语言主要用于下列类型的机器人。

① 感觉控制型机器人，利用传感器获取的信息控制机器人的动作。

② 适应控制型机器人，机器人能适应环境的变化，控制其自身的行动。

③ 学习控制型机器人，机器人能"体会"工作的经验，并具有一定的学习功能，可以将所"学习"的经验用于工作中。

④ 智能机器人，以人工智能决定其行动的机器人。

（3）机器人语言的编程要求

① 能够建立世界模型　在进行机器人编程时，需要一种描述物体在三维空间内运动的方式。所以需要给机器人及其相关物体建立一个基础坐标系。这个坐标系与大地相连，也称为"世界坐标系"。机器人工作时，为了方便起见，也建立其他坐标系，同时建立这些坐标系与基础坐标系的变换关系。机器人编程系统应具有在各种坐标系下描述物体位姿和建模的能力。

② 能够描述机器人的作业　机器人作业的描述与其环境模型密切相关，编程语言水平决定了描述水平。其中以自然语言输入为最高水平。现有的机器人语言需要给出作业顺序，由语法和词法定义输入语言，并由它描述整个作业。

③ 能够描述机器人的运动　描述机器人需要进行的运动是机器人编程语言的基本功能之一。用户能够运用语言中的运动语句，与路径规划器和发生器连接，允许用户规定路径上的点及目标点，决定是否采用点插补运动或笛卡儿直线运动。用户还可以控制运动速度或运动持续时间。

对于简单的运动语句，大多数编程语言具有相似的语法。

④ 允许用户规定执行流程　同一般的计算机编程语言一样，机器人编程系统允许用户规定执行流程，包括试验和转移、循环、调用子程序以至中断等。

并行处理对于自动工作站是十分重要的。首先，一个工作站常常运行两台或多台机器人同时工作以减少过程周期。在单台机器人的情况下，工作站的其他设备也需要机器人控制器以并行方式控制。因此，在机器人编程语言中常常含有信号和等待等基本语句或指令，而且往往提供比较复杂的并行执行结构。

通常需要用某种传感器来监控不同的过程。然后，通过中断，机器人系统能够反应由传感器检测到的一些事件。有些机器人语言提供规定这种事件的监控器。

⑤ 要有良好的编程环境　一个好的编程环境有助于提高程序员的工作效率。机械手的程序编制是困难的，其编程趋向于试探对话式。如果用户忙于应付连续重复的编译语言的编辑—编译—执行循环，那么其工作效率必然是低的。因此，现在大多数机器人编程语言含有中断功能，以便能够在程序开发和调试过程中每次只执行单独一条语句。典型的编程支撑和文件系统也是需要的。

根据机器人编程特点，其支撑软件应具有下列功能：在线修改和立即重新启动；传感器的输出和程序追踪；仿真。

⑥ 需要人机接口和综合传感信号　在编程和作业过程中，应便于人与机器人之间进行信息交换，以便在运动出现故障时能及时处理，确保安全。而且，随着作业环境和作业内容复杂程度的增加，需要有功能强大的人机接口。

机器人语言的一个极其重要的部分是与传感器的相互作用。语言系统应能提供一般的决策结构，以便根据传感器的信息来控制程序的流程。

2.2.2　机器人编程语言的功能

机器人语言一直以三种方式发展着：一是产生一种全新的语言；二是对老版本语言（指计算机通用语言）进行修改和增加一些句法或规则；三是在原计算机编程语言中增加新的子程序。因此，机器人语言与计算机编程语言有着密切的关系，它也应有一般程序语言所应具有的特性。

（1）机器人语言的特征

机器人语言是在人与机器人之间的一种记录信息或交换信息的程序语言，它提供了一种方式来解决人机通信问题，它是一种专用语言，用符号描述机器人的动作。机器人语言具有四方面的特征：实时系统；三维空间的运动系统；良好的人机接口；实际的运动系统。

（2）机器人语言的指令集

机器人语言实际上是一个语言系统，机器人语言系统既包含语言本身——给出作业指示和动作指示，同时又包含处理系统——根据上述指示来控制机器人系统。机器人语言系统能够支持机器人编程、控制，以及与外围设备、传感器和机器人接口；同时还能支持与计算机系统间的通信。其机器人语言指令集包括如下几种功能。

① 移动插补功能：直线、圆弧插补。

② 环境定义功能。

③ 数据结构及其运算功能。

④ 程序控制功能：跳转运行或转入循环。

⑤ 数值运算功能：四则运算、关系运算。

⑥ 输入、输出和中断功能。

⑦ 文件管理功能。

⑧ 其他功能：工具变换、基本坐标设置和初始值设置，作业条件的设置等。

（3）机器人编程语言基本特性

① 清晰性、简易性和一致性 这个概念在点位引导级特别简单。基本运动级作为点位引导级与结构化级的混合体，它可能有大量的指令，但控制指令很少，因此缺乏一致性。

结构化级和任务级编程语言在开发过程中，自始至终都考虑了程序设计语言的特性。结构化程序设计技术和数据结构减轻了对特定指令的要求，坐标变换使得表达运动更一般化。而子句的运用大大提高了基本运动语句的通用性。

② 程序结构的清晰性 结构化程序设计技术的引入，如 while、do，if、then、else 这种类似自然语言的语句代替简单的 goto 语句，使程序结构清晰明了，但需要更多的时间和精力来掌握。

③ 应用的自然性 正是由于这一特性的要求，使得机器人语言逐渐增加各种功能，由低级向高级发展。

④ 易扩展性 从技术不断发展的观点来说，各种机器人语言既能满足各自机器人的需要，又能在扩展后满足未来新应用领域以及传感设备改进的需要。

⑤ 调试和外部支持工具 它能快速有效地对程序进行修改，已商品化的较低级别的语言有非常丰富的调试手段，结构化级在设计过程中始终考虑到离线编程，因此也只需要少量的自动调试。

⑥ 效率 语言的效率取决于编程的容易性，即编程效率和语言适应新硬件环境的能力（可移植性）。随着计算机技术的不断发展，处理速度越来越快，已能满足一般机器人控制的需要，各种复杂的控制算法实用化指日可待。

（4）机器人编程语言基本功能

这些基本功能包括运算、决策、通信、机械手运动、工具指令以及传感器数据处理等。许多正在运行的机器人系统，只提供机械手运动和工具指令以及某些简单的传感数据处理功能。机器人语言体现出来的基本功能都是机器人系统软件支持形成的。

① 运算 在作业过程中执行的规定运算能力是机器人控制系统最重要的能力之一。

如果机器人未装有任何传感器，那么就可能不需要对机器人程序规定什么运算。没有传感器的机器人只不过是一台适于编程的数控机器。

对于装有传感器的机器人所进行的最有用的运算是解析几何计算。这些运算结果能使机器人自行作出决定，在下一步把工具或夹手置于何处。用于解析几何运算的计算工具可能包括下列内容。

  a. 机械手解答及逆解答。

  b. 坐标运算和位置表示，例如相对位置的构成和坐标的变化等。

  c. 矢量运算，例如点积、叉积、长度、单位矢量、比例尺以及矢量的线性组合等。

  ② 决策 机器人系统能够根据传感器输入信息作出决策，而不必执行任何运算。传感器数据计算得到的结果，是作出下一步该干什么这类决策的基础。这种决策能力使机器人控制系统的功能变得更强有力。一条简单的条件转移指令（例如检验零值）就足以执行任何决策算法。决策采用的形式包括符号检验（正、负或零）、关系检验（大于、不等于等）、布尔检验（开或关、真或假）、逻辑检验（对一个计算字进行位组检验）以及集合检验（一个集合的数、空集等）。

  ③ 通信 人和机器能够通过许多不同方式进行通信。机器人向人提供信息的设备，按其复杂程度排列如下。

  a. 信号灯，通过发光二极管，机器人能够给出显示信号。

  b. 字符打印机、显示器。

  c. 绘图仪。

  d. 语言合成器或其他音响设备（铃、扬声器等）。

这些输入设备包括：按钮、旋钮和指压开关；数字或字母数字键盘；光笔、光标指示器和数字变换板；光学字符阅读机；远距离操纵主控装置，如悬挂式操作台等。

  ④ 机械手运动 可用许多不同方法来规定机械手的运动。最简单的方法是向各关节伺服装置提供一组关节位置，然后等待伺服装置到达这些规定位置。比较复杂的方法是在机械手工作空间内插入一些中间位置。这种程序使所有关节同时开始运动和同时停止运动。

用与机械手的形状无关的坐标来表示工具位置是更先进的方法，需要用一台计算机对解答进行计算。在笛卡儿空间内引入一个参考坐标系，用以描述工具位置，然后让该坐标系运动。这对许多情况是很方便的。采用计算机之后，极大地提高了机械手的工作能力，包括：

  a. 使复杂得多的运动顺序成为可能；

  b. 使运用传感器控制机械手运动成为可能；

  c. 能够独立存储工具位置，而与机械手的设计以及刻度系数无关。

  ⑤ 工具指令 一个工具控制指令通常是由闭合某个开关或继电器而开始触发的，而继电器又可能把电源接通或断开，以直接控制工具运动，或者送出一个小功率信号给电子控制器，让后者去控制工具运动。直接控制是最简单的方法，而且对控制系统的要求也较少。可以用传感器来感受工具运动及其功能的执行情况。

当采用工具功能控制器时，对机器人主控制器来说就能对机器人进行比较复杂的控制。采用单独控制系统能够使工具功能控制与机器人控制协调一致地工作。这种控制方法已被成功地用于飞机机架的钻孔和铣削加工。

  ⑥ 传感数据处理 用于机械手控制的通用计算机只有与传感器连接起来，才能发挥其全部效用。传感数据处理是许多机器人程序编制的十分重要而又复杂的组成部分。当采用触觉、听觉或视觉传感器时，更是如此。例如，当应用视觉传感器获取视觉特征数据、辨识物体和进行机器人定位时，对视觉数据的处理工作往往是极其大量和费时的。

2.2.3 机器人编程语言的发展

（1）机器人语言的发展

自机器人出现以来，美国、日本等机器人的原创国也同时开始进行机器人语言的研究。美国斯坦福大学于 1973 年研制出世界上第一种机器人语言——WAVE 语言。WAVE 语言是一种机器人动作语言，该语言功能以描述机器人的动作为主，兼以力和接触的控制，还能配合视觉传感器进行机器人的手、眼协调控制。

1974 年，在 WAVE 语言的基础上，斯坦福大学人工智能实验室又开发出一种新的语言，称为 AL 语言。这种语言与高级计算机语言 ALGOL 结构相似，是一种编译形式的语言，带有一个指令编译器，能在实时机上控制，用户编写好的机器人语言源程序经编译器编译后对机器人进行任务分配和作业命令控制。AL 语言不仅能描述手爪的动作，而且可以记忆作业环境和该环境内物体和物体之间的相对位置，实现多台机器人的协调控制。

美国 IBM 公司也一直致力于机器人语言的研究，取得了不少成果。1975 年，IBM 公司研制出 ML 语言，主要用于机器人的装配作业。随后该公司又研制出另一种语言——Autopass 语言，这是一种用于装配的更高级语言，它可以对几何模型类任务进行半自动编程。

美国的 Unimation 公司于 1979 年推出了 VAL 语言。1984 年，Unimation 公司又推出了在 VAL 基础上改进的机器人语言——VAL-Ⅱ语言。20 世纪 80 年代初，美国 Automatic 公司开发了 RAIL 语言，该语言可以利用传感器的信息进行零件作业的检测。同时，麦道公司研制了 MCL 语言，这是一种在数控自动编程语言——APT 语言的基础上发展起来的机器人语言。MCL 语言特别适用于由数控机床、机器人等组成的柔性加工单元的编程。

（2）机器人语言的种类

到现在为止，已经有很多种机器人语言问世，其中有的是研究室里的实验语言，有的是实用的机器人语言，如表 2-1 所示。

表 2-1　国外常用的机器人语言举例

序号	语言名称	国家	简要说明
1	AL	美	机器人动作及对象物描述,是机器人语言研究的开始
2	AUTOPASS	美	组装机器人语言
3	LAMA-S	美	高级机器人语言
4	VAL	美	用于 PUMA 机器人(采用 MC6800 和 DECLSI-11)两级微型计算机
5	RIAL	美	用视觉传感器检查零件时用的机器人语言
6	WAVE	美	操作器的控制符号语言,在 T 型水泵装配曲柄摇杆工作中使用
7	DIAL	美	具有 RCC 顺应性手腕控制的特殊指令
8	RPL	美	可与 Unimation 机器人操作程序结合,预先定义子程序库
9	REACH	美	适于两臂协调动作,和 VAL 一样是使用范围广的语言
10	MCI	美	编程机器人 NC 机床传感器、摄像机及其控制的计算机综合制造用语言
11	INDA	美英	类似 RTL/2 编程语言的子集,具有使用方便的处理系统
12	RAPT	英	类似 NC 语言 APT(用 DEC20,LSI11/2)
13	LM	法	类似 PASCAL,数据类似 AL。用于机器人(用 LS11/3)
14	ROBEX	德	具有与高级 NC 语言 EXAPT 相似结构的脱机编程语言
15	SIGLA	意	SIGMA 机器人语言
16	MAI	意	两臂机器人装配语言,其特征方便、易于编程
17	SERF	日	SKILAM 装配机器人(用 Z-80 微型机)
18	PLAW	日	RW 系统弧焊机器人
19	IMI.	日	动作级机器人语言

2.2.4　工业机器人编程指令

编程语言的功能决定了机器人的适应性和给用户的方便性。目前，机器人编程还没有公认的国际标准，各制造厂商有各自的机器人编程语言。在世界范围内，机器人大多采用封闭的体系结构，没有统一的标准和平台，无法实现软件的可重用，硬件的可互换。产品开发周期长，效率低，这些因素阻碍了机器人产业化发展。

为促进我国工业机器人行业的发展，提高我国工业机器人在国际上的竞争能力，避免像国外工业机器人一样，由于编程指令不统一的原因，在一定程度上制约机器人发展，张铁等针对我国工业机器人当前发展的现状，为解决工业机器人发展和应用中企业"各自为政"的问题，提出一套面向弧焊、点焊、搬运、装配等作业的工业机器人产品的编程指令，即工业机器人指令标准（GB/T 29824—2013），为工业机器人离线编程系统的发展提供必要的基础，促进了工业机器人在工业生产中的推广和应用，推动了我国工业机器人产业的发展。

工业机器人编程指令是指描述工业机器人动作指令的子程序库，它包含前台操作指令和后台坐标数据，工业机器人编程指令包含运动类、信号处理类、I/O控制类、流程控制类、数学运算类、逻辑运算类、操作符类编程指令、文件管理指令、数据编辑指令、调试程序/运行程序指令、程序流程命令、手动控制指令等。

工业机器人指令标准（GB/T 29824—2013）规定了各种工业机器人的编程基本指令，适用于弧焊机器人、点焊机器人、搬运机器人、喷涂机器人、装配机器人等各种工业机器人。

（1）运动指令

运动指令（Move Instructions）：见表2-2，运动指令是指对工业机器人各关节转动、移动运动控制的相关指令。目的位置、插补方法、运行速度等信息都记录在运动指令中。

表 2-2 运动指令

名称	功能	格式	实例
MOVJ	以点到点方式移动到示教点	MOVJ ToPoim,SPEED[\V],Zone[\z];	MOVJ P001,V1000,Z2;
MOVL	以直线插补方式移动到示教点	MOVL ToPoint,Speed[\V],zone[\z];	MOVL P001,V1000,Z2;
MOVC	以圆弧插补方式移动到示教点	MOVC Point,speed[\v],Zone[\z];	MOVC H0001,V1000,Z2; MOVC H0002,V1000,Z2;
MOVS	以样条插补方式移动到示教点	MOVS ViaPoim,ToPoint,Speed[\v],Zone[\z];	MOVS P0001,V1000,Z2; MOVS P0002,V1000,Z2;
SHIFTON	开始平移动作		SHIFTON C0001 UF1;
SHIFTOFF	停止平移动作		SHIFTOFF;
MSHIFT	在指定的坐标系中，用数据2和数据3算出平移量，保存在数据1中	MSHIFT 变量名1,坐标系,变量名2,变量名3;	MSHIFT PR001,UF1,P001,P002;

（2）信号处理指令

信号处理指令（Signal Processing Instructions）：见表2-3，信号处理指令是指对工业机器人信号输入/输出通道进行操作的相关指令，包括对单个信号通道和多个信号通道的设置、读取等。

表 2-3 信号处理指令

名称	功能	格式	实例
SET	将数据2中的值转入数据1中	SET<数据1>,<数据2>;	SET 1012,1020;
SETE	给位置变量中的元素设定数据	SETE<数据1>,<数据2>;	SETE P012(3),D005;

续表

名称	功 能	格 式	实 例
GETE	取出位置变量中的元素	GETE＜数据 1＞,＜数据 2＞;	GETE P012(3),D005;
CLEAR	将数据 1 指定的号码后面的变量清除为 0,清除变量个数由数据 2 指定	CLEAR＜数据 1＞,＜数据 2＞;	CLEAR P012(3),D005;
WAIT	等待直到外部输入信号的状态符合指定的值	WAIT IN＜输入数＞＝ON/OFF,T＜时间(sec)＞	WAIT IN12＝ON,T10; WAITIN10＝B002;
DELAY	停止指定时间	DELAY T＜时间(sec)＞;	DELAY T12;
SETOUT	控制外部输出信号开和关		SETOUT OUT12 ON(OFF)IF IN2＝ON; SETOUT OUT12,ON(OFF);
DIN	把输入信号读入到变量中		DIN B012,IN16; DIN B006,IG2;

(3) 流程控制指令

流程控制指令 (Flow Control Instructions): 见表 2-4,流程控制指令是对机器人操作指令顺序产生影响的相关指令。

表 2-4　流程控制指令

名称	功 能	格 式	实 例
L	标明要转移到的语句	L＜标号＞;	L123;
GOTO	跳转到指定标号或程序	GOTO L＜标签号＞; GOTO L＜标签号＞,IF IN＜输入信号＞＝＝ON/OFF; GOTO L＜标签号＞,IF R＜变量名＞＜比较符＞数值;	GOTO L002,IF IN14＝＝ON; GOTO L001;
CALL	调用指定的程序	CALL＜程序名称＞	CALL TEST1 IF IN17＝＝ON; CALL TEST2;
RET	返回主程序		RETIFIN17＝＝OFF; RET;
END	程序结束		END;
NOP	无任何运行		NOP;
#	程序注释	#注释内容	# TART STEP;

IF	判断各种条件。附加在进行处理的其他命令之后	IF CONDITION
		THEN STATEMENT
		|ELSEIF CONDITION THEN…|
		〈ELSE〉
		ENDIF
			IF R004＝＝1 THEN
			SETOUT D011_10,ON;
			DELAY 0.5;
			MOVJ P0001,V100,Z2;
			ENDIF

UNTIL	在动作中判断输入条件。附加在进行处理的其他命令之后使用		MOVL P0001,V1000, UNTIL IN11＝＝ON;

MAIN	MAIN 主程序的开始;只能有一个主程序。MAIN 是程序的入口,EOP 是程序的结束。MAIN-EOP 必须一起使用,形成主程序区间。在一个任务文件中只能使用一次。EOP(End Of Program)表示主程序的结尾	MAIN;〈程序体〉EOP;	MAIN;
			MOVJ P0001,V200,Z0;
			MOVL P0002,V100,Z0;
			MOVL P0003,V100,Z1;
			EOP;

名称	功 能	格 式	实 例
FUNC	FUNC 函数的开始；NAME，函数名 ENDFUNC 程序的结束 FUNC…ENDFUNC，必须一起使用，形成程序区间。FUNC 可以在 MAIN-EOP 区域之外，也可以单独在一个没有 MAIN 函数的程序文件中	FUNC…NAME.(PARAMETER){函数体}	
FOR	重复程序执行	FOR 循环变量＝起始值 TO 结束值 BY 步进值程序命令 ENDFOR；	FOR I001＝0 TO 10 BY 1 MOVJP0001,V10,Z0; SETOUT OUT10,OFF; MOVL P0002,V100,Z1; ENDFOR;
WHILE	当指定的条件为真（TRUE）时，程序命令被执行。如果条件为假时（FALSE），WHILE 语句被跳过	WHILE 条件程序命令 ENDWL；	WHILE R004＜5 MOVJ P001,V10,Z0; MOVL P002,V20,Z1; ENDWL;
DO	创建一个 DO 循环	DO 程序命令 DOUNTILL 条件	DO MOVJ P0001,V10,Z0; SETOUT OUT10,OFF; MOVL P0002,V100,Z1; INCR1001; DOUNTILL 1001＞4;
CASE	根据特定的情形编号执行程序	CASE 索引变量 VALUE 情况值 1,…: 程序命令 1 VALUE 情况值 2,…: 程序命令 2 VALUE 情况值 n,…: 程序命令 3 ANYVALUE: 程序命令 4 ENDCS；	CASE 1001 VALUE 1,3,5,7: MOVJ P0001,V10,Z0; VALUE 2,4,5,8: MOVJ P0002,V10,Z0; VALUE 9: MOVJ P0003,V10,Z0; ANYVALUE: MOVJ P0000,V10,Z0; ENDCS;
PAUSE	暂时停止（暂停）程序的执行	PAUSE；	PAUSE;
HALT	停止程序执行。此命令执行后，程序不能恢复运行	HALT；	HALT;
BREAK	结束当前的执行循环	BREAK；	BREAK;

（4）数学运算指令

数学运算指令（Math Instructions）：见表 2-5，数学运算指令是指对程序中相关变量进行数学运算的指令。

表 2-5　数学运算指令

名称	功 能	格 式	实 例
INCR	在指定的变量值上增加 1		INCR1038;
DECR	在指定的变量值上减 1		DECR1038;
ADD	把数据 1 与数据 2 相加，结果存入数据 1	ADD＜数据 1＞,＜数据 2＞；	ADD 1012,1013;
SUB	把数据 1 与数据 2 相减，结果存入数据 1	SUB＜数据 1＞,＜数据 2＞；	SUB 1012,1013;

名称	功　能	格　式	实　例
MUL	把数据1与数据2相乘,结果存入数据1	MUL<数据1>,<数据2>; 数据1可以是位置变量的一个元素 Pxxx(0):全轴数据,Pxxx(1):X轴数据, Pxxx(2):Y轴数据,Pxxx(3):Z轴数据, Pxxx(4):T_X轴数据,Pxxx(5):T_Y轴数据, Pxxx(6):T_Z轴数据	MUL1012,1013; MUL P001(3),2;(用Z轴数据与2相乘)
DIV	把数据1与数据2相除,结果存入数据1	DIV<数据1>,<数据2>; 数据1可以是位置变量的一个元素 Pxxx(0):全轴数据,Pxxx(1):X轴数据, Pxxx(2):Y轴数据,Pxxx(3):Z轴数据, Pxxx(4):T_X轴数据,Pxxx(5):T_Y轴数据, Pxxx(6):T_Z轴数据	DIV1012,1013;DIV P001(3),2;(用Z轴数据与2相除)
SIN	取数据2的SIN,存入数据1	SIN<数据1>,<数据2>;	SIN R000,R001;(设定R000=SINR001)
COS	取数据2的COS,存入数据1	COS<数据1>,<数据2>;	COS R000,R001;(设定R000=COSR001)
ATAN	取数据2的ATAN,存入数据1	ATAN<数据1>,<数据2>;	ATAN R000,R001;(设定R000=ATAN R001)
SQRT	取数据2的SQRT,存入数据1	SQRT<数据1>,<数据2>;	SQRT R000,R001;(设定R000=SQRTR001)

(5) 逻辑运算指令

逻辑运算指令（Logic Operation Instructions）：见表2-6，逻辑运算指令指完成程序中相关变量的布尔运算的相关指令。

表 2-6　逻辑运算指令

名称	功　能	格　式	实　例
AND	取得数据1和数据2的逻辑与,存入数据1	AND<数据1>,<数据2>;	AND B012,B020;
OR	取得数据1和数据2的逻辑或,存入数据1	OR<数据1>,<数据2>;	OR B012,B020;
NOT	取得数据1和数据2的逻辑非,存入数据1	NOT<数据1>,<数据2>;	NOT B012,B020;
XOR	取得数据1和数据2的逻辑异或,存入数据1	XOR<数据1>,<数据2>;	XOR B012,B020;

(6) 文件管理指令

文件管理指令（File Manager Instructions）：见表2-7，文件管理指令指实现编程指令相关文件管理的指令。

表 2-7　文件管理指令

名称	功　能	格　式	实　例
NEWDIR	创建目录	NEWDIR 目录路径;	NEWDIR/usr/robot;
RNDIR	重命名目录	RNDIR 旧目录名,新目录名;	RNDIR robot,tool;
CUTDIR	剪切指定目录和目录下所有内容到目标目录	CUTDIR 原目录,目标目录;	CUTDIR/usr/robot,/project;
DELDIR	删除目录及目录下的所有内容	DELDIR 目录;	DELDIR TEST;
DIR	显示指定目录下面所有子目录和文件	DIR 目录;	DIR/usr/robot;
NEWFILE	创建指定类型的文件	NEWFILE 文件名,文件类型;	NEWFILE robot,TXT;
RNFILE	重命名文件	RNFILE 旧文件名,新文件名;	RNFILE test,robot;

名称	功　能	格　式	实　例
COPYFILE	复制文件到目标目录	COPYFILE 文件名,目标目录;	COPYFILE test,/robot;
CUTFILE	移动文件到目标目录	CUTFILE 文件名,目标目录;	CUTFILE test,/robot;
DELFILE	删除指定文件	DELFILE 文件名;	DELFILE test;
FILEINFO	显示的文件信息(信息包括:文件类型;大小;创建时间;修改时间;创建者)	FILEINFO 文件名;	FILEINFO test;
SAVEFILE	保存文件为指定的文件名	SAVEFILE 文件名;	SAVEFILE TEST2;

(7) 声明数据变量指令

声明数据变量指令 (Declaration Data Instructions):见表 2-8,声明数据变量指令指工业机器人编程指令中的数据声明指令。

表 2-8　声明数据变量指令

名称	功　能	格　式	实　例
INT	声明整型数据	INT 变量;或 INT 变量=常数;	INT a; INT a=`B101;(十进制为 5) INT a=`HC1;(十进制为 193) INT a=`B1000;(十进制为-8) INT a=`H1000;(十进制为-4096)
REAL	声明实型数据	REAL 变量;或 REAL 变量=常数;	REAL a=10.05;
BOOL	声明布尔型数据	BOOL a;或 BOOL 变量=TRUE/FALSE;	BOOL a; BOOL a=TRUE;
CHAR	声明字符型数据	CHAR 8;或 CHAR 变量="字符";	CHAR 8; CHAR a="r";
STRING	声明字符串数据	STRING a;或 STRING 变量="字符串";	STRING a; STRING a="ROBOT";
JTPOSE	确定关节角表示的机器人位姿	JTPOSE 位姿变量名=关节1,关节 2,…,关节 n;	JTPOSE POSE1 = 0.00, 33.00,-15.00,0,-40,30;
TRPOSE	变换值表示的机器人位姿	TRPOSE 位姿变量名=X 轴位移,Y 轴位移,Z 轴位移,X 轴旋转,Y 轴旋转,Z 轴旋转;	TRPOSE POSE1=210.00,321.05,-150.58,0,1.23,2.25;
TOOLDATA	定义工具数据	TOOLDATA 工具名=X,Y,Z,Rx,Ry,m,<w>,<Xg,Yg,Zg>,<Ix,Iy,Iz>;	TOOLDATAT 001=210.00,321.05,-150.58,0,1.23,2.25,1.5,2,110,0.035,0.12,0;
COORDATA	定义坐标系数据	COORDATA 坐标系名,类型,ORG,XX,YY;	COORDATA T001, T, BP001,BP002,BP003;
IZONEDATA	定义干涉区数据	IZONEDATA 干涉区名,空间起始点,空间终止点;	IZONEDATA IZONE1,P001,P002;
ARRAY	声明数组型数据	ARRAY 类型名变量名=变量值;	ARRAY TRPOSE poseVar; poseVar[1]=pose1; // 定义一个变换值类型的一维数组,数组的第一个值赋值为 posel

(8) 数据编辑指令

数据编辑指令 (Data Editing Instructions):见表 2-9,数据编辑指令指工业机器人编程指令中的后台位姿坐标数据进行相关编辑管理的指令。

表 2-9　数据编辑指令

名称	功　能	格　式	实　例
LISTTRPOSE	获取指定函数中保存的变换值位姿数据。如果位姿变量未指定,则返回该函数下所有变换值位姿变量	LISTTRPOSE 位姿变量名;	LISTTRPOSE POSE1;
EDITTRPOSE	编辑或修改一个变换值位姿变量到指定的函数中。如果位姿变量已经存在,则相当于修改并保存,如果位姿变量不存在,则相当于新建并保存	EDITTRPOSE 位姿变量名=X 轴位移,Y 轴位移,Z 轴位移,X 轴旋转,Y 轴旋转,Z 轴旋转;	EDITTRPOSE POSE1 = 210.00.321.05, − 150.58, 0, 1.23,2.25;
DELTRPOSE	删除指定函数中的位姿变量	DELTRPOSE 位姿变量名;	DELTRPOSE POSE1;
LISTJTPOSE	获取指定函数中保存的关节位姿数据。如果位姿变量未指定,则返回该函数下所有关节位姿变量	LISTJTPOSE 位姿变量;	LISTJTPOSE POSE1;
EDITJTPOSE	编辑或修改一个关节位姿变量到指定的函数中,如果位姿变量已经存在,则相当于修改并保存,如果位姿变量不存在,则相当于新建并保存	EDITJTPOSE 位姿变量名=X 轴位移,Y 轴位移,Z 轴位移,X 轴旋转,Y 轴旋转,Z 轴旋转;	EDITJTPOSE POSEI=0.00, 33.00,−15.00,0,−40,30;
DELTRPOSE	删除指定函数中的位姿变量	DELTRPOSE 位姿变量名;	DELTRPOSE POSE1;
HSTCOOR	返回指定坐标系的数据,如果坐标系名为空,则返回所有的坐标数据	HSTCOOR 坐标系名;	HSTCOOR T001;
EDITCOOR	编辑或修改一个坐标系参数。每个坐标系的数据包括:坐标系名,类型,ORG,XX,XY 坐标系名:要定义的坐标系名称;类型:坐标系的类型;T:工具坐标系;O:工件坐标系;ORG:定义的坐标系的坐标原点;XX:定义的坐标系的置轴上的点;XY:定义的坐标的 XY 面上的点	EDITCOOR 坐标系名,类型,ORG,XX,XY;	EDITCOOR T001,T,BID01, BP002,BP003;
DELCOOR	删除指定的坐标系	DELCOOR 坐标系名;	DELCOORT001;
LISTTOOL	返回已经定义的工具参数:工具名,指定要返回的工具参数。如果工具名省略,则返回所有已经定义的工具	LISTTOOL 工具名;	LISTTOOL T001;
EDITTOOL	编辑或修改工具数据	EDITTOOL 工具名=X,Y,Z, R_X,Ry,R_Z,<W>,<Xg,Yg, Zg>,< I_x,Iy,I_z>;	EDITTOOLT001 = 210.00, 321.05,−150.58,0,1.23,2.25, 1.5,2,110,0.035,0.12,0;
DELTOOL	删除工具	DELTOOL 工具名;	DELTOOLT001;
LISTIZONE	返回已经定义的干涉区参数:干涉区名,指定要返回的干涉区数据。如果干涉区名省略,则返回所有已经定义的干涉区	LISTIZONE 干涉区名;	LISTIZONE IZONE1;
EDITIZONE	编辑或修改干涉区数据	EDITIZONE 干涉区名,空间起始点,空间终止点;	EDITIZONE1,P001,P002;
DELIZONE	删除指定的干涉区	DELIZONE 干涉区名;	DELIZONE 1;

(9) 操作符

操作符（Operation Sign）：见表 2-10，操作符指工业机器人编程指令中简化使用的一些数学运算、逻辑运算的操作符号。

表 2-10 操作符

类型	名称		功 能
关系操作符	==		等值比较符号,相等时为 TRUE,否则为 FALSE
	>		大于比较符号,大于时为 TRUE,否则为 FALSE
	<		小于比较符号,小于时为 TRUE,否则为 FALSE
	>=		大于或等于比较符号,大于或等于时为 TRUE,否则为 FALSE
	<=		小于或等于比较符号,小于或等于时为 TRUE,否则为 FALSE
	<>		不等于符号,不等于时为 TRUE,否则为 FALSE
运算操作符	+	PLUS	两数相加
	−	MINUS	两数相减
	*	MUL	两数相乘(Multiplication)
	/	DIN	两数相除(Division)
特殊符号	#	COMMT	注释(comment)用于注释程序
	;	SEM1	分号,用于程序语句的结尾
	:	COLON	冒号(GOTO)
	,	COMMA	逗号,用于分隔数据
	=	ASSIGN	赋值符号

(10) 文件结构

文件结构(Structure Of DATA File):文件是用来保存工业机器人操作任务及运动中示教点的有关数据文件。工业机器人文件必须分为任务文件和数据文件。任务文件是机器人完成具体操作的编程指令程序,任务文件为前台运行文件。数据文件是机器人编程示教过程中形成的相关数据,以规定的格式保存,运行形式是后台运行。

① 任务文件 任务文件用于实现一种特定的功能,例如电焊喷涂等,一个应用程序包含而且只能包含一个任务。任务必须包含有入口函数(MAIN)和出口函数(END)。任务文件中必须包含有入口函数(MAIN)。一个任务文件代表一个任务,任务的复杂程度由用户根据需要决定。

示例:

```
MAIN;
L01;
MOVJ P001, V010, Z0;
MOVJ P002, V010, Z0;
MOVJ P003, V010, Z0;
MOVL P004, V010, Z0;
MOVJ P005, V010, Z0;
MOVL P002, V010, Z0;
GOTO L01;
END;
```

任务文件(*.prl)和相应的数据文件(*.dat)必须同名。

② 数据文件 数据文件用于存放各种类型的变量,划分为基础变量类型和复杂变量类型。其中复杂变量类型包括:TRPOSE 变换值表示的位姿;JTPOSE 关节角表示的位姿;LOADDATA 表示的负载;TOOLDATA 表示的工具;COORDATA 表示的坐标系类型。

每一个复杂变量都对应一个全局变量文件。

其他的数据类型都归类为基础变量类型，包括点变量和其他信息。

③ 点的格式

P<点号>=<dam1>，　<dma2>，　<data3>，　<data4>，　<dma5>，　<dma6>；
数据与数据之间用逗号隔开，末尾有分号结尾。

④ 程序的其他信息　程序的其他信息，如创建时间、工具号、程序注释信息等，在程序内均以 * 开头注明。

示例：

* NAME 2A3
* COMMENT
* TOOL 2
* TIME 2015.1.11
* NAME A3
* COMMENT
* TOOL 2
* TIME 2015-1-11

P00001=16.126531，19.180542，12.458099，20.031335，49.417869，1.803786；

P00002=16.126531，19.180542，12.458099，20.031335，49.417869，8.621886；

P00003=16.049234，19.394369，12.187001，20.595254，50.653930，4.482399；

P00004=62.049234，21.253555，13.974972，21.742446，47.252561，2.736275；

P00005=15.928113，21.920491，23.075772，21.942206，51.061904，3.707517；

P00006=15.928113，21.920491，13.075772，21.942206，51.061904，3.707517；

到目前为止，已经问世的这些机器人语言，有的是研究室里的实验语言，有的是实用的机器人语言。前者中比较有名的有美国斯坦福大学开发的 AL 语言、IBM 公司开发的 Autopass 语言、英国爱丁堡大学开发的 RAPT 语言等；后者中比较有名的有由 AL 语言演变而来的 VAL 语言、日本九州大学开发的 IML 语言、IBM 公司开发的 AML 语言等。

2.2.5　VAL 语言简介

(1) VAL 语言及特点

① 一般介绍　VAL 语言是美国 Unimation 公司于 1979 年推出的一种机器人编程语言，主要配置在 PUMA 和 Unimation 等机器人上，是一种专用的动作类描述语言。VAL 语言是在 BASIC 语言的基础上发展起来的，所以与 BASIC 语言的结构很相似。在 VAL 的基础上 Unimation 公司推出了 VAL-Ⅱ语言。

VAL 语言可应用于上下两级计算机控制的机器人系统。比如，上位机为 LSI-11/23，编程在上位机中进行，进行系统的管理；下位机为 6503 微处理器，主要控制各关节的实时运动。编程时可以 VAL 语言和 6503 汇编语言混合编程。VAL 语言目前主要用在各种类型的 PUMA 机器人以及 Unimate 2000 和 Unimate 4000 系列机器人上。

② 语言特点　VAL 语言命令简单、清晰易懂，描述机器人作业动作及与上位机的通信均较方便，实时功能强；可以在在线和离线两种状态下编程，适用于多种计算机控制的机器人；能够迅速地计算出不同坐标系下复杂运动的连续轨迹，能连续生成机器人的控制信号，可以与

操作者交互地在线修改程序和生成程序；VAL 语言包含一些子程序库，通过调用各种不同的子程序可很快组合成复杂操作控制；能与外部存储器进行快速数据传输以保存程序和数据。

③ 语言系统　VAL 语言系统包括文本编辑、系统命令和编程语言三个部分。

a. 文本编辑：在此状态下可以通过键盘输入文本程序，也可通过示教盒在示教方式下输入程序。在输入过程中可修改、编辑、生成程序，最后保存到存储器中。在此状态下也可以调用已存在的程序。

b. 系统命令：包括位置定义、程序和数据列表、程序和数据存储、系统状态设置和控制、系统开关控制、系统诊断和修改。

c. 编程语言：把一条条程序语句转换执行。

(2) VAL 语言的指令

VAL 语言包括监控指令和程序指令两种。各类指令的具体形式及功能如下。

① 监控指令

a. 位置及姿态定义指令。

• POINT 指令：执行终端位置、姿态的齐次变换或以关节位置表示的精确点位赋值。其格式有两种：

POINT＜变量＞ ［＝＜变量 2＞…＜变量 n＞］

或 POINT＜精确点＞ ［＝＜精确点 2＞］

例如：

POINT PICKI＝PICK2

指令的功能是设置变量 PICK2 的值等于 PICK1 的值。

又如：

POINT ♯PARK

是准备定义或修改精确点 PARK。

• DPOINT 指令：删除包括精确点或变量在内的任意数量的位置变量。

• HERE 指令：使变量或精确点的值等于当前机器人的位置。

例如：

HERE PLACK

是定义变量 PLACK 等于当前机器人的位置。

• WHERE 指令：用来显示机器人在直角坐标空间中的当前位置和关节变量值。

• BASE 指令：用来设置参考坐标系，系统规定参考系原点在关节 1 和 2 轴线的交点处，方向沿固定轴的方向。其格式为：

BASE ［＜dx＞］，［＜dy＞］，［＜dz＞］，［＜Z 向旋转方向＞］

例如：

BASE 300，－50，30

是重新定义基准坐标系的位置，它从初始位置向 X 方向移 300，沿 Z 的负方向移 50，再绕 Z 轴旋转了 30°。

• TOOLI 指令：对工具终端相对工具支承面的位置和姿态赋值。

b. 程序编辑指令。

EDIT 指令：允许用户建立或修改一个指定名字的程序，可以指定被编辑程序的起始行号。其格式为：

EDIT ［＜程序名＞］，［＜行号＞］

如果没有指定行号，则从程序的第一行开始编辑；如果没有指定程序名，则上次最后编辑的程序被响应。用 EDIT 指令进入编辑状态后，可以用 C、D、E、I、L、P、R、S、T 等命令来进一步编辑。

- C 命令：改变编辑的程序，用一个新的程序代替。
- D 命令：删除从当前行算起的 n 行程序，n 省略时为删除当前行。
- E 命令：退出编辑返回监控模式。
- I 命令：将当前指令下移一行，以便插入一条指令。
- P 命令：显示从当前行往下 n 行的程序文本内容。
- T 命令：初始化关节插值程序示教模式，在该模式下，按一次示教盒上的"RECODE"按钮就将 MOVE 指令插到程序中。

c. 列表指令。

- DIRECTORY 指令：显示存储器中的全部用户程序名。
- LISTL 指令：显示任意一个位置变量值。
- LISTP 指令：显示任意一个用户的全部程序。

d. 存储指令。

- FORMAT 指令：执行磁盘格式化。
- STOREP 指令：在指定的磁盘文件内存储指定的程序。
- STOREL 指令：存储用户程序中注明的全部位置变量名和变量值。
- LISTF 指令：显示软盘中当前输入的文件目录。
- LOADP 指令：将文件中的程序送入内存。
- LOADL 指令：将文件中指定的位置变量送入系统内存。
- DELETE 指令：撤销磁盘中指定的文件。
- COMPRESS 指令：用来压缩磁盘空间。
- ERASE 指令：擦除磁盘内容并初始化。

e. 控制程序执行指令。

- ABORT 指令：执行此指令后紧急停止（急停）。
- DO 指令：执行单步指令。
- EXECUTE 指令：执行用户指定的程序 n 次，z 可以从 $-132768 \sim 32767$，当 n 省略时，程序执行一次。
- NEXT 指令：控制程序在单步方式下执行。
- PROCEED 指令：实现在某一步暂停、急停或运行错误后，自下一步起继续执行程序。
- RETRY 指令：在某一步出现运行错误后，仍自该步起重新运行程序。
- SPEED 指令：指定程序控制下机器人的运动速度，其值从 $0.01 \sim 327.67$，一般正常速度为 100。

f. 系统状态控制指令。

- CALIB 指令：校准关节位置传感器。
- STATUS 指令：用来显示用户程序的状态。
- FREE 指令：用来显示当前未使用的存储容量。
- ENABL 指令：用于开、关系统硬件。
- ZERO 指令：清除全部用户程序和定义的位置，进行初始化。
- DONE：停止监控程序，进入硬件调试状态。

② 程序指令

a. 运动指令：描述基本运动的指令。

该指令包括 GO、MOVE、MOVEI、MOVES、DRAW、APPRO、APPROS、

DEPART、DRIVE、READY，OPEN，OPENI，CLOSE，CLOSEI，RELAX，GRASP 及 DELAY 等。

• 这些指令大部分具有使机器人按照特定的方式从一个位姿运动到另一个位姿的功能，部分指令表示机器人手爪的开合。

例如：

MOVE # PICK!

表示机器人由关节插值运动到 PICK 所定义的位置。"!"表示位置变量已有自己的值。

再如：

MOVET ＜位置＞，＜手开度＞

功能是生成关节插值运动使机器人到达位置变量所给定的位姿，运动中若手爪为伺服控制，则手爪由闭合改变到手开度变量给定的值。

又例如：

OPEN［＜手开度＞］

表示使机器人手爪打开到指定的开度。

• VAL 语言具有接近点和退避点的自动生成功能，如：

APPRO＜loc＞＜dist＞

表示终端从当前位置以关节插补方式移动到与目标点＜loc＞在 Z 方向上相隔一定距离的＜dist＞处。

DEPART＜dist＞

表示终端从当前位置以关节插补方式在 Z 方向移动一段距离＜dist＞。相应的直线插补方式为：

APPROS 和 DEPARTS。

• 手爪控制指令：OPEN 和 CLOSE 分别使手爪全部张开和闭合，并且在机器人下一个运动过程中执行。而 OPENI 和 CLOSEI 表示立即执行，执行完后，再转向下一条指令。

b. 位姿控制指令。

这些指令包括 RIGHTY、LEFTY、ABOVE、BELOW、FLIP 及 NOFLIP 等。

c. 赋值指令。

赋值指令有 SETI、TYPEI、HERE、SET、SHIFT、TOOL、INVERSE 及 FRAME。

d. 控制指令。

控制指令有 GOTO、GOSUB、RETURN、IF、IFSIG、REACT、REACTI、IGNORE、SIGNAL、WAIT、PAUSE 及 STOP。

其中 GOTO、GOSUB 实现程序的无条件转移，而 IF 指令执行有条件转移。IF 指令的格式为：

IF＜整型变量 1＞＜关系式＞＜整型变量 2＞＜关系式＞THEN＜标识符＞

该指令比较两个整型变量的值，如果关系状态为真，程序转到标识符指定的行去执行，否则接着执行下一行。关系表达式有 EQ（等于）、NE（不等于）、LT（小于）、GT（大于）、LE（小于或等于）及 GE（大于或等于）。

e. 开关量赋值指令。

包括 SPEED、COARSE、FINE、NONULL、NULL、INTOFF 及 INTON。

f. 其他指令。

包括：REMARK 及 TYPE。

(3) VAL 语言程序示例

【例 2-1】 将物体从位置Ⅰ（PICK 位置）搬运至位置Ⅱ（PLACE 位置）。

EDITDEMO　　；启动编辑状态

PROGRAMDEMO　　；VAL 响应

1　OPEN　　；下一步手爪张开

2　APPROPICK 50　　；运动至距 PICK 位置 50mm 处

3　SPEED 30　　；下一步降至 30％满速

4　MOVEPICK　　；运动至 PICK 位置

5　CLOSE I　　；闭合手爪

6　DEPART 70　　；沿闭合手爪方向后退 70mm

7　APPROSPLACE75　　；沿直线运动至距离 PLACE 位置 75mm 处

8　SPEED 20　　；下一步降至 20％满速

9　MOVES PLACE　　；沿直线运动至 PLACE 位置

10　OPEN I　　；在下一步之前手爪张开

11　DEPART 50　　；自 PLACE 位置后退 50mm

12　E　　；退出编译状态返回监控状态

2.2.6　VAL-Ⅱ语言

VAL-Ⅱ在 1979 年推出用于 Unimation 和 Puma 机器人。它是基于解释方式执行的语言，并且具有程序分支、传感信息输入、输出通信、直线运动以及许多其他特征。例如，用户可以在沿末端操作器 a 轴的方向指定一个距离 height，将它与语句命令 APPRO（用于接近操作）或 DEPART（用于离开操作）结合，便可实现无碰撞地接近物体或离开物体。MOVE 命令用来使机器人从它的当前位置运动到下一个指定位置。而 MOVES 命令则是沿直线执行上述动作。为了说明 VAL-Ⅱ的一些功能，下面的程序清单描述了许多不同的命令语句。

1　PROGRAM TEST　　程序名

2　SPEED 30 ALWAYS；　　设定机器人的速度

3　height＝50；　　设定沿末端执行器 a 轴方向抬起或落下的距离

4　MOVES p1；　　沿直线运动机器人到点 P_1

5　MOVE p2；　　用关节插补方式运动机器人到第二个点 P_2

6　REACTI 1001；　　如果端口 1 的输入信号为高电平（关），立即停止机器人

7　BREAK；　　当上述动作完成后停止执行

8　DELAY 2；　　延迟 2s 执行

9　IF SIG（1001）GOTO 100；　　检测输入端口 1，如果为高电平（关），转入继续执行第 100 行命令，否则继续执行下一行命令

10　OPEN；　　打开手爪

11　MOVE p5；　　运动到点 P_5

12　SIGNAL 2；　　打开输出端 N 2

13　APPROp6，height；　　将机器人沿手爪（工具坐标系）的 a 轴移向 P_6，直到离开它一段指定距离 height 的地方，这一点叫抬起点

14　MOVE p6；　　运动到位于 P_6 点的物体

15　CLOSEI；　　关闭手爪，并等待直至手爪闭合

16　DEPART height；　　沿手爪的 S 轴（工具坐标系）向上移动 height 距离

17　MOVE p1；　　将机器人移到 P_1 点

18　TYPE "all done"；　　在显示器上显示 "all done"

19　END

2.2.7　AL 语言简介

(1) AL 语言概述

AL 语言是 20 世纪 70 年代中期美国斯坦福大学人工智能研究所开发研制的一种机器人语言，它是在 WAVE 的基础上开发出来的，是一种动作级编程语言，但兼有对象级编程语言的某些特征，适用于装配作业。

它的结构及特点类似于 PASCAL 语言，可以编译成机器语言在实时控制机上运行，具有实时编译语言的结构和特征，如可以同步操作、条件操作等。AL 语言设计的初衷是用于具有传感器信息反馈的多台机器人或机械手的并行或协调控制编程。

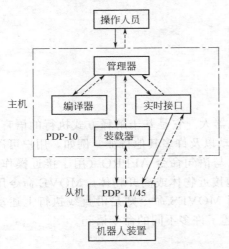

图 2-8　AL 语言运行的硬件环境

运行 AL 语言的系统硬件环境包括主、从两级计算机控制，如图 2-8 所示。主机为 PDP-10，主机内的管理器负责管理协调各部分的工作，编译器负责对 AL 语言的指令进行编译并检查程序，实时接口负责主、从机之间的接口连接，装载器负责分配程序。从机为 PDP-11/45。主机的功能是对 AL 语言进行编译，对机器人的动作进行规划；从机接受主机发出的动作规划命令，进行轨迹及关节参数的实时计算，最后对机器人发出具体的动作指令。

许多子程序和条件监测语句增加了该语言的力传感和柔顺控制能力。当一个进程需要等待另一个进程完成时，可使用适当的信号语句和等待语句。这些语句和其他的一些语句使得对两个或两个以上的机器人臂进行坐标控制成为可能。利用手和手臂运动控制命令可控制位移、速度、力和转矩。使用 AFFIX 命令可以把两个或两个以上的物体当作一个物体来处理，这些命令使多个物体作为一个物体出现。

(2) AL 语言的编程格式

① 程序从 BEGIN 开始，由 END 结束。

② 语句与语句之间用分号隔开。

③ 变量先定义说明其类型，后使用。变量名以英文字母开头，由字母、数字和下画线组成，字母不分大、小写。

④ 程序的注释用大括号括起来。

⑤ 变量赋值语句中如所赋的内容为表达式，则先计算表达式的值，再把该值赋给等式左边的变量。

(3) AL 语言中数据的类型

AL 变量的基本类型有：标量（SCALAR）、矢量（VECTOR）、旋转（ROT）、坐标系（FRAME）和变换（TRANS）。

① 标量　标量与计算机语言中的实数一样，是浮点数，它可以进行加、减、乘、除和指数 5 种运算，也可以进行三角函数和自然对数的变换。AL 中的标量可以表示时间（TIME）、距离（DISTANCE）、角度（ANGLE）、力（FORCE）或者它们的组合，并可以处理这些变量的量纲，即秒（sec）、英寸（inch）、度（deg）或盎司（ounce）等。AL 中有几个事先定义

过的标量，例如：PI＝3.14159，TRUE＝1，FALSE＝0。

② 矢量　矢量由一个三元实数（x，y，z）构成，它表示对应于某坐标系的平移和位置之类的量。与标量一样它们可以是有量纲的；利用 VECTOR 函数，可以由三个标量表达式来构造矢量。在 AL 中有几个事先定义过的矢量：

xhat＜-VECTOR（1，0，0）；

yhat＜-VECTOR（0，1，0）；

zhat＜-VECTOR（0，0，1）；

nilvect＜-VECTOR（0，0，0）；

矢量可以进行加、减、点积、叉积及与标量相乘、相除等运算。

③ 旋转　旋转表示绕一个轴转动，用以表示姿态。旋转用函数 ROT 来构造，ROT 函数有两个参数，一个代表旋转轴，用矢量表示；另一个是旋转角度。旋转规则按右手法则进行。此外，x 函数 AXIS(x) 表示求取 x 的旋转轴，而 |x| 表示求取 x 的旋转角。

AL 中有一个称为 nilrot 的事先说明过的旋转，定义为 ROT（zhat，0 * deg）。

④ 坐标系　坐标系可通过调用函数 FRAME 来构造，该函数有两个参数：一个表示姿态的旋转；另一个表示位置的距离矢量。AL 中定义 STATION 代表工作空间的基准坐标系。

【例 2-2】　图 2-9 是机器人插螺栓作业的示意图。可以建立起图中的 base 坐标系、beam 坐标系和 feeder 坐标系，程序如下：

FRAME base，beam，feeder；〈坐标系变量说明〉

base＜-FRAME（nilrot，VECTOR（20，0，15）* inches）；

〈坐标系 base 的原点位于世界坐标系（20，0，15）英寸处，Z 轴平行于世界坐标系的 Z 轴〉

beam＜-FRAME（ROT（z，90 * deg），VECTOR（20，15，0）* inches）；

〈坐标系 beam 原点位于世界坐标系（20，15，0）英寸处，并绕世界坐标系 Z 轴旋转 90°〉

feeder＜-FRAME（nilrot，VECTOR（25，20，0）* inches）；

〈坐标系 feeder 的原点位于世界坐标系（25，20，0）英寸处，且 Z 轴平行于世界坐标系的 Z 轴〉

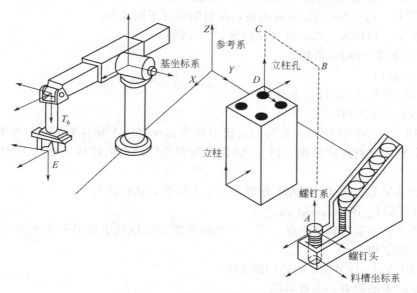

图 2-9　机器人插螺栓作业

对于在某一坐标系中描述的矢量，可以用矢量 WRT 坐标系的形式来表示，如 xhat WRT

beam，表示在世界坐标系中构造一个与坐标系 beam 中的 xhat 具有相同方向的矢量。

⑤ 变换　TRANS 型变量用来进行坐标系间的变换。与 FRAME 一样，TRANS 包括两部分：一个旋转和一个向量。执行时，先与相对于作业空间的基坐标系旋转部分相乘，然后加上向量部分。当算术运算符"＜－"作用于两个坐标系时，是指把第一个坐标系的原点移到第二个坐标系的原点，再经过旋转使其轴一致。

因此可以看出，描述第一个坐标系相对于基坐标系的过程，可通过对基坐标系右乘一个 TRANS 来实现。如图 2-9 所示，可以建立起各坐标系之间的关系：

T6＜-base * TRANS（ROT（x，180 * deg），VECTOR（15，0，0）*inches）；

{建立坐标系 T_6，其 Z 轴绕 base 坐标系的 Z 轴旋转 180°，原点距 base 坐标系原点（15，0，0）英寸处}

E＜-T6 * TRANS（nilrot，VECTOR（0，0，5）*inches）

{建立坐标系 E，其 Z 轴平行于 T_6 坐标系的 Z 轴，原点距 T_6 坐标系原点（0，0，5）英寸处}

Bolt-tip＜-feeder * TRANS（nilrot，VECTOR（0，0，1）*inches）；

beam-bore＜-beam * TRANS（nilrot，VECTOR（0，2，3）*inches）；

(4) AL 语言的语句介绍

① MOVE 语句　用来描述机器人手爪的运动，如手爪从一个位置运动到另一个位置。MOVE 语句的格式为：

MOVE＜HAND＞TO＜目的地＞

② 手爪控制语句

- OPEN：手爪打开语句。
- CLOSE：手爪闭合语句。

语句的格式为：

OPEN＜HAND＞TO＜SVAL＞

CLOSE＜HAND＞TO＜SVAL＞

其中 SVAL 为开度距离值，在程序中已预先指定。

③ 控制语句　与 PASCAL 语言类似，控制语句有下面几种：

IF　＜条件＞THEN　＜语句＞　ELSE　＜语句＞

WHILE＜条件＞DO＜语句＞

CASE　＜语句＞

DO　＜语句＞　UNTIL＜条件＞

FOR... STEP... UNTIL....

④ AFFIX 和 UNFIX 语句　在装配过程中经常出现将一个物体粘到另一个物体上或一个物体从另一个物体上剥离的操作。语句 AFFIX 为两物体结合的操作，语句 UNFIX 为两物体分离的操作。

例如：BEAM BORE 和 BEAM 分别为两个坐标系，执行语句

AFFIX BEAM _ BORE TO BEAM

使得后两个坐标系附着在一起，即一个坐标系的运动也将引起另一个坐标系同样的运动。然后执行下面的语句：

UNFIX BEAM _ BORE FROM BEAM

使得两坐标系的附着关系被解除。

⑤ 力觉的处理　在 MOVE 语句中使用条件监控子语句可实现使用传感器信息来完成一定的动作。监控子语句如：

ON<条件>DO<动作>

例如：

MOVE BARM TO⊕−0.1 * INCHES ON FORCE（Z）>10 * OUNCES DO STOP

表示在当前位置沿 Z 轴向下移动 0.1in，如果感觉 Z 轴方向的力超过 10 盎司，则立即命令机械手停止运动。

（5）AL 程序示例

【**例 2-3**】　用 AL 语言编制如图 2-9 所示的机器人把螺栓插入其中一个孔里的作业。这个作业需要把机器人移至料斗上方 A 点，抓取螺栓，经过 B 点、C 点再把它移至导板孔上方 D 点（图 2-9），并把螺栓插入其中一个孔里。

编制这个程序采取的步骤是：

a. 定义机座、导板、料斗、导板孔、螺栓柄等的位置和姿态；

b. 把装配作业划分为一系列动作，如移动机器人、抓取物体和完成插入等；

c. 加入传感器以发现异常情况和监视装配作业的过程；

d. 重复步骤 a～c，调试改进程序。

按照上面的步骤，编制的程序如下：

BEGIN insertion

① 设置变量

Bolt-diameter<-0.5 * inches；

Bolt-height<-1 * inches；

tries<-0；

grasped<false；

② 定义机座坐标系

beam<-FRAME（ROT（2，90 * deg），VECTOR（20，15，0）* inches）；

feeder<-FRAME（nilrot，VECTOR（20，20，0）* inches）；

③ 定义特征坐标系

Bolt-grasp<-feeder * TRANS（nilrot，nilvect）；

Bolt-tip<-bolt-grasp，TRANS（nilrot，VECTOR（0，0，0.5）* inches）；

Beam-bore<-beam * TRANS（nilrot，VECTOR（0，0，1）* inches）；

④ 定义经过的点坐标系

A<-feeder * TRANS（nilrot，VECTOR（0，0，5）* inches）；

B<-feeder * TRANS（nilrot，VECTOROR（0，0，8）* inches）；

C<-beam-bore * TRANS（nilrot，VECTOR（0，0，5）* inches）；

D<-beam-bore * TRANS（nilrot，bolt-height * Z）；

⑤ 张开手爪

OPEN bhand TO bolt-diameter+1 * inches；

⑥ 使手准确定位于螺钉上方

MOVE barm TO bolt-grasp VIA A；

WITH APPROACH=-Z WRT feeder；

⑦ 试着抓取螺钉

DO

CLOSE bhand TO 0.9 * bolt-diameter；

IF bhand<bolt-diameter THEN BEGIN

OPEN bhand TO bolt-diameter+1 * inches；｛抓取螺钉失败，再试一次｝

MOVE harm To@-1＊z＊inches；｛改为"@-1' z。inches；"｝
END ELSE grasped<-TRUE；｛改为"grasped<-TRUE；"｝
tries<-tries＋1；｛改为"tries<-tries＋1；"｝
UNTIL grasped OP（tries>3）；｛如果尝试三次未能抓取螺钉，则取消这一动作｝
IF NOT grasped THEN ABORT；｛抓取螺钉失败｝
将手臂运动到 B 位置：
MOVE barm TO B ；
VIA A ；
WITH DEPARTURE＝Z WRT feeder；
MOVE barm TO D VIA C；｛将手臂运动到 D 位置｝
WITH APPROACH＝-Z WRT beam-bore；
⑧ 检验是否有孔
MOVE barm TO@-0.1＊z＊inches ON FORCE（Z）>10＊ounce
DO ABORT（无孔）
⑨ 进行柔顺性插入
MOVE barm TO beam-bore DIREECTLY
WITH FORCE（Z）＝；｛改为"-10＊ounce；"｝
WITH FORCE（X）＝0＊ounce：
WITH FORCE（Y）＝0＊ounce；
WITH DURATION＝5＊seconds；
END insertion

2.2.8 Autopass 语言简介

Autopass 是 IBM 公司下属的一个研究所提出来的机器人语言，它像是给人的组装说明书一样，是针对所描述机器人操作的语言，属于对象级语言。

该程序把工作的全部规划分解成放置部件、插入部件等宏功能状态变化指令来描述。Autopass的编译，是用称作环境模型的数据库，边模拟工作执行时环境的变化边决定详细动作，作出对机器人的工作指令和数据。

（1）Autopass 的指令

Autopass 的指令分成如下四组。

① 状态变更语句：PLACE、INSERT、EXTRACT、LIFT、LOWER、SLIDE、PUSH、ORIENT、TURN、GRASP、RELEASE、MOVE。

② 工具语句：OPERATE、CLUMP、LOAP、UNLOAD、FETCH、REPLACE、SWITCH、LOCK、UNLOCK。

③ 紧固语句：ATTACH、DRVE-IN、RIVET、FASTEN、UNFASTEN。

④ 其他语句：VERIFY、OPEN-STATE-OF、CLOSED-STATE-OF、NAME、END。

例如，对于 PLACE 的描述语法为：

PLACE<object><preposition phrase><object>
<grasping phrase><final condition phrase>
<constraint phrase><then hold>

其中，

<object>是对象名；

<preposition phrase>表示 ON 或 IN 那样的对象物间的关系；

<grasping phrase>提供对象物的位置和姿态、抓取方式等；

<constraint phrase>是末端操作器的位置、方向、力、时间、速度、加速度等约束条件的描述选择；

<then hold>是指令机器人保持现有位置。

（2）Autopass 程序示例

【例 2-4】 下面是 Autopass 程序示例，从中可以看出，这种程序的描述很易懂。

① OPERATE nutfeeder WITH car-ret-tab-nut AT fixture. nest

② PLACE bracket IN fixture SUCH THAT bracket. bottom

③ PLACE interlock ON bracket SUCH THAT

Interlook. hole IS ALIGNED WITH bracket. top

④ DRIVEIN car-ret-intlk-stud INTO car-ret-tab-nut

AT interlock. hole

SUCHTHAT TORQUE is EQ 12. 0 IN-LBSUSING-air-driver

AT YACHING bracket AND interlock

⑤ NAME bracket interlock car-ret-intlk-stud car-ret-tab-nut

ASSEMBLY support-bracket

2.2.9　RAFT 语言简介

（1）RAPT 语言概述

RAPT 语言是英国爱丁堡大学开发的实验用机器人语言，它的语法基础来源于著名的数控语言 APT。RAPT 语言可以详细地描述对象物的状态和各对象物之间的关系，能指定一些动作来实现各种结合关系，还能自动计算出机器人手臂为了实现这些操作的动作参数。由此可见，RAPT 语言是一种典型的对象级语言。

RAPT 语言中，对象物可以用一些特定的面来描述，这些特定的面是由平面、直线、点等基本元素定义的。如果物体上有孔或突起物，那么在描述对象物时要明确说明，此外还要说明各个组成面之间的关系（平行、相交）及两个对象物之间的关系；如果能给出基准坐标系、对象物坐标系、各组成面坐标系的定义及各坐标系之间的变换公式，则 RAPT 语言能够自动计算出使对象物结合起来所必需的动作参数，这是 RAPT 语言的一大特征。

（2）RAPT 语言特征

为了简便起见，这里讨论的物体只限于平面、圆孔和圆柱，操作内容只限于把两个物体装配起来。假设要组装的部件都是由数控机床加工出来的，具有某种通用性。

部件可以由下面这种程序块来描述：

BODY/<部件名>；

<定义部件的说明>

TERBODY：

其中，部件名采用数控机床的 APT 语言中使用的符号；说明部分可以用 APT 语言来说明，也可以用平面、轴、孔、点、线、圆等部件的特征来说明。

平面的描述有下面两种：

FACE/<线>，<方向>；

FACE/HORIZONTAL<z 轴的坐标值>，<方向>；

其中，第一种形式用于描述与 Z 轴平行的平面，<线>是由 2 个<点>定义的，也可以用一个＜点＞和与某个＜线＞平行或垂直的关系来定义，而＜点＞则用（X，Y，Z）坐标值给出；＜方向＞是指平面的法线方向，法线方向总是指向物体外部。描述法线方向的符号有XLARGE、XSMALL、YSMALL。例如 XLARGE 表示在含有＜线＞并与 XY 面垂直的平面中，取其法线矢量在 X 轴上的分量与 X 轴正方向一致的平面。那么给定一个＜线＞和一个法线矢量，就可以确定一个平面。第二种形式用来描述与 X 轴垂直的平面与 Z 轴相交点的坐标值，其法线矢量的方向用 ZLARGE 或 ZSMALL 来表示。

轴和孔也有类似的描述：

SHAFT 或 HOLE/＜圆＞，＜方向＞；

SHAFT 或 HOLE/AXIS＜线＞，RADIUS＜数＞，＜方向＞；

前者用一个圆和轴线方向给定，＜圆＞的定义方法为 CIRCLE/CENTER＜点＞，RADIUS＜数＞；其中，＜点＞为圆心坐标，＜数＞表示半径值。例如：

C1＝CIRCLE/CENTER，P5，RADIUS，R

式中，C1 表示一个圆，其圆心在 P_5 处，半径为 R。

HOLE/＜圆＞，＜方向＞；

表示一个轴线与 Z 轴平行的圆孔，圆孔的大小与位置由＜圆＞指定，其外向方向由＜方向＞指定（ZLARGE 或 ZSMALL）。

与 Z 轴垂直的孔则用下述语句表示：

HOLE/AXIS＜线＞，RADIUS＜数＞，＜方向＞；

孔的轴线由＜线＞指定，半径由＜数＞指定，外向方向由＜方向＞指定（XLARGE、XSMALL、YLARGE 或 YSMALL）。

由上面一些基本元素可以定义部件，并给它命名。部件一旦被定义，它就和基本元素一样，可以独立地或与其他元素结合再定义新的部件。被定义的部件，只要改变其数值，便可以描述同类型的尺寸不同的部件。因此这种定义方法具有通用性，在软件中称为可扩展性。

（3）RAPT 程序示例

【例 2-5】 一个具有两个孔的立方体（图 2-10）可以用下面的程序来定义：

```
BLOCK：MARCO/BXYZR；
BODY/B；
P1＝POINT/0，0，0；定义 6 个点
P2＝POINT/X，0，0；
P3＝POINT/0，Y，0；
P4＝POINT/0，0，Z；
P5＝POINT/X/4，Y/2，0；
P6＝POINT/X-X/4，Y/2，0；
C1＝CIRCLE/CENTER，P5，RADIUS，R；定义两个圆
C2＝CIRCLE/CENTER，P6，RADIUS，R；
L1＝LINE/P1，P2；定义四条直线
L2＝LINE/P1，P3；
L3：LINE/P3，PARALEL，L1；
L4＝LINE/P2，PARALEL，L2；
BACKI＝FACE/L2，XSMALL；定义背面
BOTl＝FACE/HORIZONTAL，0，ZSMALL；定义底面
TOPl＝FACE/HORIZONTAL，z，ZLARGE；定义顶面
RSIDE1＝FACE/L1，YSMALL；定义右面
```

LSIDE1＝FACE/L3，YLARGE；定义顶面
HOLE1＝HOLE/C1，ZLARGE；定义左孔
HOLE2＝HOLE/C2，ZLARGE；定义右孔
TERBODY
RERMAC

程序中 BLOCK 代表部件类型，它有 5 个参数。其中 B 为部件代号，X、Y、Z 分别为空间坐标值，R 为孔半径。这里取立方体的一个顶点 P_1 为坐标原点，两孔半径相同。因此，X、Y、Z 也表示立方体的三个边长。只要代入适当的参数，这个程序就可以当做一个指令来调用。例如图 2-10 所示的两个立方体可用下面语句来描述：

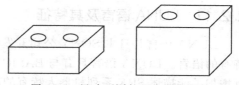

图 2-10 尺寸不同的两个同类部件

CALL/BLOCK，B＝B1，X＝6，Y＝7，Z＝2，R＝0.5
CALL/BLOCK，B＝B2，X＝6，Y＝7，Z＝6，R＝0.5
显然，这种定义部件的方法简单、通用，具有良好的可扩充性。

2.2.10 AML 语言

AML 语言是 IBM 公司为 3P3R 机器人编写的程序。这种机器人带有三个线性关节，三个旋转关节，还有一个手爪。各关节由数字＜1，2，3，4，5，6，7＞表示，1，2，3 表示滑动关节，4，5，6 表示旋转关节，7 表示手爪。描述沿 X，Y，Z 轴运动时，关节也可分别用字母 JX，JY，JZ 表示，相应的 JR，JP，JY 表示绕翻转（Roll）、俯仰（Pitch）和偏转（Yaw）轴（用来定向）旋转，而 JG 表示手爪。

在 AML 中允许两种运动形式。MOVE 命令是绝对值，也就是说，机器人沿指定的关节运动到给定的值。DMOVE 命令是相对值，也就是说，关节从它当前所在的位置起运动给定的值。这样，MOVE（1，10）就意味着机器人将沿 Z 轴从坐标原点起运动 10in，而 DMOVE（1，10）则表示机器人沿 Z 轴从它当前位置起运动 10in。AML 语言中有许多命令，它允许用户可以编制复杂的程序。

以下程序用于引导机器人从一个地方抓起一件物体，并将它放到另一个地方，并以此例来说明如何编制一个机器人程序。

10 SUBR（PICK-PLACE）；   子程序名
20 PTI：NEW＜4，-24，2，0，0，-13＞；   位置说明
30 PT2：NEW＜-2，13，2，135，-90，-33＞；
40 PT3：NEW＜-2，13，2，150，-90，-33，1；
50 SPEED（0.2）；   指定机器人的速度（最大速度的 20％）
60 MOVE（ARM，0，0）；   将机器人（手臂）复位到参考坐标系原点
70 MOVE（＜1，2，3，4，5，6＞，PT1）；   将手臂运动到物体上方的点 1
80 MOVE（7，3）；   将手爪打开到 3in
90 DMOVE（3，-1）；   将手臂沿 Z 轴下移 1in
100 DMOVE（7，-1.5）；   将手爪闭合 1.5in
110 DMOVE（3，1）；   沿 X 轴将物体抬起 1in
120 MOVE（＜JX，JY.JZ，JR，JR，JY＞，PT2）；将手臂运动到点 2
130 DMOVE（JZ，-3）；   沿 Z 轴将手臂下移 3in 放置物体

140 MOVE（JG，3）;   将手爪打开到 3in

150 DMOVE（JZ，11）;   将手臂沿 Z 轴上移 11in

160 MOVE（ARM，PT3）;   将手臂运动到点 3

170 END

2.2.11 LUNA 语言及其特征

LUNA 语言是日本 SONY 公司开发用于控制 SRX 系列 SCARA 平面关节型机器人的一种特有的语言。LUNA 语言具有与 BASIC 相似的语法，它是在 BASIC 语言基础上开发出来的，且增加了能描述 SRX 系列机器人特有的功能语句。该语言简单易学，是一种着眼于末端操作器动作的动作级语言。

(1) 语言概要

LUNA 语言使用的数据类型有标量（整数或实数）、由 4 个标量组成的矢量，它用直角坐标系（O-XYZ）来描述机器人和目标物体的位姿，使人易于理解，而且坐标系与机器人的结构无关。LUNA 语言的命令以指令形式给出，由解释程序来解释。指令又可以分为由系统提供的基本指令和由使用者用基本指令定义的用户指令，详见表 2-11。

表 2-11   LUNA 语言指令表

分　类	指令形式	含　义
扫描机器人动作的命令	DO…	机器人执行单行 DO 语句
	In(ON/OFF)	输入开,关 I1～I16
	Ln(ON/OFF)	输出开,关 L1～L16
	Pn(m)	运动到达点 Pn(m)n:0～9 m:0～255
	VEL(n)	设置运动速度(n:1%～100%)
	DLY(t)	等待 ts(t:0.01～327.67)
	OVT(t)	设置超限时间(t:0.1～25.58)
	FOS(n)	加速执行移动指令之后的指令
	ACC(n)	设置加速时间(n:1～10)
	LINE	线性插补
	CIRCLE	圆弧插补
	SHIFT	在 4 条轴上提供同步的关联动作
程序控制用命令	GO	程序无条件转移到指定的语句号
	STOP	暂停
	CALL	调用子程序
	RET	子程序返回
	IF…THEN	条件转移
	FOR…TO	循环指令
	STEP	循环步长
	NEXT	循环终止
	END	程序结束
点数据命令	Pn(m)	设置点数据
	OFFSET	移动坐标轴
	RESET	清除 OFFSET
	LIMIT	设置点数的极限误差
	PSHIFT	位移点序号
	RIGHT	设置右手坐标系
	LEFT	设置左手坐标系

(2) 往返操作的描述

在机器人的操作中，很多基本动作都是有规律的往返动作。如图 2-11 所示，机器人末端

执行器由 A 点移动到 B 点和 C 点，我们用 LUNA 语言来编制程序为：

　　10 DO PA PB PC

　　GO 10

可见，用 LUNA 语言可以极为简便地编制动作程序。

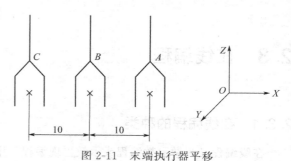

图 2-11　末端执行器平移

2.2.12　C 语言

C 语言是 Combined Language（组合语言）的中英混合简称，是一种计算机程序设计语言。它既具有高级语言的特点，又具有汇编语言的特点。它可以作为工作系统设计语言，编写系统应用程序，也可以作为应用程序设计语言，编写不依赖计算机硬件的应用程序。因此，它的应用范围广泛，不仅仅是在软件开发方面，而且各类科研都需要用到 C 语言，具体应用有单片机以及嵌入式系统开发等。现在的机器人程序设计大多采用 C 语言，可以在不同的控制器之间方便地移植。

C 语言是一种面向过程的计算机程序设计语言，它是目前众多计算机语言中举世公认的优秀的结构程序设计语言之一。它由美国贝尔实验室的 D. M. RitChie 于 1972 年推出。1978 年后，C 语言已先后被移植到大、中、小及微型机上。

C 语言发展如此迅速，而且成为最受欢迎的语言之一，主要因为它具有强大的功能。许多著名的系统软件如 DBASE Ⅳ 是由 C 语言编写的。用 C 语言加上一些汇编语言子程序，就更能显示 C 语言的优势了，像 PC. DOS、WordStar 等就是用这种方法编写的。

C 语言是一种成功的系统描述语言，用 C 语言开发的 UNIX 操作系统就是一个成功的范例；同时 C 语言又是一种通用的程序设计语言，在国际上广泛流行。世界上很多著名的计算公司都成功地开发了不同版本的 C 语言，很多优秀的应用程序也都是使用 C 语言开发的。

（1）C 是中级语言

它把高级语言的基本结构和语句与低级语言的实用性结合起来。C 语言可以像汇编语言一样对位、字节和地址进行操作，而这三者是计算机最基本的工作单元。

（2）C 是结构式语言

结构式语言的显著特点是代码及数据的分隔化，即程序的各个部分除了必要的信息交流外彼此独立。这种结构化方式可使程序层次清晰，便于使用、维护以及调试。C 语言是以函数形式提供给用户的，这些函数调用方便，并具有多种循环、条件语句控制程序流向，从而使程序完全结构化。

（3）C 语言功能齐全

C 语言具有各种各样的数据类型，并引入了指针概念，可使程序效率更高。另外，C 语言也具有强大的图形功能，支持多种显示器和驱动器，而且计算功能、逻辑判断功能也比较强大，可以实现决策目的的游戏。

（4）C 语言适用范围广

C 语言适合于多种操作系统（如 Windows、DOS、UNIX 等），也适用于多种机型。

C 语言对编写需要硬件进行操作的场合，明显优于其他解释型高级语言，有一些大型应用软件也是用 C 语言编写的。

C 语言具有绘图能力强，可移植性强的特点，并具备很强的数据处理能力，因此适于编写系统软件，以及三维、二维图形和动画。它是数值计算的高级语言。

2.3 在线编程

2.3.1 在线编程的种类

在线编程又叫做示教编程或示教再现编程，用于示教再现型机器人中，它是目前大多数工业机器人的编程方式，在机器人作业现场进行。所谓示教编程，即操作者根据机器人作业的需要把机器人末端执行器送到目标位置，且处于相应的姿态，然后把这一位置、姿态所对应的关节角度信息记录到存储器保存。对机器人作业空间的各点重复以上操作，就把整个作业过程记录下来，再通过适当的软件系统，自动生成整个作业过程的程序代码，这个过程就是示教过程。

机器人示教后可以立即应用，在再现时，机器人重复示教时存入存储器的轨迹和各种操作，如果需要，过程可以重复多次。机器人实际作业时，再现示教时的作业操作步骤就能完成预定工作。机器人示教产生的程序代码与机器人编程语言的程序指令形式非常类似。

示教编程的优点：操作简单，不需要环境模型；易于掌握，操作者不需要具备专门知识，不需要复杂的装置和设备，轨迹修改方便，再现过程快，对实际的机器人进行示教时，可以修正机械结构带来的误差。示教编程的缺点：功能编辑比较困难，难以使用传感器，难以表现条件分支，对实际的机器人进行示教时，要占用机器人。

示教的方法有很多种，有主从式、编程式、示教盒式、直接示教（即手把手示教）等多种。

主从式由结构相同的大、小两个机器人组成，当操作者对主动小机器人手把手进行操作控制的时候，因两机器人所对应关节之间装有传感器，所以从动大机器人可以以相同的运动姿态完成所示教操作。

编程式运用上位机进行控制，将示教点以程序的格式输入到计算机中，当再现时，按照程序语句一条一条地执行。这种方法除了计算机外，不需要任何其他设备，简单可靠，适用于小批量、单件机器人的控制。

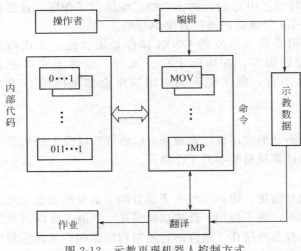

图 2-12　示教再现机器人控制方式

示教盒和上位机控制的方法大体一致，只是由示教盒中的单片机代替了计算机，从而使示教过程简单化。这种方法由于成本较高，故适用在较大批量的成型的产品中。

示教再现机器人控制方式如图 2-12 所示。

（1）直接示教

直接示教就是操作者操纵安装在机器人手臂内的操纵杆，按规定动作顺序示教动作内容。主要用于示教再现型机器人，通过引导或其他方式，先教会机器人动作，输入工作程序，机器人则自动重复进行作业。

直接示教是一项成熟的技术，易于被熟悉工作任务的人员所掌握，而且用简单的设备和控制装置即可进行。示教过程进行得很快，示教过后，马上即可应用。在某些系统中，还可以用与示教时不同的速度再现。

　　如果能够从一个运输装置获得使机器人的操作与搬运装置同步的信号，就可以用示教的方法来解决机器人与搬运装置配合的问题。

　　直接示教方式编程也有一些缺点：只能在人所能达到的速度下工作；难以与传感器的信息相配合；不能用于某些危险的情况；在操作大型机器人时，这种方法不适用；难以获得高速度和直线运动；难以与其他操作同步。

（2）示教盒示教

　　示教盒示教则是操作者利用示教控制盒上的按钮驱动机器人一步一步运动。它主要用于数控型机器人，不必使机器人动作，通过数值、语言等对机器人进行示教，利用装在控制盒上的按钮可以驱动机器人按需要的顺序进行操作。机器人根据示教后形成的程序进行作业。

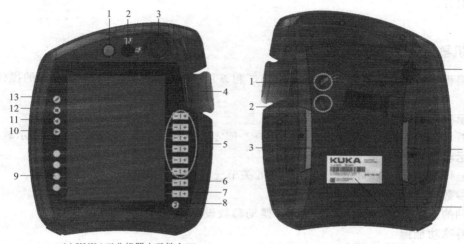

(a) KUKA工业机器人示教盒(1)
1—Smart PAD的按钮; 2—钥匙开关; 3—急停;
4—3D鼠标; 5—移动键; 6,7—倍率键; 8—主菜
单按键; 9—状态键; 10—启动键; 11—逆向启
动键; 12—停止键; 13—键盘按键

(b) KUKA工业机器人示教盒(2)
1,3,5—确认开关; 2—启动键(绿色);
4—USB接口; 6—型号铭牌

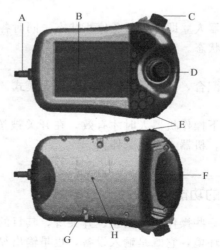

(c) ABB工业机器人示教盒
A—连接器; B—触摸屏; C—紧急停止按钮;
D—控制杆; E—USB 端口; F—使动装置;
G—触摸笔; H—重置按钮

图 2-13　示教盒

如图 2-13 所示,在示教盒中,每一个关节都有一对按钮,分别控制该关节在两个方向上的运动。有时还提供附加的最大允许速度控制。虽然为了获得最高的运行效率,人们希望机器人能实现多关节合成运动,但在用示教盒示教的方式下,却难以同时移动多个关节。类似于电视游戏机上的游戏杆,通过移动控制盒中的编码器或电位器来控制各关节的速度和方向,但难以实现精确控制。

示教盒示教方式也有一些缺点:示教相对于再现所需的时间较长,即机器人的有效工作时间短,尤其对一些复杂的动作和轨迹,示教时间远远超过再现时间;很难示教复杂的运动轨迹及准确度要求高的直线;示教轨迹的重复性差,两个不同的操作者示教不出同一个轨迹,即使同一个人两次不同的示教也不能产生同一个轨迹。示教盒一般用于对大型机器人或危险作业条件下的机器人示教,但这种方法仍然难以获得高的控制精度,也难以与其他设备同步和与传感器信息相配合。

2.3.2 机器人示教器的组成

示教编程器由操作键、开关按钮、指示灯和显示屏等组成。其中示教编程器的操作键主要分为四类:

(1) 示教功能键

如示教/再现、存入、删除、修改、检查、回零、直线插补、圆弧插补等,为示教编程用。

(2) 运动功能键

如 $x\pm$ 移动、$y\pm$ 移动、$z\pm$ 移动、$1\sim6$ 关节 $\pm$ 转动等,为操纵机器人示教用。

(3) 参数设定键

如各轴的速度设定、焊接参数设定、摆动参数设定等。

(4) 特殊功能键

根据功能键所对应的相应功能菜单,从而打开各种不同的子菜单,并确定相应不同的控制功能。

示教编程器常用的开关按钮有急停开关、选择开关、使能键等。

(1) 急停开关

当此按钮按下时,机器人立即处于紧急停止状态,同时各机械手臂上的伺服控制器同时断电,机器人处于停止工作状态。

(2) 选择开关

与操作盒或操作面板配合,选择示教模式或者再现模式。

(3) 使能键

该开关只在示教模式下操作机器人时才有效,在开关被按住时机器人才可进行手动操作。紧急情况下,释放该开关,机器人将立刻停止。

2.3.3 机器人示教器的功能

示教编程器主要提供一些操作键、按钮、开关等,其目的是能够为用户编制程序、设定变量时提供一个良好的操作环境,它既是输入设备,也是输出显示设备,同时还是机器人示教的人机交互接口。

在示教过程中,它将控制机器人的全部动作,事实上它是一个专用的功能终端,它不断扫描示教编程器上的功能,并将其全部信息送入控制器、存储器中。主要有以下功能:

① 手动操作机器人的功能。

② 位置、命令的登录和编辑功能。

③ 示教轨迹的确认功能。

④ 生产运行功能。

⑤ 查阅机器人的状态（I/O 设置、位置、焊接电流等）。

2.3.4　示教再现原理

机器人的示教再现过程分为四个步骤进行。

步骤一：示教。操作者把规定的目标动作（包括每个运动部件，每个运动轴的动作）一步一步地教给机器人。示教的简繁，标志着机器人自动化水平的高低。

步骤二：记忆。机器人将操作者所示教的各个点的动作顺序信息、动作速度信息、位姿信息等记录在存储器中。存储信息的形式、存储存量的大小决定机器人能够进行的操作的复杂程度。

步骤三：再现。根据需要，将存储器所存储的信息读出，向执行机构发出具体的指令。机器人根据给定顺序或者工作情况，自动选择相应程序再现，这一功能标志着机器人对工作环境的适应性。

步骤四：操作。指机器人以再现信号作为输入指令，使执行机构重复示教过程规定的各种动作。

在示教再现这一动作循环中，示教和记忆同时进行，再现和操作同时进行。这种方式是机器人控制中比较方便和常用的方法之一。

2.3.5　示教再现操作方法

示教再现过程分为示教前准备、示教、再现前准备、再现四个阶段。

（1）示教前准备

① 接通主电源把控制柜的主电源开关扳转到接通的位置，接通主电源并进入系统。

② 选择示教模式示教模式分为手动模式和自动模式，示教阶段选择手动模式。

③ 接通伺服电源。

（2）示教

① 创建示教文件。在示教器上创建一个未曾示教过的文件名称，用于储存后面的示教文件。

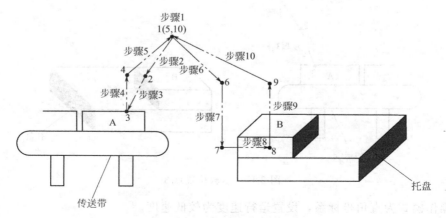

图 2-14　示教作业过程示意图

② 示教点的设置。示教作业是一种工作程序，它表示机械手将要执行的任务。如图 2-14 所示，以工业机器人从 A 处搬运工件至 B 处为例，说明工业机器人示教点的设置步骤。该示教过程由 10 个步骤组成。

a. 步骤 1——开始位置，如图 2-15 所示。开始位置 1 要求设置在安全并且适合作业准备的位置。一般情况下，可以将机器人操作开始位置选择在机器人的零点位置。手动操作机器人回到零点位置后，记录该点位置。

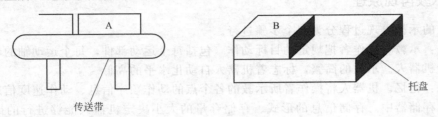

图 2-15　示教开始位置点

b. 步骤 2——移动到抓取位置附近抓取前，如图 2-16 所示。选取机器人接近工件时但不与工件发生干涉的方向、位置作为机器人可以抓取工件的姿态（通常在抓取位置的正上方）。用轴操作键设置机器人移动到该位置，并记录该点（示教位置点 2）位置。

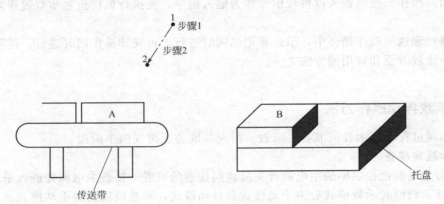

图 2-16　示教位置点 2

c. 步骤 3——到抓取位置抓取工件，如图 2-17 所示。

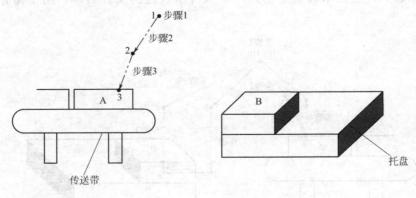

图 2-17　示教位置点 3

设置操作模式为直角坐标系，设置运行速度为较低速度。

保持步骤 2 的姿态不变，用轴操作键将机器人移动到示教位置点 3（抓取点）位置；抓取工件并记录该点位置。

d. 步骤 4——退回到抓取位置附近（抓取后的退让位置），如图 2-18 所示。

用轴操作键把抓住工件的机器人移到抓取位置附近。移动时，选择与周边设备和工具不发生干涉的方向、位置（通常在抓取位置的正上方，也可和步骤 2 在同一位置）。记录该点（示教位置点 4）位置。

e. 步骤 5——回到开始位置，如图 2-19 所示。

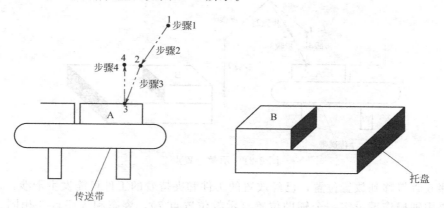

图 2-18　示教位置点 4

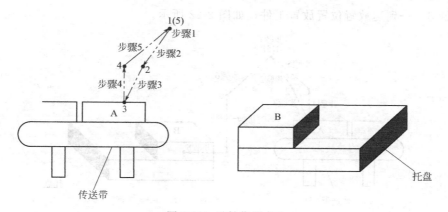

图 2-19　示教位置点 5

f. 步骤 6——移动到放置位置附近（放置前），如图 2-20 所示。

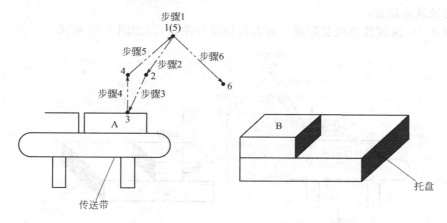

图 2-20　示教位置点 6

　　用轴操作键设定机器人能够放置工件的姿态。在机器人接近工作台时，要选择把持的工件和堆积的工件不干涉的方向、位置（通常，在放置辅助位置的正上方）。记录该点（示教位置点6）位置。

　　g. 步骤7——到达放置辅助位置，如图2-21所示。

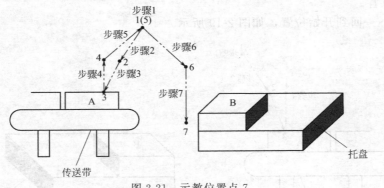

图 2-21　示教位置点 7

　　从步骤6直接移到放置位置，已经放置的工件和夹持着的工件可能发生干涉，这时为了避开干涉，要用轴操作键设定一个辅助位置（示教位置点7），姿态和程序点6相同。记录该点位置。

　　h. 步骤8——到达放置位置放置工件，如图2-22所示。

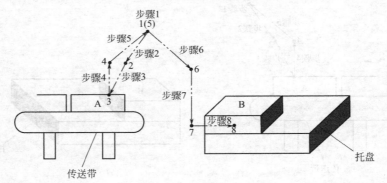

图 2-22　示教位置点 8

　　用轴操作键把机器人移到放置位置（示教位置点8），这时请保持步骤7的姿态不变。释放工件并记录该点位置。

　　i. 步骤9——退到放置位置附近（放置后的退让位置），如图2-23所示。

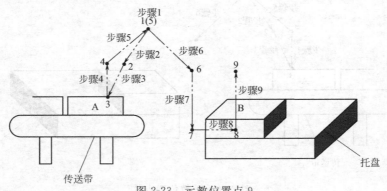

图 2-23　示教位置点 9

　　用轴操作键把机器人移到放置位置附近（示教位置点 9）。移动时，选择工件和工具不干涉的方向、位置（通常是在放置位置的正上方）并记录该点位置。

　　j. 步骤 10——回到开始位置。

　　步骤 10 设置最后的位置点，并使得最后的位置点与最初的位置点重合。记录该点位置。

　　③ 保存示教文件。

　　（3）再现前准备

　　① 选择示教文件选择已经示教好的文件，并将光标移到程序开头。

　　② 回初始位置手动操作机器人移到步骤 1 位置。

　　③ 示教路径确认在手动模式下，使工业机器人沿着示教路径执行一个循环，确保示教运行路径正确。

　　④ 选择再现模式示教模式选择为自动模式。

　　⑤ 接通伺服电源。

　　（4）再现

　　设置好再现循环次数，确保没有人在机器人的工作区域里。启动机器人自动运行模式，使得机器人按示教过的路径循环运行程序。

2.3.6　示教编程实例

（1）示教作业程序

　　下面讲述 MOTOMAN UP6 机器人用于焊接作业时的示教编程示例，其轨迹如图 2-24 所示。该机器人经过示教自动产生一个作业程序，如表 2-12 所示。

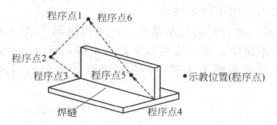

图 2-24　MOTOMAN UP6 机器人焊接示教轨迹

表 2-12　焊接参考程序

行	命　令	内容说明
0000	NOP	程序开始
0001	MOVJ VJ=25	移到待机位置程序点 1
0002	MOVJ VJ=25	移到焊接开始位置附近程序点 2
0003	MOVJ VJ=12.5	移到焊接开始位置程序点 3
0004	ARCON	焊接开始
0005	MOVLV=5	移到焊接结束位置程序点 4
0006	ARCOF	焊接结束
0007	MOVJ VJ=25	移到不碰触工件和夹具的位置程序点 5
0008	MOVJ VJ=25	移到待机位置程序点 6
0009	END	程序结束

（2）示教作业程序解释

要焊接如图 2-24 所示的焊缝，MOTOMAN UP6 机器人首先在示教状态下走出图示轨迹。点 1、6 为待机位置，两点重合，选取时需处于工件、夹具不干涉的位置，程序点 5 在向程序点 6 移动时，也需处于与工件、夹具不干涉的位置。从点 1 到点 2 再到点 3 和从点 4 到点 5 再回到点 6 为空行程，对轨迹无要求，所以选择工作状态好、效率高的关节插补，生成的代码为 MOVJ。空行程中接近焊接轨迹段时选择慢速。

程序中关节插补的速度用 VJ 表示，数值代表最高关节速度的百分比，如 VJ＝25 表示以关节最高运行速度的 25％运动。从点 3 到点 4 为焊接轨迹段，以要求的焊接轨迹（这里为直线）走过，生成的代码为 MOVL；以规定的焊接速度前进。

程序中 ARCON 为引弧指令，ARCOF 为熄弧指令，分别用于引弧的开始和结束，这两个命令也是在示教过程中通过按示教盒上的功能键自动产生的。NOP 表示程序的开始，END 表示程序的结束。

2.4　机器人的离线编程

随着大批量工业化生产向单件、小批量、多品种生产方式转化，生产系统越来越趋向于柔性制造系统（FMS）和集成制造系统（CIMS）。这样一些系统包含数控机床、机器人等自动化设备，结合 CAD/CAM 技术，由多层控制系统控制，具有很大的灵活性和很高的生产适应性。系统是一个连续协调工作的整体，其中任何一个生产要素停止工作都必将迫使整个系统的生产工作停止。例如用示教编程来控制机器人时，示教或修改程序时需让整体生产线停下来，占用了生产时间，所以其不适用于这种场合。

另外 FMS 和 CIMS 是一些大型的复杂系统，如果用机器人语言编程，编好的程序不经过离线仿真就直接用在生产系统中，很可能引起干涉、碰撞，有时甚至造成生产系统的损坏，所以需要独立于机器人在计算机系统上实现一种编程方法，这时机器人离线编程方法就应运而生了。

2.4.1　机器人离线编程的特点

机器人离线编程系统是在机器人编程语言的基础上发展起来的，是机器人语言的拓展。它利用机器人图形学的成果，建立起机器人及其作业环境的模型，再利用一些规划算法，通过对图形的操作和控制，在离线的情况下进行轨迹规划。

（1）机器人离线编程的优点

① 减少机器人的非工作时间。当机器人在生产线或柔性系统中进行正常工作时，编程人员可对下一个任务进行离线编程仿真，这样编程不占用生产时间，提高了机器人的利用率，从而提高整个生产系统的工作效率。

② 使编程人员远离危险的作业环境。由于机器人是一个高速的自动执行机，而且作业现场环境复杂，如果采用示教这样的编程方法，编程员必须在作业现场靠近机器人末端执行器才能很好地观察机器人的位姿，这样机器人的运动可能会给操作者带来危险，而离线编程不必在作业现场进行。

③ 使用范围广。同一个离线编程系统可以适应各种机器人的编程。

④ 便于构建 FMS 和 CIMS 系统。FMS 和 CIMS 系统中有许多搬运、装配等工作需要由预先进行离线编程的机器人来完成，机器人与 CAD/CAM 系统结合，做到机器人及 CAD/

CAM 的一体化。

⑤ 可使用高级机器人语言对复杂系统及任务进行编程。

⑥ 便于修改程序。一般的机器人语言是对机器人动作的描述。当然，有些机器人语言还具有简单环境构造功能。但对于目前常用的动作级和对象级机器人语言来说，用数字构造环境这样的工作，其算法复杂，计算量大且程序冗长。而对任务级语言来说，一方面高水平的任务级语言尚在研制中，另一方面任务级语言要求复杂的机器人环境模型的支持，需借助人工智能技术，才能自动生成控制决策和轨迹规划。

机器人离线编程系统是机器人编程语言的拓展，它利用计算机图形学的成果，建立起机器人及其工作环境的模型，再利用一些规划算法，通过对图形的控制和操作，在离线的情况下进行轨迹规划。机器人离线编程系统已被证明是一个有力的工具，用以增加安全性，减少机器人非工作时间和降低成本等。表 2-13 给出了示教编程和离线编程两种方式的比较。

表 2-13　两种机器人编程的比较

示教编程	离线编程
需要实际机器人系统和工作环境	需要机器人系统和工作环境的图形模型
编程时机器人停止工作	编程不影响机器人工作
在实际系统上试验程序	通过仿真试验程序
编程的质量取决于编程者的经验	可用 CAD 方法，进行最佳轨迹规划
很难实现复杂的机器人运动轨迹	可实现复杂运动轨迹的编程

（2）机器人离线编程的过程

机器人离线编程不仅需要掌握机器人的有关知识，还需要掌握数学、计算机及通信的有关知识，另外必须对生产过程及环境了解透彻，所以它是一个复杂的工作过程。机器人离线编程大约需要经历如下的一些过程。

① 对生产过程及机器人作业环境进行全面的了解。

② 构造出机器人及作业环境的三维实体模型。

③ 选用通用或专用的基于图形的计算机语言。

④ 利用几何学、运动学及动力学的知识，进行轨迹规划、算法检查、屏幕动态仿真，检查关节超限及传感器碰撞的情况，规划机器人在动作空间的路径和运动轨迹。

⑤ 进行传感器接口连接和仿真，利用传感器信息进行决策和规划。

⑥ 实现通信接口，完成离线编程系统所生成的代码到各种机器人控制器的通信。

⑦ 实现用户接口，提供有效的人机界面，便于人工干预和进行系统操作。

最后完成的离线编程及仿真还需考虑理想模型和实际机器人系统之间的差异。可以预测两者的误差，然后对离线编程进行修正，直到误差在容许范围内。

2.4.2　机器人离线编程系统的结构

离线编程系统的结构框图如图 2-25 所示，主要由用户接口、机器人系统的三维几何构造、运动学计算、轨迹规划、动力学仿真、并行操作、传感器仿真、通信接口和误差校正九部分组成。

（1）用户接口

用户接口即人机界面，是计算机和操作人员之间信息交互的唯一途径，它的方便与否直接决定了离线编程系统的优劣。设计离线编程系统方案时，就应该考虑建立一个方便实用、界面

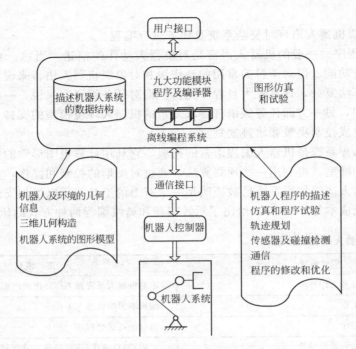

图 2-25　离线编程系统结构图

直观的用户接口，通过它产生机器人系统编程的环境并快捷地进行人机交互。

离线编程的用户接口一般要求具有图形仿真界面和文本编辑界面。文本编辑方式下的界面用于对机器人程序的编辑、编译等，而图形界面用于对机器人及环境的图形仿真和编辑。用户可以通过操作鼠标等交互工具改变屏幕上机器人及环境几何模型的位置和形态。通过通信接口及联机至用户接口可以实现对实际机器人的控制，使之与屏幕机器人的位姿一致。

（2）机器人系统的三维几何构造

三维几何构造是离线编程的特色之一，正是有了三维几何构造模型才能进行图形及环境的仿真。

三维几何构造的方法有结构立体几何表示、扫描变换表示及边界表示三种。其中边界表示最便于形体的数字表示、运算、修改和显示，扫描变换表示便于生成轴对称图形，而结构立体几何表示所覆盖的形体较多。机器人的三维几何构造一般采用这三种方法的综合。

三维几何构造时要考虑用户使用的方便性，构造后要能够自动生成机器人系统的图形信息和拓扑信息，便于修改，并保证构造的通用性。

三维几何构造的核心是机器人及其环境的图形构造。作为整个生产线或生产系统的一部分，构造的机器人、夹具、零件和工具的三维几何图形最好用现成的 CAD 模型从 CAD 系统获得，这样可实现 CAD 数据共享，即离线编程系统作为 CAD 系统的一部分。如离线编程系统独立于 CAD 系统，则必须有适当的接口实现与 CAD 系统的连接。

构建三维几何模型时最好将机器人系统进行适当简化，仅保留其外部特征和构件间的相互关系，忽略构件内部细节。这是因为三维构造的目的不是研究其内部结构，而是用图形方式模拟机器人的运动过程，检验运动轨迹的正确性和合理性。

（3）运动学计算

机器人的运动学计算分为运动学正解和运动学逆解两个方面。所谓机器人的运动学正解是指已知机器人的几何参数和关节变量值，求出机器人末端执行器相对于基座坐标系的位置和姿态。所谓机器人的逆解是指给出机器人末端执行器的位置和姿态及机器人的几何参数，反过来求各个关节的关节变量值。机器人的正、逆解是一个复杂的数学运算过程，尤其是逆解需要解高阶矩阵方程，求解过程非常烦琐，而且每一种机器人正、逆解的推导过程又不同。所以在机器人的运动学求解中，人们一直在寻求一种正、逆解的通用求解方法，这种方法能适用于大多数机器人的求解。这一目标如果能在机器人离线编程系统中加以解决，即在该系统中能自动生成运动学方程并求解，则系统的适应性强，容易推广。

（4）机器人轨迹规划

轨迹规划的目的是生成关节空间或直角空间内机器人的运动轨迹。离线编程系统中的轨迹规划是生成机器人在虚拟工作环境下的运动轨迹。机器人的运动轨迹有两种：一种是点到点的自由运动轨迹，这样的运动只要求起始点和终止点的位姿及速度和加速度，对中间过程机器人运动参数无任何要求，离线编程系统自动选择各关节状态最佳的一条路径来实现。另一种是对路径形态有要求的连续路径控制，当离线编程系统实现这种轨迹时，轨迹规划器接受预定路径和速度、加速度要求，如路径为直线、圆弧等形态时，除了保证路径起点和终点的位姿及速度、加速度以外，还必须按照路径形态和误差的要求用插补的方法求出一系列路径中间点的位姿及速度、加速度。在连续路径控制中，离线系统还必须进行障碍物的防碰撞检测。

（5）三维图形动力学仿真

离线编程系统根据运动轨迹要求求出的机器人运动轨迹，理论上能满足路径的轨迹规划要求。当机器人的负载较轻或空载时，确实不会因机器人动力学特性的变化而引起太大误差，但当机器人处于高速或重载的情况下时，机器人的机构或关节可能产生变形而引起轨迹位置和姿态的较大误差。这时就需要对轨迹规划进行机器人动力学仿真，对过大的轨迹误差进行修正。

动力学仿真是离线编程系统实时仿真的重要功能之一，因为只有模拟机器人实际的工作环境（包括负载情况）后，仿真的结果才能用于实际生产。

（6）传感器的仿真

传感器信号的仿真及误差校正也是离线编程系统的重要内容之一。仿真的方法也是通过几何图形仿真。例如，对于触觉信息的获取，可以将触觉阵列的几何模型分解成一些小的几何块阵列，然后通过对每一个几何块和物体间干涉的检查，将所有和物体发生干涉的几何块用颜色编码，通过图形显示而获得接触信息。

（7）并行操作

有些应用工业机器人的场合需用两台或两台以上的机器人，还可能有其他与机器人有同步要求的装置，如传送带、变位机及视觉系统等，这些设备必须在同一作业环境中协调工作。这时不仅需要对单个机器人或同步装置进行仿真，还需要同一时刻对多个装置进行仿真，也即所谓的并行操作。所以离线编程系统必须提供并行操作的环境。

（8）通信接口

一般工业机器人提供两个通信接口：一个是示教接口，用于示教编程器与机器人控制器的连接，通过该接口把示教编程器的程序信息输出；另一个是程序接口，该接口与具有机器人语言环境的计算机相连，离线编程也通过该接口输出信息给控制器。所以通信接口是离线编程系统和机器人控制器之间信息传递的桥梁，利用通信接口可以把离线系统仿真生成的机器人运动程序转换成机器人控制器能接收的信息。

通信接口的发展方向是接口的标准化。标准化的通信接口能将机器人仿真程序转化为各种机器人控制柜均能接受的数据格式。

（9）误差校正

由于离线编程系统中的机器人仿真模型与实际的机器人模型之间存在误差，因此离线编程系统中误差校正的环节是必不可少的。误差产生的原因很多，主要有以下几个方面。

① 机器人的几何精度误差：离线系统中的机器人模型是用数字表示的理想模型，同一型

号机器人的模型是相同的，而实际环境中所使用的机器人由于制造精度误差其尺寸会有一定的出入。

② 动力学变形误差：机器人在重载的情况下因弹性形变导致机器人连杆的弯曲，从而导致机器人的位置和姿态误差。

③ 控制器及离线系统的字长：控制器和离线系统的字长决定了运算数据的位数，字长越长则精度越高。

④ 控制算法：不同的控制算法其运算结果具有不同的精度。

⑤ 工作环境：在工作空间内，有时环境与理想状态相比变化较大，使机器人位姿产生误差，如温度变化产生的机器人变形。

2.4.3　机器人离线编程与仿真核心技术

特征建模、对工件和机器人工作单元的标定、自动编程技术等是弧焊机器人离线编程与仿真的核心技术；稳定高效的标定算法和传感器集成是焊接机器人离线编程系统实用化的关键技术，具体内容如下所述。

(1) 支持 CAD 的 CAM 技术

在传统的 CAD（Computer Aided Design，计算机辅助设计）系统中，几何模型主要用来显示图形。而对于 CAD/CAM 集成化系统，几何模型更要为后续的加工生产提供信息，支持 CAM（Computer Aided Manufacturing，计算机辅助制造）。CAM 的核心是计算机数值控制（简称数控），是将计算机应用于制造生产过程或系统。对于机器人离线编程系统，不仅要得到工件的几何模型，还要得到工件的加工制造信息（如焊缝位置、形态、板厚、坡口等）。通过实体模型只能得到工件的几何要素，不能得到加工信息，而从实体几何信息中往往不能正确或根本无法提取加工信息，所以，无法实现离线编程对焊接工艺和焊接机器人路径的推理和求解。这同其他 CAD/CAM 系统面临的问题是一样的，因此，必须从工件设计上进行特征建模。焊接特征为后续的规划、编程提供了必要的信息，如果没有焊接特征建模技术支持，后续的规划、编程就失去了根基，另外，焊接特征建模的实现是同实体建模平台紧密联系在一起的。目前，在 CAD/CAM 领域，为解决 CAD/CAM 信息集成的问题，对特征建模技术的研究主要包括自动特征识别和基于特征的设计。

在机器人离线编程系统中，焊接工件的特征模型需要为后续的焊接参数规划、焊接路径规划等提供充分的设计数据和加工信息，所以，特征是否全面准确地定义与组织，就成了直接影响后继程序使用的重要问题。国内对焊接工件特征建模技术的研究主要应用装配建模的理论，通过装配关系组建焊接结构。哈尔滨工业大学以 SolidWorks 为平台开发了焊接特征建模系统，具有操作简单、功能强大、开放性好的特点，并根据焊接接头设计要求及离线编程系统的需要，对焊接特征重新分类，采用特征链方法对焊接接头特征进行组织，并给出了焊接特征建模系统的系统结构。系统实现了焊缝的几何造型，有效地提取了焊接特征，为后面焊接无碰路径规划及焊接参数规划提供了丰富的信息。

(2) 自动编程技术

自动编程技术是指机器人离线编程系统采用任务级语言编程，即允许使用者对工作任务要求到达的目标直接下命令，不需要规定机器人所做的每一个动作的细节。编程者只需告诉编程器"焊什么"（任务），而自动编程技术确定"怎么焊"。采用自动编程技术，系统只需利用特征建模获得工件的几何描述，通过焊接参数规划技术和焊接机器人路径规划技术给出专家化的焊接工艺知识以及机器人与变位机的自动运动学安排。面向任务的编程是弧焊离线编程系统实用化的重要支持。

　　焊接机器人路径规划主要涉及焊缝放置规划、焊接路径规划、焊接顺序规划、机器人放置规划等。弧焊接机器人运动规划要在很好地控制机器人在完成焊接作业任务的同时，避免机器人奇异空间、增大焊接作业的可达姿态灵活度、避免关节碰撞等。焊接参数规划对于机器人弧焊离线编程非常必要，对焊接参数规划的研究经历了从建立焊接数据库到开发基于规则推理的焊接专家系统，再到基于事例与规则混合推理的焊接专家系统，再后来基于人工神经网络的焊接参数规划系统，人工智能技术有效地提高了编程效率和质量。哈尔滨工业大学综合应用焊接结构特征建模、焊接工艺规划和运动规划技术，实现机器人弧焊任务级离线编程，并以提高焊接质量和焊接效率为目标对机器人焊接顺序规划和机器人放置规划进行了研究，改善了编程合理性，提高了系统的自动编程能力。

　　(3) 标定及修正技术

　　在机器人离线编程技术的研究与应用过程中，为了保证离线编程系统采用机器人系统的图形工作单元模型与机器人实际环境工作单元模型的一致性，需要进行实际工作单元的标定工作。因此，为了使编程结果很好地符合实际情况，并得到真正的应用，标定技术成为弧焊机器人离线编程实用化的关键问题。

　　标定工作包括机器人本体标定和机器人变位机关系标定及工件标定。其中，对机器人本体标定的研究较多，大致可分为利用测量设备进行标定和利用机器人本身标定两类。对于工作单元，机器人本体标定和机器人/变位机关系标定只需标定一次即可。而每次更换焊接工件时，都需进行工件标定。最简单的工件标定方法是利用机器人示教得到实际工件上的特征点，使之与仿真环境下得到的相应点匹配。

　　Cunnarsson 研究了利用传感器信息进行标定，针对触觉传感的方式研究实际工件和模型间的修正技术。通过在实际表面上测量数据，进行 CAD 数据描述与工件表面的匹配，于是就可以采用低精度且通用的夹具，从而适应柔性小批量生产的要求。而 WorkSpace 的技术则是利用机器人本身作为对工件的测量工具，其进行修正的原理是定义平面，利用平面间的相交重新定义棱边，或者重新定义模型上已知的位置。

　　(4) 机器人接口

　　国外商品化离线编程系统都有多种商用机器人的接口，可以方便地上传或下载这些机器人的程序。而国内离线编程系统主要停留在仿真阶段，缺少与商用机器人的接口。大部分机器人厂商对机器人接口程序源码不予公开，制约着离线编程系统实用化的进程。

　　实际上，所有机器人都是用某种类型的机器人编程语言编程的，目前，还不存在通用机器人语言标准，因此，每个机器人制造商都在各自开发自己的机器人语言，每种语言都有其自己的语法和数据结构。这种趋势注定还将持续下去。目前，国内研发的离线编程系统很难实现将离线编程系统编制的程序和所有厂商的实际机器人程序进行转换。而弧焊离线编程结果必须能够用于实际机器人的编程才有现实意义。

　　哈尔滨工业大学提出了将运动路径点数据转换为各机器人编程人员都易理解的运动路径点位姿的数据格式，实际机器人程序根据此数据单独生成的方法。离线编程系统实用化的目标就是应用于商用机器人。虽然不同的机器人，对应的机器人程序文件格式不同，但是对于这种采用机器人程序文件作为离线编程系统同实际机器人系统接口的方式，其实现方法是相同的。

2.4.4　机器人离线编程系统实用化技术研究趋势

　　(1) 传感器接口与仿真功能

　　由于多传感器信息驱动的机器人控制策略已经成为研究热点，因此结合实用化需求传感器的接口和仿真工作将成为离线编程系统实用化的研究热点。通过外加焊缝跟踪传感器来动态调整焊缝位置偏差，保证离线编程系统达到实焊要求。目前，传感器很少应用的主要原因在于难于编制带有传感器操作的机器人程序，德国的 DaiWenrui 研究了离线编程系统中对传感器操作进行编程的方法，在仿真焊缝寻找功能时，给出起始点和寻找方向，系统仿真出机器人的运动结果。

（2）高效的标定技术

机器人离线编程系统的标定精度直接决定了最后的焊接质量。哈尔滨工业大学针对机器人离线编程技术应用过程中工件标定问题进行了研究，提出正交平面工件标定、圆形基准四点工件标定和辅助特征点三点三种工件标定算法。实用化要求更精确的标定精度来保证焊接质量，故精度更高的标定方法成为重要研究方向。

在不需要变位机进行中间变位或协调焊接的情况下，工作单元简单，经过标定后的离线编程程序下载给机器人执行，得到的结果都很满意。而在有变位机协调焊接的情况下，如何把变位机和机器人的空间位置关系标得很准还需要深入地研究。

（3）焊缝起始点确定技术

在工业应用中，装有离线编程系统并具一定自主功能的第二代机器人对被焊工件的工装、夹具的安装定位精度要求较高，于是在局部环境中的焊缝及其起始点的确定技术变得尤为重要。离线编程技术集成焊缝起始点导引技术，这将大大扩展离线编程系统的适用空间。

上海交通大学研究用于焊接机器人初始焊位导引的视觉伺服策略技术，通过引入初始焊位导引控制算法来初步确定焊缝起始点区域；哈尔滨工业大学建立了基于力觉传感的焊缝自适应辨识标定技术，通过判断六维力状态是否有突变，根据突变判断探针在焊缝实际起始点位置区域，从而得出焊缝起始点位置，并为起始点姿态计算提供条件。

对于焊缝起始点的确定各个机器人公司的解决方法不同，如 IGM 机器人只是通过工件的准确标定来保证；MOTOMAN 机器人焊接角焊缝时对工件标定精度的要求松一些，离线编程只要控制机器人到起始点附近，就能够找到焊缝的起始点；CLOOS 机器人虽然提供了工件定位沿 X、Y、Z 三个方向位置偏差的补偿方法，这对工件在水平位置安装时很适合，但其他场合时就不太适用，故也要求工件标定准确。

国内现有开发的弧焊离线编程系统中对传感器操作进行编程的方法，在仿真焊缝寻找功能时，给出起始点和寻找方向，由系统仿真出机器人运动结果。

综上所述，结合目前国内焊接机器人在制造业的广泛应用和"十二五"科技自主创新的需要，机器人焊接离线编程与仿真的研究具有深远意义。

第3章
工业机器人搬运工作站现场编程

3.1 工业机器人搬运工作站的认识

工业机器人搬运工作站的任务是由机器人完成工件的搬运，就是将输送线输送过来的工件搬运到平面仓库中，并进行码垛。

3.1.1 搬运机器人的周边设备与工位布局

用机器人完成一项搬运工作，除需要搬运机器人（机器人和搬运设备）以外，还需要一些辅助周边设备。同时，为了节约生产空间，合理的机器人工位布局尤为重要。

（1）周边设备

目前，常见的搬运机器人辅助装置有增加移动范围的滑移平台、合适的搬运系统装置和安全保护装置等，下面做简单介绍。

① 滑移平台 对于某些搬运场合，由于搬运空间大，搬运机器人的末端工具无法到达指定的搬运位置或姿态，此时可通过外部轴的办法来增加机器人的自由度。其中增加滑移平台是搬运机器人增加自由度最常用的方法，其可安装在地面上或安装在龙门框架上，如图 3-1 所示。

(a) 地面安装　　　　　　　　　　　　　　(b) 龙门架安装

图 3-1　滑移平台安装方式

② 搬运系统 搬运系统主要包括真空发生装置、气体发生装置、液压发生装置等，均为标准件。一般的真空发生装置和气体发生装置均可满足吸盘和气动夹钳所需动力，企业常用空气控压站对整个车间提供压缩空气和抽真空；液压发生装置的动力元件（电动机、液压泵等）布置在搬运机器人周围，执行元件（液压缸）与夹钳一体，需安装在搬运机器人末端法兰上，与气动夹钳相类似。

（2）工位布局

由搬运机器人组成的加工单元或柔性化生产，可完全代替人工实现物料自动搬运，因此搬运机器人工作站布局是否合理将直接影响搬运速率和生产节拍。根据车间场地面积，在有利于提高生产节拍的前提下，搬运机器人工作站可采用 L 形、环状、"品"字、"一"字等布局。

① L 形布局　将搬运机器人安装在龙门架上，使其行走在机床上方，可大限度节约地面资源，如图 3-2 所示。

图 3-2　L 形布局

② 环状布局　又称"岛式加工单元"，如图 3-3 所示，以关节式搬运机器人为中心，机床围绕其周围形成环状，进行工件搬运加工，可提高生产效率、节约空间，适合小空间厂房作业。

③ "一"字布局　如图 3-4 所示，直角桁架机器人通常要求设备成"一"字排列，对厂房

图 3-3　环状布局

图 3-4　"一"字排列布局

高度、长度具有一定要求，因其工作运动方式为直线编程，故很难满足对放置位置、相位等有特别要求工件的上下料作业需要。

3.1.2　平面仓储搬运工作站的组成

工业机器人搬运工作站由工业机器人系统、PLC 控制柜、机器人安装底座、输送线系统、平面仓库、操作按钮盒等组成。整体布置如图 3-5 所示。

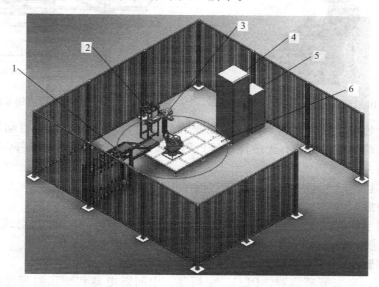

图 3-5　机器人搬运工作站整体布置图

1—输送线；2—平面仓库；3—机器人本体；4—PLC 控制柜；
5—机器人控制柜；6—机器人安装底座

(1) 搬运机器人及控制柜

安川 MH6 机器人是通用型工业机器人，既可以用于弧焊又可以用于搬运。搬运工作站选用安川 MH6 机器人，完成工件的搬运工作。

MH6 机器人系统包括 MH6 机器人本体、DX100 控制柜以及示教编程器。DXl00 控制柜通过供电电缆和编码器电缆与机器人连接。

DX100 控制柜集成了机器人的控制系统，是整个机器人系统的神经中枢。它由计算机硬件、软件和一些专用电路构成，其软件包括控制器系统软件、机器人专用语言、机器人运动学及动力学软件、机器人控制软件、机器人自诊断及保护软件等。控制器负责处理机器人工作过程中的全部信息和控制其全部动作。

机器人示教编程器是操作者与机器人间的主要交流界面。操作者通过示教编程器对机器人进行各种操作、示教、编制程序，并可直接移动机器人。机器人的各种信息、状态通过示教编程器显示给操作者。此外，还可通过示教编程器对机器人进行各种设置。

由于搬运的工件是平面板材，故采用真空吸盘来夹持工件。故在安川 MH6 机器人本体上安装了电磁阀组、真空发生器、真空吸盘等装置。MH6 机器人本体及末端执行器如图 3-6 所示。

(2) 输送线系统

输送线系统的主要功能是把上料位置处的工件传送到输送线的末端落料台上，以便于机器人搬运。输送线系统如图 3-7 所示。

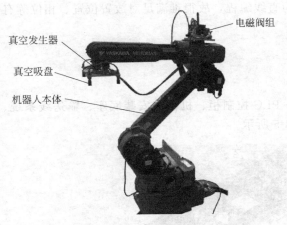

图 3-6　MH6 机器人本体及末端执行器

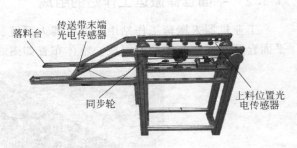

图 3-7　输送线系统

上料位置处装有光敏传感器，用于检测是否有工件，若有工件，将启动输送线，输送工件。输送线的末端落料台也装有光敏传感器，用于检测落料台上是否有工件，若有工件，将启动机器人来搬运。

输送线由三相交流电动机拖动，变频器调速控制。

（3）平面仓库

平面仓库用于存储工件，平面仓库如图 3-8 所示。平面仓库有一个反射式光纤传感器用于检测仓库是否已满，若仓库已满，将不允许机器人向仓库中搬运工件。

（4）PLC 控制柜

PLC 控制柜用来安装断路器、PLC、变频器、中间继电器和变压器等元器件，其中 PLC 是机器人搬运工作站的控制核心。搬运机器人的启动与停止、输送线的运行等，均由 PLC 实现。PLC 控制柜内部图如图 3-9 所示。

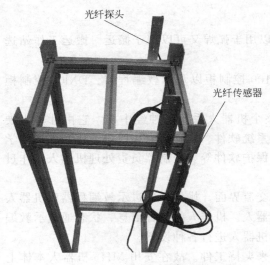

图 3-8　平面仓库

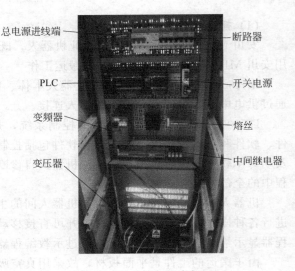

图 3-9　PLC 控制柜内部图

3.1.3　立体仓储搬运工作站的组成

如图 3-10 所示为立体仓储搬运工作站。其参数如表 3-1 所示。

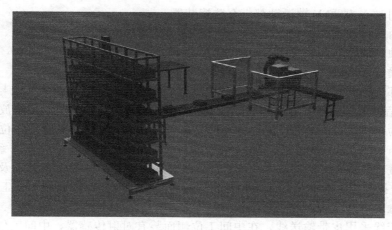

图 3-10　立体仓储搬运工作站

表 3-1　立式仓储搬运工作站的主要技术参数

项目	参　数	数值
电源规格	AC 380V/50Hz/5kW	
气源规格	进气管 ϕ12mm；0.5～0.8MPa	
环境温度	−5～＋45℃	
相对湿度	≤96%	
系统整体	场地尺寸（长×宽）：5000mm×4000mm	
码垛机-立库系统	仓位数 20 个	
	仓位容积（长×高×深）：365mm×200mm×395mm	
	仓位承重>5kg	
	X 轴行程 2260mm	
	Y 轴行程 400mm	
	Z 轴行程 1400mm	
	X 轴移动速度（最大）227mm/s	
	Y 轴移动速度（最大）380mm/s	
	Z 轴移动速度（最大）352mm/s	
托盘生产线	输送速度最大 354mm/s	
食品生产线	输送速度最大 254mm/s	
安全防护网	外形尺寸（长×宽×高）：3000mm×3000mm×1300mm	

（1）立体仓库

立体仓库用铝合金组装而成。仓库总长约 2700mm，高度约 1500mm，共有 5 层 4 列 20 个仓位，最下层仓位距地面高度约 300mm。仓位入口尺寸长为 400mm，高为 770mm，仓位深度为 400mm。每个仓位内都有定位装置，保证托盘在货架内准确就位。

（2）码垛机

码垛机在轨道上运行，采用双直线导轨和直线轴承导向。码垛机沿轨道运行（X 轴）距离为 2260mm，货叉水平运行（Y 轴）距离为 400mm，货叉垂直运行（Z 轴）距离为 1400mm。Y 轴方向的运动采用步进电动机驱动。X、Z 轴方向配有伺服控制系统，定位精度高。机器具有较高的安全防护要求，X 轴、Z 轴驱动电动机均带有刹车装置，保证机器断电后立即停车，同时 X 轴和 Y 轴运动都带有防撞装置。

基础底板由型材和钢板组成，码垛机和货架都直接安装在底板上，码垛机、货架和底板组成了一个相对独立的整体。底板用 8 个避振脚支撑在地面上。

(3) 托盘输送线系统

该单元下部为铝型材框架，其上面安装的对射式传感器，托盘输送线系统与立体仓库控制 PLC 之间的通信。上部输送装置采用交流电动机驱动的倍速传动，1、4 工位放置光电式接近开关（最前方为第 1 工位，4 工位为立体仓库货叉托举工位），传动平稳且定位精度高。输送带总长 1500mm，宽度 366mm，离地面高度 770mm，最多可容纳 4 个托盘。系统侧面还有 1 个托盘供料装置，1 次放置 4 个托盘，并能自动向上供料，并装有定位传感器及空置检测。等托盘移动，1 号托盘空位后，机器人从托盘供料装置抓取 1 个托盘放置在 1 号工位。

(4) 食品盒生产线系统

食品盒生产线采用皮带输送线，在中间工位侧面装有对射传感器，中间工位上部安装有视觉识别系统。食品盒经过视觉识别后，排队进入 1、2、3、4 工位，其中 1# 工位为机器人优先抓取工位，其他为普通抓取工位。

输送带长度为 1000mm，宽度为 100mm，离地面高度 770mm。

(5) 多关节机器人

多关节机器人，6 个自由度，最大负荷 5kg，臂展 1.44m。机器人第 6 轴安装有气动真空吸盘的工作爪。PLC 通过通信方式控制机器人抓取食品生产线的物料，放置在托盘盒中规定的格子内。

(6) 安全围栏

安全围栏（带安全光栅，如图 3-11 所示）：系统安全围栏材料选用 3030 工业型铝材，上层为软质遮弧光板，下层选用镀锌钢板，中立柱采用 3060 工业性铝材，拐角及门洞采用 6060 工业型铝材。正面设置常开式门，门口设有安全光栅。

图 3-11　安全围栏

3.1.4　常见搬运工作站简介

(1) 在加工中心上散装工件的搬运工作站

散装工件是指没有排序的待加工的工件，如图 3-12 所示。因此，机器人抓手在取件过程中会遇到很多困难。具有内置视觉感测功能的机器人，散装工件取出时，不需要工件排序装置，可以减少加工场地和设备投入。

图 3-12　在加工中心上散装工件的搬运工作站

（2）板材折弯的搬运工作站

如图 3-13 所示，板材折弯的搬运工作站组成有：以 PC 为基础的机器人控制系统，真空吸持器、气动工作吸盘，货盘架，上下料输送装置，控制系统监测，控制器，电气柜，安全围栏及安全门。

（3）冲压件搬运工作站

如图 3-14 所示，冲压加工是借助于常规或专用冲压设备的动力，使板料在模具里直接受到变形力并进行变形，从而获得一定形状、尺寸和性能的产品零件的生产技术。生产中为满足冲压零件形状、尺寸、精度、批量、原材料性能等方面的要求，采用多种多样的冲压加工方法。

图 3-13　板材折弯的搬运工作站　　　　图 3-14　冲压件搬运机器人

因此，冲压加工的节拍快、加工尺寸范围较大、冲压件的形状较复杂，所以工人的劳动强度大，并且容易发生工伤。

机器人的周边设备：机器人行走导轨、真空吸盘、工件输送装置、供料仓、系统总控制柜、安全围栏、安全门开关。

3.2 坐标系及其标定

不同的工业机器人其坐标系的标定是有所不同的，现以安川工业机器人为例介绍。工业机器人常用的坐标系有如图 3-15 所示的关节坐标系、直角坐标系、圆柱坐标系、工具坐标系、用户坐标系等。

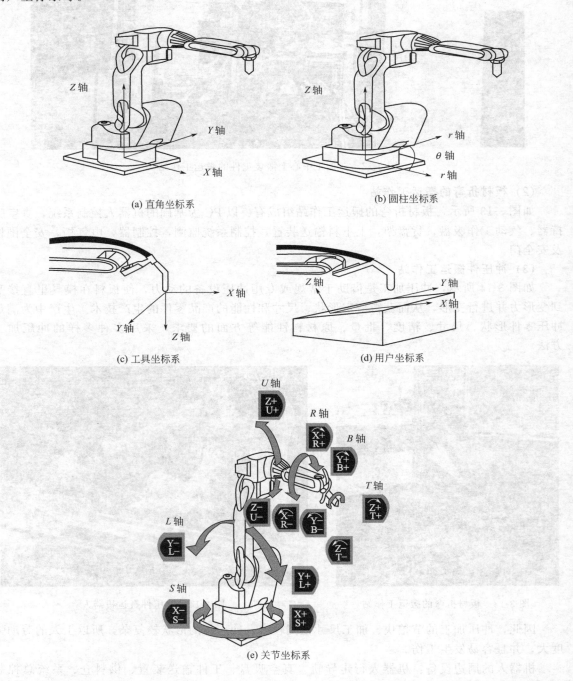

图 3-15　常见坐标系

3.2.1　坐标系的选择

如图 3-16 所示，关节→直角（圆柱）→工具→用户。

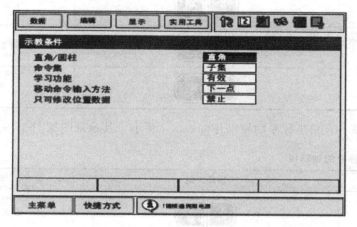

图 3-16　坐标系的选择

3.2.2　坐标系的运动

（1）手动速度的选择

如图 3-17 所示，按手动速度【高】键，每按一次，手动速度按以下顺序变化：微动→低→中→高。如图 3-18 所示，按手动速度【低】键，每按一次，手动速度按以下顺序变化：高→中→低→微动。

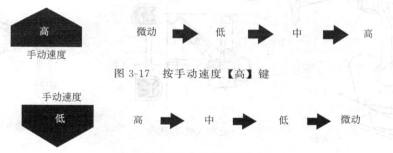

图 3-17　按手动速度【高】键

图 3-18　按手动速度【低】键

（2）运动方向

① 关节坐标系　如图 3-15(e) 所示，其轴动作如表 3-2 所示。

表 3-2　关节坐标系的轴动作

轴名称		轴操作键	动　作
基本轴	S 轴	X- / S- 　 X+ / S+	本体左右回旋
	L 轴	Y- / L- 　 Y+ / L+	下臂前后运动
	U 轴	Z- / U- 　 Z+ / U+	上臂上下运动

续表

轴名称		轴操作键	动 作
腕部轴	R 轴	X-/R- X+/R+	上臂带手腕回旋
	B 轴	Y-/B- Y+/B+	手腕上下运动
	T 轴	Z-/T- Z+/T+	手臂回旋

② 直角坐标系　直角坐标系的轴动作如表 3-3 所示。其示意图见图 3-19。

表 3-3　直角坐标系的轴动作

轴名称		轴操作键	动 作
基本轴	X 轴	X-/S- X+/S+	沿 X 轴平行移动
	Y 轴	Y-/L- Y+/L+	沿 Y 轴平行移动
	Z 轴	Z-/U- Z+/U+	沿 Z 轴平行移动

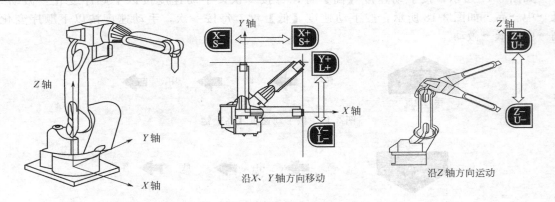

图 3-19　直角坐标系

③ 圆柱坐标系　圆柱坐标系的轴动作如表 3-4 所示。其示意图见图 3-20。

表 3-4　圆柱坐标系的轴动作

轴名称		轴操作键	动 作
基本轴	θ 轴	X-/S- X+/S+	本体绕 S 轴回旋
	r 轴	Y-/L- Y+/L+	垂直于 Z 轴移动
	Z 轴	Z-/U- Z+/U+	沿 Z 轴平行移动

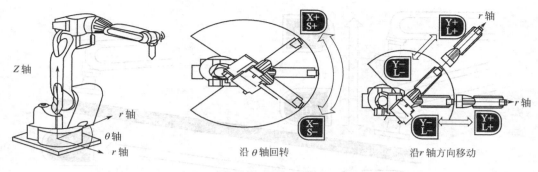

图 3-20 圆柱坐标系

④ 工具坐标系 直角坐标系的轴动作如表 3-5 所示。其示意图见图 3-21。

表 3-5 **工具坐标系的轴动作**

轴名称		轴操作键	动 作
基本轴	X 轴	X-/S- X+/S+	沿 X 轴平行移动
	Y 轴	Y-/L- Y+/L+	沿 Y 轴平行移动
	Z 轴	Z-/U- Z+/U+	沿 Z 轴平行移动

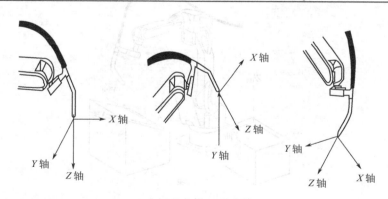

图 3-21 工具坐标系

工具坐标系把机器人腕部法兰盘所握工具的有效方向定为 Z 轴，如图 3-22 所示。把坐标定义在工具尖端点，所以工具坐标的方向随腕部的移动而发生变化。工具坐标的移动以工具的有效方向为基准，与机器人的位置、姿势无关，所以进行相对于工件不改变工具姿势的平行移动操作时最为适宜。建立工具坐标系的主要目的把控制点转移到工具的尖端点上。

⑤ 用户坐标系 用户坐标系的轴动作如表 3-6 所示。其示意图见图 3-23。工业机器人做不同的工作时，其用户坐标系设定是有所不同的，如图 3-24 所示。

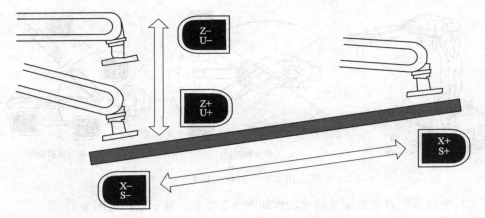

图 3-22 工具坐标系 Z 轴

表 3-6 用户坐标系的轴动作

轴名称		轴操作键	动 作
基本轴	X 轴	X–/S– X+/S+	沿 X 轴平行移动
	Y 轴	Y–/L– Y+/L+	沿 Y 轴平行移动
	Z 轴	Z–/U– Z+/U+	沿 Z 轴平行移动

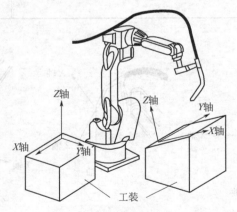

图 3-23 用户坐标系 1

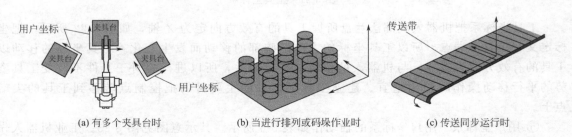

(a) 有多个夹具台时　　(b) 当进行排列或码垛作业时　　(c) 传送同步运行时

图 3-24 用户坐标系 2

3.2.3 机器人坐标系的标定

(1) 输入坐标值

坐标值的输入步骤如表 3-7 所示。图 3-25 所示的输入坐标值如表 3-8 所示。

表 3-7 坐标值的输入步骤

序号	步骤	说 明
1	选择主菜单的"机器人"	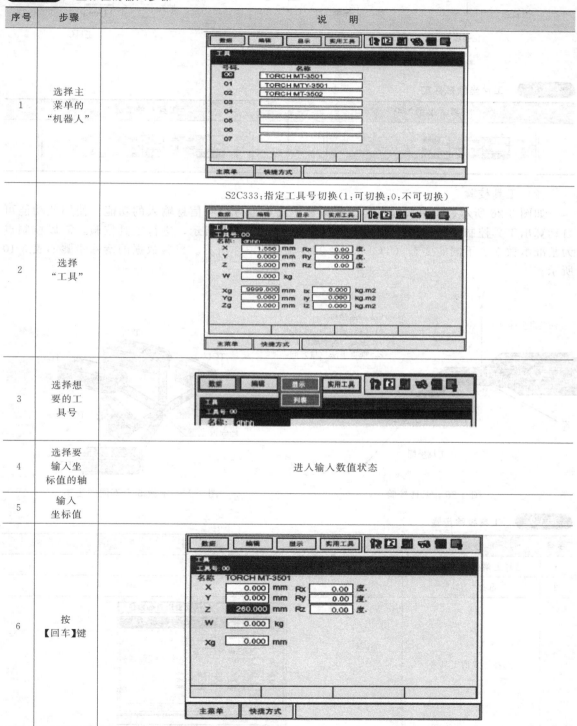
2	选择"工具"	S2C333:指定工具号切换(1:可切换;0:不可切换)
3	选择想要的工具号	
4	选择要输入坐标值的轴	进入输入数值状态
5	输入坐标值	
6	按【回车】键	

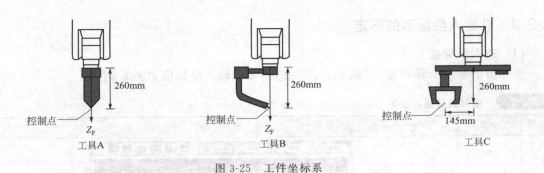

图 3-25　工件坐标系

表 3-8　工件坐标系标定

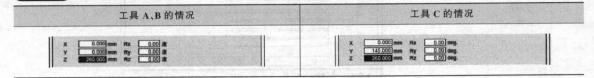

工具 A、B 的情况	工具 C 的情况
X 6.000 mm Rx 0.00 度 Y 0.000 mm Ry 0.00 度 Z 260.000 mm Rz 0.00 度	X 0.000 mm Rx 0.00 deg. Y 145.000 mm Ry 0.00 deg. Z 260.000 mm Rz 0.00 deg.

（2）工具校验

如图 3-26 所示，工具校验是可以简单和正确地进行尺寸信息输入的功能。使用此功能可自动算出工具控制点的位置，输入到工具文件。如图 3-27 所示，进行工具校验，需以控制点为基准示教 5 个不同的姿态（TC1～5）。其步骤如表 3-9 所示。校验数据的清除步骤如表 3-10 所示。

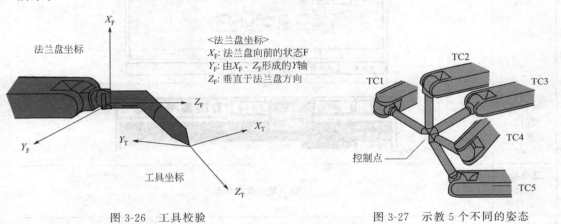

＜法兰盘坐标＞
X_F：法兰盘向前的状态F
Y_F：由X_F、Z_F形成的Y轴
Z_F：垂直于法兰盘方向

图 3-26　工具校验　　　　　　　图 3-27　示教 5 个不同的姿态

表 3-9　工具校验步骤

序号	步骤	说　明
1	选择主菜单的"机器人"	
2	选择"工具"	
3	选择想要的工具号	

续表

序号	步骤	说　　明
4	选择菜单的"实用工具"	
5	选择"校验"	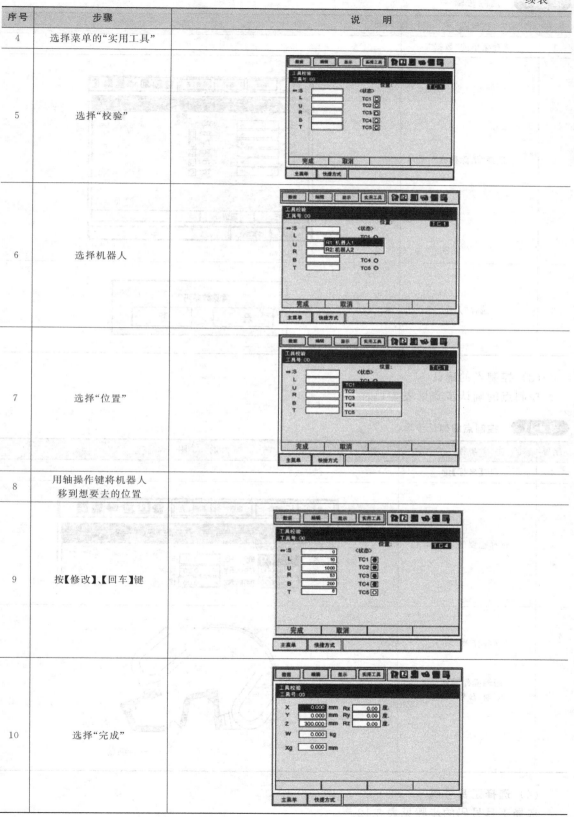
6	选择机器人	
7	选择"位置"	
8	用轴操作键将机器人移到想要去的位置	
9	按【修改】、【回车】键	
10	选择"完成"	

表 3-10 清除步骤

序号	步骤	说　明
1	选择菜单的"数据"	
2	选择"清除数据"	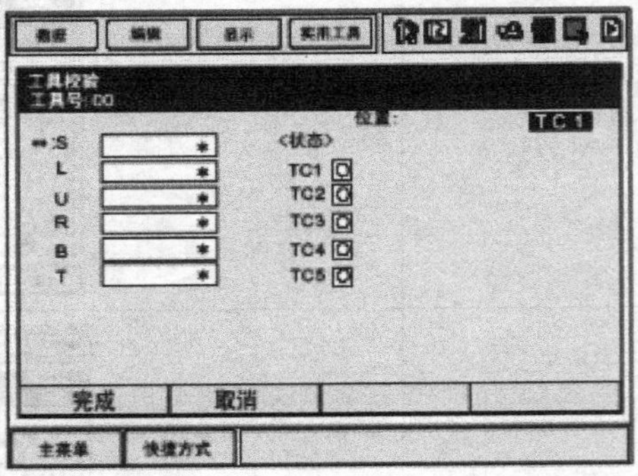
3	选择"是"	

（3）控制点的确认

控制点的确认步骤见表 3-11。

表 3-11 控制点的确认步骤

序号	步骤	说　明
1	按【坐标】键	
2	选择想要的工具号	
3	用轴操作键转动 R 轴、B 轴、T 轴	

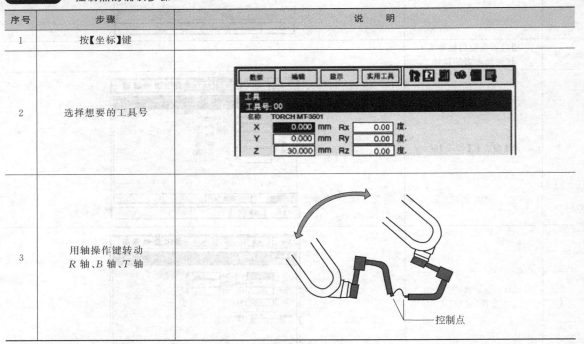

（4）选择工具号码

选择工具号码的步骤见表 3-12。

表 3-12　选择工具号码的步骤

序号	步骤	说　明
1	按【坐标】键设定工具坐标	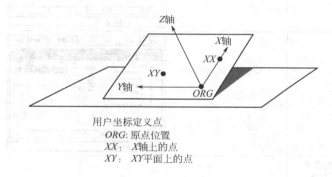
2	按【转换】+【坐标】，显示工具坐标号码选择画面	
3	选择所希望的工具坐标号码	

(5) 用户坐标系的标定

如图 3-28 所示，用户坐标系由 ORG、XX、XY 三个定义点标定。其标定步骤如表 3-13 所示。

Z轴　X轴　XX　XY　Y轴　ORG

用户坐标定义点
ORG：原点位置
XX：X 轴上的点
XY：XY 平面上的点

图 3-28　用户坐标系

① 用户坐标系文件的选择（表 3-13）。

表 3-13　用户坐标系文件的选择

序号	步骤	说　明
1	选择主菜单的"机器人"	
2	选择"用户坐标"	

续表

序号	步骤	说　明
3	选择所希望的用户坐标号码	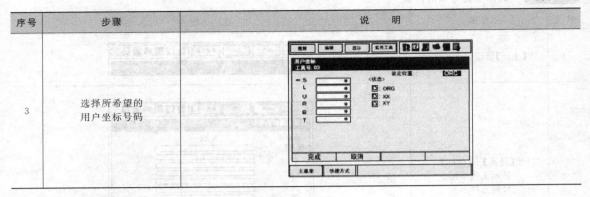

② 用户坐标系的标定步骤（表 3-14）。

表 3-14 用户坐标系的标定步骤

序号	步骤	说　明
1	选择机器人	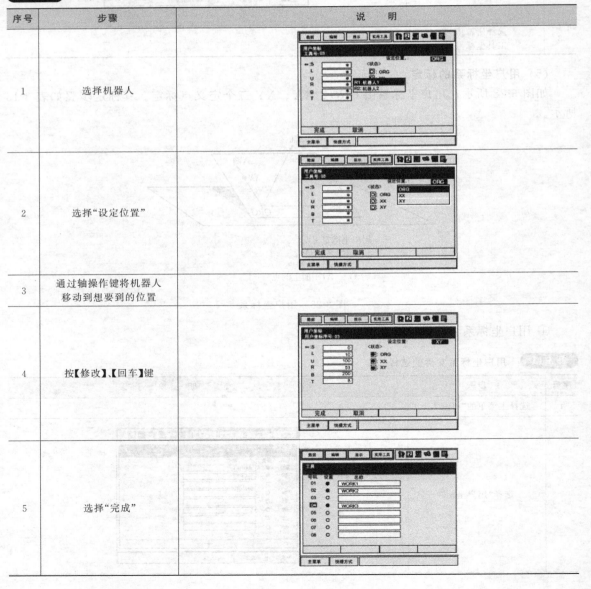
2	选择"设定位置"	
3	通过轴操作键将机器人移动到想要到的位置	
4	按【修改】、【回车】键	
5	选择"完成"	

③ 用户坐标数据的清除（表 3-15）。

表 3-15　用户坐标数据的清除

序号	步骤	说　明
1	选择菜单下的"数据"	
2	选择"清除数据"	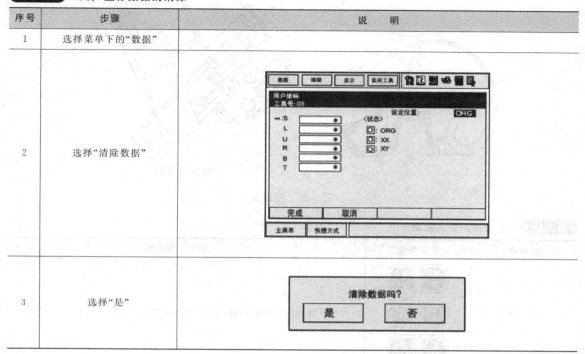
3	选择"是"	

④ 用户坐标系号码的选择（表 3-16）。

表 3-16　用户坐标系号码的选择

序号	步骤	说　明
1	按【坐标】键，设定用户坐标	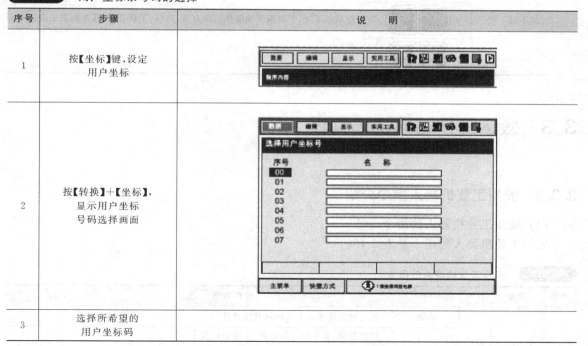
2	按【转换】+【坐标】，显示用户坐标号码选择画面	
3	选择所希望的用户坐标码	

（6）控制点不变的操作

控制点如图 3-29 所示。其操作见表 3-17。

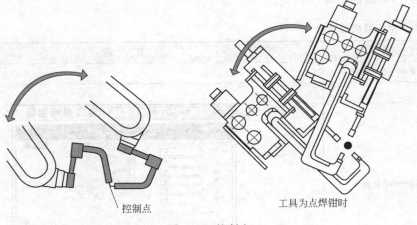

控制点   工具为点焊钳时

图 3-29   控制点

表 3-17   控制点不变的轴动作

轴名称	轴操作键	动 作
基本轴	X− / S−　X+ / S+ Y− / L−　Y+ / L+ Z− / U−　Z+ / U+	控制点移动。在直角、圆柱、工具、用户各坐标系中动作不同
腕部轴	X− / R−　X+ / R+ Y− / B−　Y+ / B+ Z− / T−　Z+ / T+	控制点不变,只有腕部轴动作。在直角、圆柱、工具、用户各坐标系中动作不同

3.3   搬运工作站的现场编程

3.3.1   安川工业机器人指令介绍

(1) 安川工业机器人的指令

安川工业机器人的指令见表 3-18。

表 3-18   安川工业机器人的指令

序号	指令	类别		使用方法	
1	MOVS	移动命令	功能	以自由曲线插补形式向示教位置移动	
			添加项目	位置数据、基座轴位置数据、工装轴位置数据	画面不显示
				V=(再现速度)、VR=(姿势的再现速度)、VE=(外部轴的再现速度)	与 MOVL 相同

续表

序号	指令	类别	使用方法		
1	MOVS	移动命令	添加项目	PL＝(定位等级)	PL：0～8
				NWAIT	
				ACC＝(加速度调整比率)	ACC：20％～100％
				DEC＝(减速度调整比率)	DEC：20％～100％
			使用示例	MOVS V＝120 PL＝0	
2	IMOV	移动命令	功能	以直线插补方式从当前位置按照设定的增量值距离移动	
			添加项目	P＜变量号＞、BP＜变量号＞、EX＜变量号＞	
				V＝(再现速度) VR＝(姿态的再现速度) VE＝(外部轴的再现速度)	与 MOVL 相同
				PL＝(定位等级)	PL：0～8
				NWAIT	
				BF、RF、TF、UF＃(用户坐标号)	BF：基座坐标；RF：机器人坐标；TF：工具坐标；UF：用户坐标
				UNTIL 语句	
				ACC＝(加速度调整比率)	ACC：20％～100％
				DEC＝(减速度调整比率)	DEC：20％～100％
			使用示例	IMOV P000 V＝138 PL＝1 RF	
3	REFP	移动命令	功能	设定摆动臂点等参照点	
			添加项目	(参照点号)	画面不显示
				位置数据、基座轴数据、工装轴数据	摆焊臂点 1：1 摆焊臂点 2：2
			使用示例	REFP1	
4	SPEED	移动命令	功能	设定再现速度	
			添加项目	VJ＝(关节速度)	VJ：与 MOVJ 相同 V、VR、VE：与 MOVL 相同
				V＝(控制点速度)	
				VR＝(姿态角速度)	
				VE＝(外部轴速度)	
			使用示例	SPEED VJ＝50.00	
5	MOVJ	移动命令	功能	以关节插补方式向示教位置移动	
			添加项目	位置数据、基座轴位置数据、工装轴位置数据	画面中不显示
				VJ＝(再现速度)	VJ：0.01％～100.00％
				PL＝(定位等级)	PL：0～8
				NWAIT	
				UNTIL 语句	
				ACC＝(加速度调整比率)	ACC：20％～100％
				DEC：(减速度调整比率)	DEC：20％～100％
			使用示例	MOVJ VJ＝50.00 PL＝2 NWAIT UNTIL IN＃(16)＝ON	

序号	指令	类别		使用方法	
6	MOVL	移动命令	功能	以直线插补方式向示教位置移动	
			添加项目	位置数据、基座轴位置数据、工装轴位置数据	画面中不显示
				V：(再现速度)	V：0.1～
				VR＝(姿态的再现速度)	1500.0mm/s
				VE＝(外部轴的再现速度)	1～9000cm/min
					R：0.1°～180.0°/s
					VE：0.01％～100.00％
				PL＝(定位等级)	PL：0～8
				CR＝(转角半径)	CR：1.0～6553.5mm
				NWAIT	
				UNTIL 语句	
				ACC＝(加速度调整比率)	ACC：20％～100％
				DEC：(减速度调整比率)	
			使用示例	MOVL V＝138 PL＝ONWAIT UNTIL IN＃(16)＝ON	
7	MOVC	移动命令	功能	用圆弧插补形式向示教位置移动	
			添加项目	位置数据、基座轴位置数据、工装轴位置数据	画面不显示
				V＝(再现速度)、VR＝(姿态的再现速度)、VE＝(外部轴的再现速度)	与 MOVL 相同
				PL＝(定位等级)	PL：0～8
				NWAIT	
				ACC＝(加速度调整比率)	ACC：20％～100％
				DEC：(减速度调整比率)	DEC：20％～100％
			使用示例	MOVC V＝138 PL＝0 NWAIT	
8	DOUT	输入输出命令	功能	ON/OFF 外部输出信号	
			添加项目	OT＃(＜输出号＞)、OGH＃(＜输出组号＞)、OG＃(＜输出组号＞)OGH＃(xx)无奇偶性确认,只进行二进制指定	1个点 4个点(1个组) 8个点(1个组)
				FINE	精密
			使用示例	DOUTOT＃(12)ON	
9	PULSE	输入输出命令	功能	外部输出信号输出脉冲	
			添加项目	OT＃(＜输出号＞)OGH＃(＜输出组号＞)OG＃(＜输出组号＞)	1个点 4个点(1个组) 8个点(1个组)
				T：＜时间＞	0.01～655.35s 若无指定,为 0.30s
			使用示例	PULSE OT＃(10)T＝0.60	
10	DIN	输入输出命令	功能	把输入信号读入到变量中	
			添加项目	B＜变量号＞	

序号	指令	类别		使用方法	
10	DIN	输入输出命令	添加项目	IN #（＜输入号＞）、IGH #（＜输入组号＞）、IG #（＜输入组号＞）、OT #（＜通用输出号＞）、OGH #（＜输出组号＞）、OG #（＜输出组号＞）、SIN #（＜专用输入号＞）、SOUT #（＜专用输出号＞）、IGH #（xx）、OGH #（xx）无奇偶性确认，只指定二进制	1 个点 4 个点（1 个组） 8 个点（1 个组） 1 个点 4 个点（1 个组） 8 个点（1 个组）
			使用示例	DIN B016 IN #（16）DIN B002 IG #（2）	
11	WAIT	输入输出命令	功能	当外部输入信号与指定状态达到一致前，始终处于待机状态	
			添加项目	IN #（输入号） IGH #（＜输入组号＞）、IG #（＜输入组号＞）、OT #（＜通用输出号＞）、OGH #（＜输出组号＞）、OG #（＜输出组号＞）、SIN #（＜专用输入号＞）、SOUT #（＜专用输出号＞）	1 个点 4 个点（1 个组） 8 个点（1 个组） 1 个点 4 个点（1 个组） 8 个点（1 个组）
				＜状态＞、B＜变量号＞	
				T＝（时间）	0.01～655.35s
			使用示例	WAIT IN #（12）＝ON T＝10.00 WAIT IN #（12）＝B002	
12	AOUT	输入输出命令	功能	向通用模拟输出口输出设定电压值	
			添加项目	AO #（＜输出口号＞）	1～40
				＜输出电压值＞	－14.0～14.0V
			使用示例	AOUT AO #（2）12.7	
13	ARATION	输入输出命令	功能	启动与速度匹配的模拟输出	
			添加项目	AO #（＜输出口号＞）	1～40
				BV＝（基础电压）	－14.00～＋14.00V
				V＝（基础速度）	0.1～150.0mm/s 1～9000cm/min
				OFV:（偏移电压）	－14.00～＋14.00V
			使用示例	ARATION AO #（1）BV＝10.00 V＝200.0 OFV:2.00	
14	ARATIOF	输入输出命令	功能	结束与速度匹配的模拟输出	
			添加项目	AO #（＜输出口号＞）	1～40
			使用示例	ARATIOF AO #（1）	
15	JUMP	控制命令	功能	向指定标号或程序跳转	
			添加项目	＊＜标号字符串＞、JOB:（程序名称）、IG #（＜输入组号＞）、B＜变量号＞、I＜变量号＞、D＜变量号＞	
				UF #（＜用户坐标号＞）	
				IF 语句	
			使用示例	JUMP JOB:TESTIIF IN #（14）＝OFF	
16	＊（标号）	控制命令	功能	显示跳转目的地	
			添加项目	＜跳转目的地＞	半角 8 个字符以内
			使用示例	＊123	

序号	指令	类别	使用方法		
17	CALL	控制命令	功能	调用指定程序	
			添加项目	JOB：(程序名称)、IG #（＜输入组号＞）、B＜变量号＞、I＜变量号＞、D＜变量号＞	
				UF #（用户坐标号）	
				IF 语句	
			使用示例	CALL JOB：TEST1 IF IN #（24）＝ON CALL IG #（2）（根据输入信号的结构调用程序。此时,不能调用程序 0）	
18	RET	控制命令	功能	从被调用程序返回调用程序	
			添加项目	IF 语句	
			使用示例	RET IF IN #（12）＝OFF	
19	END	控制命令	功能	说明程序的结束	
			添加项目	无	
			使用示例	END	
20	NOP	控制命令	功能	不执行任何功能	
			添加项目	无	
			使用示例	NOP	
21	TIMER	控制命令	功能	只在指定时间停止	
			添加项目	T＝(时间)	0.01～655.35s
			使用示例	TIMER T＝12.50	
22	IF 语句	控制命令	功能	判断各种条件。添加在其他进行处理的命令之后使用 格式：＜比较要素 1＞＝＝、＜＞、＜＝、＞＝、＜、＞ ＜比较要素 2＞	
			添加项目	＜比较要素 1＞	
				＜比较要素 2＞	
			使用示例	JUMP ＊12 IF IN #（12） ＝OFF	
23	UNTIL 语句	控制命令	功能	在运动中判断输入条件。添加在其他进行处理的命令之后使用	
			添加项目	IN #（＜输入号＞）	
				＜状态＞	
			使用示例	MOVL V＝300 UNTIL IN #（10）＝ON	
24	PAUSE	控制命令	功能	暂停	
			添加项目	IF 语句	
			使用示例	PAUSE IF IN #（12）＝OFF	
25	（注释）	控制命令	功能	显示注释	
			添加项目	＜注释＞	半角 32 个字符以内
			使用示例	描述 100mm 正方形程序	
26	CWAIT	控制命令	功能	等待执行下一行指令。与移动指令的 NWAIT 标记配对使用	
			添加项目	无	
			使用示例	MOVL V＝100 NWAIT DOUT OT #（1）ON CWAIT DOUT OT #（1）OFF MOVL V＝100	

序号	指令	类别		使用方法	
27	ADVINIT	控制命令	功能	对预读命令进行初始化处理。对变量数据的访问时间进行调整时使用	
			添加项目	无	
			使用示例	ADVINIT	
28	ADVSTOP	控制命令	功能	停止预读命令。对变量数据的访问时间进行调整时使用	
			添加项目	无	
			使用示例	ADVSTOP	
29	SFTON	平移命令	功能	启动平移动作	
			添加项目	P＜变量号＞、BP＜变量号＞、EX＜变量号＞	
				BF、RF、TF、UF #（＜用户坐标号＞）	BF:基座坐标;RF:机器人坐标; TF:工具坐标;UF:用户坐标
			使用示例	SFTON P001 UF #（1）	
30	SFTOF	平移命令	功能	停止平移动作	
			添加项目	无	
			使用示例	SFTOF	
31	MSHIFT	平移命令	功能	在指定坐标系,利用数据 2 和数据 3 的计算,得出平移量,存入数 1 格式:MSHIFT＜数据 1＞＜坐标＞＜数据 2＞＜数据 3＞	
			添加项目	数据 1 PX(变量号)	
				坐标 BF、RF、TF、UF #（＜用户坐标号＞）、MTF	BF:基座坐标;RF:机器人坐标;TF: 工具坐标;UF:用户坐标;MTF:主动侧 工具坐标
				数据 2 PX＜变量号＞	
				数据 3 PX＜变量号＞	
			使用示例	MISHIFT PX000 RF PX001 PX002	
32	ADD	运算命令	功能	数据 1 与数据 2 相加,相加后的结果存入数据 1 格式:ADD＜数据 1＞＜数据 2＞	
			添加项目	数据 1 B＜变量号＞ I＜变量号＞ D＜变量号＞ R＜变量号＞ P＜变量号＞ BP＜变量号＞ EX＜变量号＞	数据 1 经常为变量
				数据 2 常量 B＜变量号＞ I＜变量号＞ D＜变量号＞ R＜变量号＞ P＜变量号＞ BP＜变量号＞ EX＜变量号＞	
			使用示例	ADD I012 I013	
33	SUB	运算命令	功能	数据 1 与数据 2 相减,结果存入数据 1 格式:SUB＜数据 1＞＜数据 2＞	

序号	指令	类别	使用方法			
33	SUB	运算命令	添加项目	数据1	B＜变量号＞ I＜变量号＞ D＜变量号＞ R＜变量号＞ P＜变量号＞ BP＜变量号＞ EX＜变量号＞	数据1常为变量
				数据2	常数 B＜变量号＞ I＜变量号＞ D＜变量号＞ R＜变量号＞ P＜变量号＞ BP＜变量号＞ EX＜变量号＞	
			使用示例	SUB I012 I013		
34	MUL	运算命令	功能	数据1与数据2相乘,结果存入数据1 格式:MUL＜数据1＞＜数据2＞ 数据1的位置变量可用元素指定。Pxxx＜0＞:所有轴数据;Pxxx＜1＞:X轴数据;Pxxx＜2＞:Y轴数据;Pxxx＜3＞:Z轴数据;Pxxx＜4＞:T_X轴数据;Pxxx＜5＞:T_Y轴数据;Pxxx＜6＞:T_Z轴数据		
			添加项目	数据1	B＜变量号＞ I＜变量号＞ D＜变量号＞ R＜变量号＞ P＜变量号＞(＜元素号＞) BP＜变量号＞(＜元素号＞) EX＜变量号＞(＜元素号＞)	数据1常为变量
				数据2	常量 B＜变量号＞ I＜变量号＞ D＜变量号＞ R＜变量号＞	
			使用示例	MUL I012I 013MUL P000＜3＞2＜用2乘以Z轴数据的命令＞		
35	DIV	运算命令	功能	用数据2除以数据1,商存入数据1 格式:DIV＜数据1＞＜数据2＞ 数据1可用元素指定位置变量 Pxxx＜0＞:所有轴数据;Pxxx＜1＞:X轴数据;Pxxx＜2＞:Y轴数据;Pxxx＜3＞:Z轴数据;Pxxx＜4＞:T_X轴数据 Pxxx＜5＞:T_Y轴数据;Pxxx＜6＞:T_Z轴数据		
			添加项目	数据1	B＜变量号＞ I＜变量号＞ D＜变量号＞ R＜变量号＞ P＜变量号＞(＜元件号＞) BP＜变量号＞(＜元件号＞) EX＜变量号＞(＜元件号＞)	数据1常为变量
				数据2	常量 B＜变量号＞ I＜变量号＞ D＜变量号＞ R＜变量号＞	
			使用示例	DIV I012 I013 DIV P000(3)2(用2除以Z轴数据的命令)		

续表

序号	指令	类别	使用方法		
36	INC	运算命令	功能	在指定的变量上加 1	
			添加项目	B<变量号>、I<变量号>、D<变量号>	
			使用示例	INC I043	
37	DEC	运算命令	功能	在指定的变量上减去 1	
			添加项目	B<变量号>、I<变量号>、D<变量号>	
			使用示例	DEC I043	
38	AND	运算命令	功能	取数据 1 和数据 2 的逻辑与,结果存入数据 1 格式:AND<数据 1><数据 2>	
			添加项目	数据 1	B<变量号>
				数据 2	B<变量号>、常量
			使用示例	AND B012 B020	
39	OR	运算命令	功能	取数据 1 和数据 2 的逻辑或,结果存入数据 1 格式:OR<数据 1><数据 2>	
			添加项目	数据 1	B<变量号>
				数据 2	B<变量号>、常量
			使用示例	OR B012 B020	
40	NOT	运算命令	功能	取数据 2 的逻辑非,结果存入数据 1 格式:NOT<数据 1><数据 2>	
			添加项目	数据 1	B<变量号>
				数据 2	B<变量号>、常量
			使用示例	NOT B012 B020	
41	XOR	运算命令	功能	取数据 1 和数据 2 的逻辑异或,结果存入数据 1 格式:XOR<数据 1><数据 2>	
			添加项目	数据 1	B<变量号>
				数据 2	B<变量号>、常量
			使用示例	XOR B012 B020	
42	SET	运算命令	功能	在数据 1 设定数据 2 格式:SET<数据 1><数据 2>	
			添加项目	数据 1	B<变量号>、I<变量号>、D<变量号>、R<变量号>、P<变量号>、S<变量号>、BP<变量号>、EX<变量号>
					数据 1 常为常量
				数据 2	常量、B<变量号>、I<变量号>、D<变量号>、R<变量号>、S<变量号>、EXPRESS
			使用示例	SET I012 I020	
43	SETE	运算命令	功能	设定位置变量的元素数据	
			添加项目	数据 1	P 变量<变量号>(<元素号>)、BP 变量<变量号>(<元素号>)、EX 变量<变量号>(<元素号>)
				数据 2	D<变量号>、<双精度整型常量>
			使用示例	SETE P012<3>D005	

续表

序号	指令	类别	使用方法		
44	GETE	运算命令	功能	提取位置变量的元素	
			添加项目	D<变量号>	
				P 变量<变量号>(<元素号>)、BP 变量<变量号>(<元素号>)、EX 变量<变量号>(<元素号>)	
			使用示例	GETE D006 P012(4)	
45	GETS	运算命令	功能	设定指定变量的系统变量	
			添加项目	B<变量号>、I<变量号>、D<变量号>、R<变量号>、PX<变量号>	系统变量
				$B<变量号>、$I<变量号>、$D<变量号>、$R<变量号>、$PX<变量号>、$ERRNO 定数、B<变量号>	
			使用示例	GETS B000 $B000 GETS I001 $I[1]GETS PX003 $PX001	
46	CNVRT	运算命令	功能	把数据 2 的位置型变量转换为指定坐标系的位置型变量,存入数据 1 格式:CNVRT<数据 1><数据 2>指定坐标系	
			添加项目	数据 1	PX<变量号>
				数据 2	PX<变量号>
				BF、RF、TF、UF #(<用户坐标号>)、MTF	BF:基座轴坐标;RF:机器人轴坐标;TF:工具轴坐标;UF:用户坐标;MTF:主动侧工具坐标
			使用示例	CNVRT PX000 PX001 BF	
47	CLEAR	运算命令	功能	将数据 1 指定号之后的变量、将数据 2 指定的个数清除为 0 格式:CLEAR<数据 1><数据 2>	
			添加项目	数据 1	B<变量号>、I<变量号>、D<变量号>、R<变量号>、$B<变量号>、$I<变量号>、$D<变量号>、$R<变量号>
				数据 2	<个数>、ALL、STACK
					ALL:清除数据 1 变量以后的所有变量。STACK:清除程序调用堆栈中的所有变量
			使用示例	CLEAR I3000 ALL CLEAR STACK	
48	SIN	运算命令	功能	取数据 2 的 SIN,存入数据 1 格式:SIN<数据 1><数据 2>	
			添加项目	数据 1	R<变量号>	数据 1 为实数型变量
				数据 2	<常量>、R<变量号>
			使用示例	SIN R000 R001<设定 R000=sinR001 的命令>	
49	COS	运算命令	功能	取数据 2 的 COS,存入数据 1 格式:COS<数据 1><数据 2>	
			添加项目	数据 1	R<变量号>	数据 1 为实数型变量
				数据 2	<常量>、R<变量号>
			使用示例	COS R000 R001<设定 R000=cosR001 的命令>	
50	ATAN	运算命令	功能	取数据 2 的 ATAN,存入数据 1 格式:ATAN<数据 1><数据 2>	
			添加项目	数据 1	R<变量号>	数据 1 为实数型变量
				数据 2	<常量>、R<变量号>
			使用示例	ATAN R000 R001(设定 R000=tan-1R001 的命令)	

续表

序号	指令	类别		使用方法		
51	SQRT	运算命令	功能	取数据2的SQRT(?),存入数据1 格式:SQRT<数据1><数据2>		
			添加项目	数据1	R<变量号>	数据1为实数型变量
				数据2	<常量>、R<变量号>	
			使用示例	SQRT R000 R001<设定R000=R001的命令>		
52	MFRAME	运算命令	功能	以给出的3个点的位置数据作为定义点,创建用户坐标。<数据1>表示定义点ORG的位置数据、<数据2>表示定义点XX的位置数据、<数据3>表示定义点XY的位置数据 格式:MFRAME 指定用户坐标<数据1><数据2><数据3>		
			添加项目	UF#(<用户坐标号>)		1~4
				数据1	PX<变量号>	
				数据2	PX<变量号>	
				数据3	PX<变量号>	
			使用示例	MFRAME UF#<1>PX000 PX001 PX002		
53	MULMAT	运算命令	功能	取数据2与数据3的矩阵积,结果存入数据1 格式:MULMAT<数据1><数据2><数据3>		
			添加项目	数据1	P<变量号>	
				数据2	P<变量号>	
				数据3	P<变量号>	
			使用示例	MULMAT P000 P001 P002		
54	INVMAT	运算命令	功能	取数据2的逆矩阵,结果存入数据1 格式:INVMAT<数据1><数据2><数据3>		
			添加项目	数据1	P<变量号>	
				数据2	P<变量号>	
			使用示例	INVMAT P000 P001		
55	SETFILE	运算命令	功能	将任意条件文件内的数据变更为数据1的数值数据 条件文件内的数据用元素号进行指定		
			添加项目	条件文件内的数据	WEV#<条件文件号><元素号>	
				数据1	常量、D、<变量号>	
			使用示例	SETFILE WEV#(1)(1)D000		
56	GETFILE	运算命令	功能	将任意条件文件内的数据存入数据1 条件文件内的数据用元素号指定		
			添加项目	数据1	D<变量号>	
				条件文件内数据	WEV#<条件文件号><元素号>	
			使用示例	GETFILE D000 WEV#(1)(1)		
57	GETPOS	运算命令	功能	将数据2<程序点号>位置数据存入数据1		
			添加项目	数据1	PX<变量号>	
				数据2	STEP#<变量号>	
			使用示例	GETPOS PX000 STEP#(1)		

序号	指令	类别		使用方法		
58	VAL	运算命令	功能	把数据 2 字符串＜ASCII＞数值转换为实际数值,存入数据 1 格式:VAL 数据 1 数据 2		
			添加项目	数据 1	B＜变量号＞	
					I＜变量号＞	
					D＜变量号＞	
					R＜变量号＞	
				数据 2	字符串	
					S＜变量号＞	
			使用示例	VAL B000"123"		
59	ASC	运算命令	功能	把获取的数据 2 字符串＜ASCII＞开头字符的代码存入数据 1 格式:ASC 数据 1 数据 2		
			添加项目	数据 1	B＜变量号＞	
					I＜变量号＞	
					D＜变量号＞	
				数据 2	字符串	
					S＜变量号＞	
			使用示例	ASC B000"ABC"		
60	CHR＄	运算命令	功能	获取数据 2 有字符码的字符,存入数据 1 格式:CHR＄数据 1 数据 2		
			添加项目	数据 1	S＜变量号＞	
				数据 2	字符串	
					B＜变量号＞	
			使用示例	CHR＄S000 65		
61	MID＄	运算命令	功能	从数据 2 的字符串＜ASCLL＞中挑选任意长度＜数据 3、4＞的字符串＜ASCLL＞,存入数据 1 格式:MID＄数据 1 数据 2 数据 3 数据 4		
			添加项目	数据 1	S＜变量号＞	
				数据 2	字符串	
					B＜变量号＞	
				数据 3	常量	
					B＜变量号＞	
					I＜变量号＞	
					D＜变量号＞	
				数据 4	常量	
					B＜变量号＞	
					I＜变量号＞	
					D＜变量号＞	
			使用示例	MID＄S000"123ABC456"4 3		

续表

序号	指令	类别	使用方法			
62	LEN	运算命令	功能	获取数据 2 字符串＜ASCII＞的合计字节数,存入数据 1 格式:LEN 数据 1 数据 2		
			添加项目	数据 1	B＜变量号＞	
					I＜变量号＞	
					D＜变量号＞	
				数据 2	字符串	
					S＜变量号＞	
			使用示例	LEN B000"ABCDEF"		
63	CAT $	运算命令	功能	统一数据 1、数据 2、数据 3 的字符串＜ASCII＞,存入数据 1 格式:CAT $ 数据 1 数据 2 数据 3		
			条件项目	数据 1	S＜变量号＞	
				数据 2	字符串	
					S＜变量号＞	
				数据 3	字符串	
					S＜变量号＞	
			使用示例	CAT $ S000"ABC""DEF"		

(2) 示教编程

① 示教的基本步骤　为了使机器人能够进行再现,就必须把机器人运动命令编成程序。控制机器人运动的命令就是移动命令。在移动命令中,记录有移动到的位置、插补方式、再现速度等。因为 DX100 所使用的 INFORMIII 语言主要的移动命令都以"MOW"开头,所以也把移动命令叫做"MOV 命令"。

命令使用示例如下所示。

MOVJ VJ：50.00——机器人采用关节运动方式以 50% 基准速度运动到指定点。

MOVL V=1122PL=1——机器人采用直线运动方式以 1122mm/s 运动到指定点,位置精度为 1 级。

当再现图 3-30 所示程序内容时,机器人按照程序点 1 的移动命令中输入的插补方式和再现速度移动到程序点 1 的位置。然后,在程序点 1 和 2 之间,按照程序点 2 的移动命令中输入的插补方式和再现速度移动。同样,在程序点 2 和 3 之间,按照程序点 3 的移动命令中输入的插补方式和再现速度移动。当机

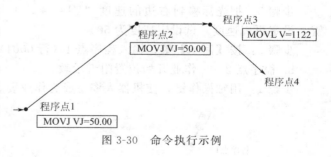

图 3-30　命令执行示例

器人到达程序点 3 的位置后,依次执行 TIMER 命令和 DOUT 命令,然后移向程序点 4 的位置。

② 示例程序　现在我们来为机器人输入以下从工件 A 点到 B 点的加工程序,此程序由 1~6 的 6 个程序点组成,如图 3-31 所示。

a. 程序点 1——开始位置示教。

把机器人移动到完全离开周边物体的位置,输入程序点 1,如图 3-32 所示。

步骤 1：握住安全开关,接通伺服电源,机器人进入可动作状态。

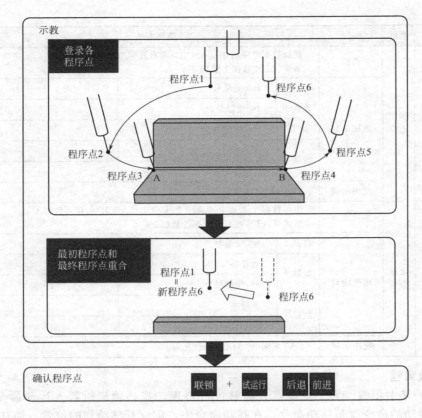

图 3-31　机器人示教示例

步骤 2：用轴操作键把机器人移动到开始位置，开始位置请设置在安全并适合作业准备的位置。

步骤 3：按【插补方式】键，把插补方式定为关节插补。输入缓冲显示行中显示关节插补命令"MOVJ…"。界面显示为"MOVJ VJ＝0.78"。

步骤 4：光标放在行号 0000 处，按【选择】键。

步骤 5：把光标移到右边的速度"VJ＝＊.＊＊"上，按【转换】键的同时按【光标】键，设定再现速度。试设定速度为 50％。

步骤 6：按【回车】键，输入程序点 1（行 0001）。

b. 程序点 2——作业开始位置附近示教。

步骤 1：用轴操作键，使机器人姿态成为作业姿态，如图 3-33 所示。

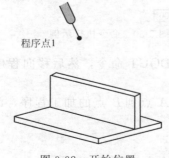

图 3-32　开始位置

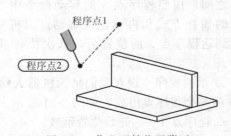

图 3-33　作业开始位置附近

步骤 2：按【回车】键，输入程序点 2（行 0002）。

c. 程序点 3——作业开始位置示教。

保持程序点 2 的姿态不变，移向作业开始位置，如图 3-34 所示。

步骤 1：按手动速度【高】或【低】键，直到在状态显示区域显示中速。

步骤 2：保持程序点 2 的姿态不变，按【坐标】键，设定机器人坐标系为直角坐标系，用轴操作键把机器人移到作业开始位置。

步骤 3：光标在行号 0002 处，按【选择】键。

步骤 4：把光标移到右边的速度"VJ＝＊.＊＊"上，按【转换】键的同时按光标键上下，设定再现速度。直到设定速度为 12.50%。

步骤 5：按【回车】键，输入程序点 3（行 0003）。

d. 程序点 4——作业结束位置示教。

步骤 1：用轴操作键把机器人移动到焊接作业结束位置，如图 3-35 所示。从作业开始位置到结束位置，不必精确沿焊缝移动，为了不碰撞工件，移动轨迹可远离工件。

步骤 2：按【插补方式】键，插补方式设定为直线插补（MOVL）。

步骤 3：光标在行号 0003 处，按【选择】键。

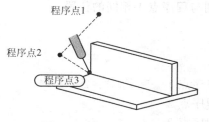

图 3-34　作业开始位置

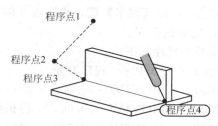

图 3-35　作业结束位置

步骤 4：把光标移到右边的速度"V＝t.＊t"上，按【转换】键的同时按光标键上下，设定再现速度，直到设定速度为 138cm/min。显示为"MOVL V＝138"。

步骤 5：按【回车】键，输入程序点 4（行 0004）。

e. 程序点 5——不触碰工件、夹具的位置示教（见图 3-36）。

步骤 1：按手动速度【高】键，设定为高速。

步骤 2：用轴操作键把机器人移动到不碰触夹具的位置。

步骤 3：按【插补方式】键，设定插补方式为关节插补（MOVJ）。

步骤 4：光标在行号 0004 上，按【选择】键。

步骤 5：把光标移到右边的速度"VJ＝12.50"上，按【转换】键的同时按光标键上下，直到出现希望的速度。把再现速度设定为 50%，界面显示为"MOVJ VJ＝50.00"。

步骤 6：按【回车】键，输入程序点 5（行 0005）。

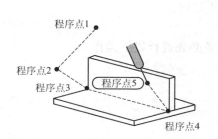

图 3-36　不触碰工件/夹具的位置

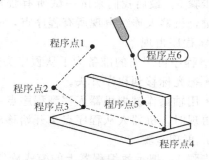

图 3-37　开始位置附近

f. 程序点 6——开始位置附近示教。

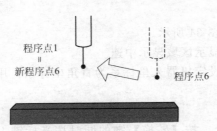

图 3-38　程序点 1 和 6 重合

步骤 1：用轴操作键把机器人移动到开始位置附近，如图 3-37 所示。

步骤 2：按【回车】键，输入程序点 6（行 0006）。

g. 程序点 7——最初的程序点和最后的程序点重合示教。

现在，机器人停在程序点 1 附近的程序点 6 处。如果能从焊接结束位置的程序点 5 直接移动到程序点 1 的位置，就可以立刻开始下一个工件的焊接，从而提高工作效率。下面，我们就试着把最终位置的程序点 6 与最初位置的程序点 1 设在同一个位置，如图 3-38 所示。

步骤 1：把光标移动到程序点 1（行 0001）。

步骤 2：按【前进】键，机器人移动到程序点 1。

步骤 3：把光标移动到程序点 6（行 0006）。

步骤 4：按【修改】键。

步骤 5：按【回车】键，程序点 6 的位置被修改到与程序点 1 相同的位置。

h. 完整的程序。

完整的程序如下。

```
0000    NOP    程序开始
0001    MOVJVJ＝50.00    将机器人移动到程序点 1
0002    MOVJVJ＝50.00    将机器人移动到程序点 2
0003    MOVJVJ＝12.50    将机器人移动到程序点 3
0004    MOVLV＝138    将机器人移动到程序点 4
0005    MOVJVJ＝50.00    将机器人移动到程序点 5
0006    MOVJVJ＝50.00    将机器人移动到程序点 6
0007    END    程序结束
```

③ 轨迹的确认　在完成了机器人动作程序输入后，运行一下这个程序，以便检查一下各程序点是否有不妥之处。

步骤 1：把光标移到程序点 1（行 0001）。

步骤 2：按手动速度的【高】或【低】键，设定速度为"中"。

步骤 3：按【前进】键，通过机器人的动作确认各程序点。每按一次【前进】键，机器人移动一个程序点。

步骤 4：程序点确认完成后，把光标移到程序起始处。

步骤 5：最后我们来试一试所有程序点的连续动作。按下【联锁】键的同时，按【试运行】键，机器人连续再现所有程序点，一个循环后停止运行。

④ 程序再现

a. 程序再现前的准备为了从程序头开始运行，请务必先进行以下操作。

·把光标移到程序开头。

·用轴操作键把机器人移到程序点 1。

再现时，机器人从程序点 1 开始移动。

b. 再现步骤。

步骤 1：把示教编程器上的模式旋钮设定在 "PLAY" 上，成为再现模式。

步骤 2：按【伺服准备】键，接通伺服电源。

步骤 3：按【启动】键，机器人把示教过的程序运行一个循环后停止。

电磁阀的控制子程序如下所示，可在对机器人示教的时候直接调用，完成气动手爪的开合，从而完成装配的过程。

⑤ 程序编制

a. 气动手爪夹紧子程序 HANDCLOSE。

0000　　NOP　　程序开始

0001　　TIMER T＝0.50　　延时 0.5s

0002 DOUT OT ＃（18）OFF　　清除气动手爪张开信号

0003 PULSE OT ＃（17）T＝1.00　　输出气动手爪夹紧信号

0004　　WAITIN ＃（17）＝ON　　等待气动手爪夹紧反馈信号

0005 TIMER T＝0.20　　延时 0.2s

0006　　END　　程序结束

b. 气动手爪张开子程序 HANDOPEN。

0000　　NOP　　程序开始

0001 TIMER T：0.50　　延时 0.5s

0002 DOUT OT ＃（17）OFF　　清除气动手爪夹紧信号

0003 PULSE OT ＃（18）T＝1.00　　输出气动手爪张开信号

0004 WAIT IN ＃（17）＝OFF　　等待气动手爪张开反馈信号

0005 TIMER T：0.20　　延时 0.2s

0006 END　　程序结束

(3) 指令介绍

① 圆弧插补

a. 单一圆弧（图 3-39、表 3-19）。

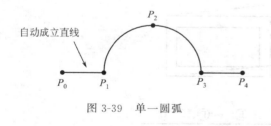

图 3-39　单一圆弧

表 3-19　单一圆弧的插补方式

点	插补方式	命令
P_0	关节或直线	MOVJ MOVL
P_1 P_2 P_3	圆弧	MOVC
P_4	关节或直线	MOVJ MOVL

b. 连续圆弧（图 3-40、表 3-20）。

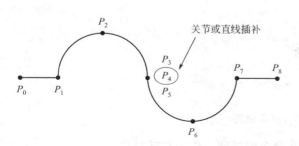

图 3-40　连续圆弧

表 3-20　连续圆弧的插补方式

点	插补方式	命令
P_0	关节或直线	MOVJ MOVL
P_1 P_2 P_3	圆弧	MOVC
P_4	关节或直线	MOVJ MOVL
P_5 P_6 P_7	圆弧	MOVC
P_8	关节或直线	MOVJ MOVL

② 自由曲线插补

a. 单一自由曲线（图 3-41、表 3-21）

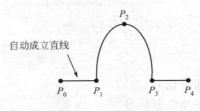

图 3-41 单一自由曲线

表 3-21 单一自由曲线的插补方式

点	插补方式	命令
P_0	关节或直线	MOVJ MOVL
P_1 P_2 P_3	自由曲线	MOVS
P_4	关节或直线	MOVJ MOVL

b. 连续自由曲线（图 3-42、表 3-22）

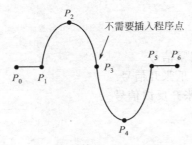

图 3-42 连续自由曲线

表 3-22 连续自由曲线插补方式

点	插补方式	命令
P_0	关节或直线	MOVJ MOVL
$P_1 \sim P_5$	自由曲线	MOVS
P_6	关节或直线	MOVJ MOVL

③ 平行移动功能 如图 3-43 所示。平行移动指的是对象物体从指定位置进行移动时，对象物体各点均保持等距离移动。

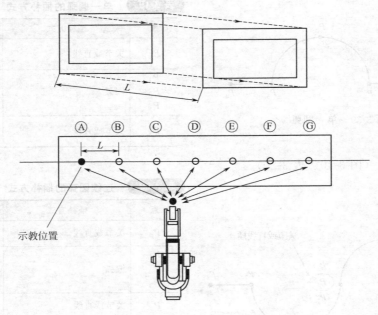

图 3-43 平行移动功能

如图 3-44 所示。从 SFTON 命令到 SFTOF 命令的区间，作为移动对象。

行（程序点）	命令
0000	NOP

```
0001 (001)        MOVJ VJ=50.00
0002 (002)        MOVL V=138
0003              SFTON P000 UF # (1) ⎤
0004 (003)        MOVL V=138          ⎥
0005 (004)        MOVL V=138          ⎥  被移动区间
0006 (005)        MOVL V=138          ⎥
0007              SFTOF               ⎥
0008 (006)        MOVL V=138          ⎦
```

a. 建立移动量。登录位置型变量（图 3-45）、相关坐标系（图 3-46）、建立移动量（图 3-47），例如进行码垛等相同间距的移动时（图 3-48），求出示教位置与最终移动位置的差，除以间距数（分割数）算出一个间距的移动量。腕部姿态用腕部轴坐标的角度变化来定义（图 3-49）。因此，如果只用 X，Y，Z 来指定（R_X，R_Y，$R_Z=0$）移动量，则以与示教点同一姿态进行移动。

图 3-44　移动对象

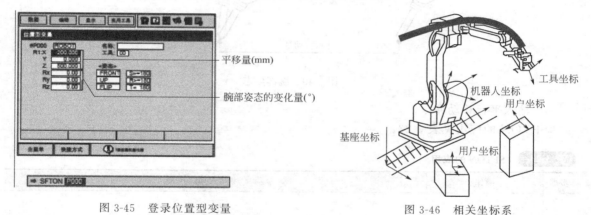

图 3-45　登录位置型变量

图 3-46　相关坐标系

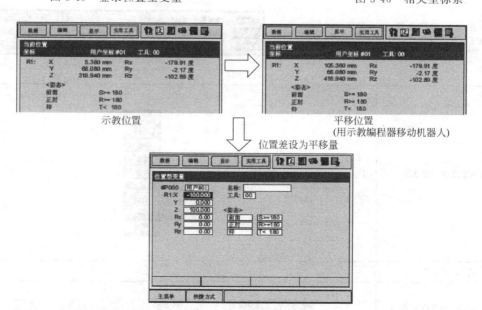

图 3-47　建立移动量

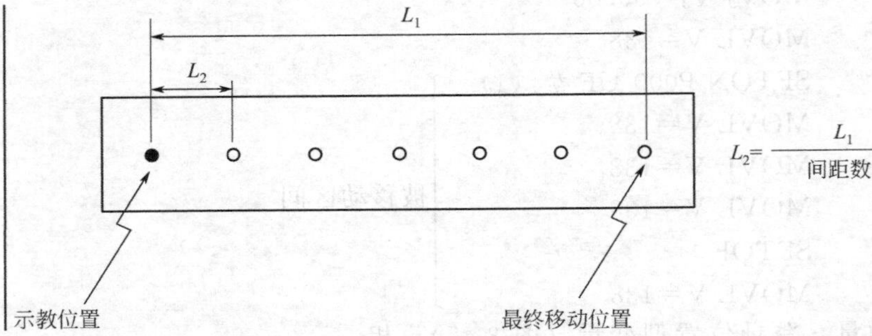

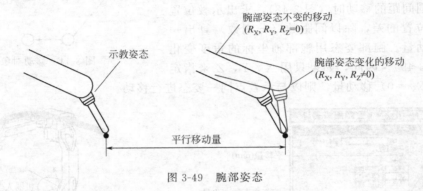

图 3-48　相同间距的移动

图 3-49　腕部姿态

b. 输入平行移动命令。

SFTON 的应用见表 3-23。

表 3-23　SFTON 的应用

步骤	操作	说　　明
1	把光标移到要输入SFTON 命令的前一行	要输入SFTON命令的前一行  → 0020　MOVL V=138 0021　MOVL V=138 0022　MOVL V=138
2	按【命令一览】键	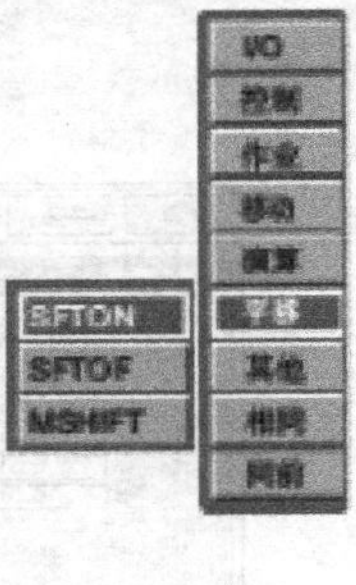 I/O　控制　作业　移动　演算　平移　其他　相同　同前 SFTON　SFTOF　MSHIFT
3	选择"平移"	
4	选择"SFTON"命令	⇒ SFTON P000

续表

步骤	操作	说　明
5	修改附加项或数值数据	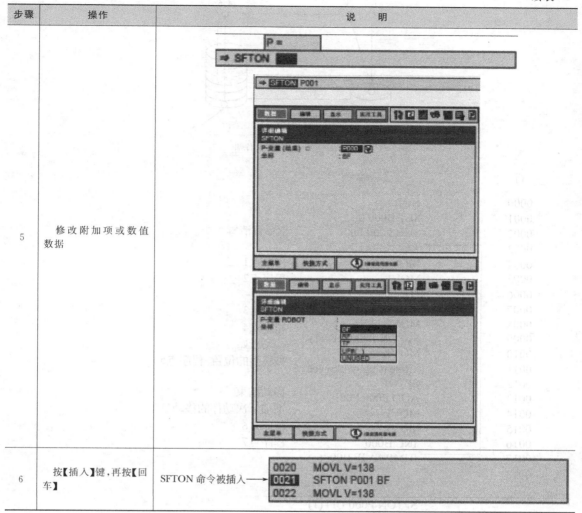
6	按【插入】键，再按【回车】	SFTON 命令被插入 → 0020　MOVL V=138 0021　SFTON P001 BF 0022　MOVL V=138

SFTOF 的应用见表 3-24。

表 3-24　SFTOF 的应用

步骤	操作	说　明
1	把光标移到要输入 SFTOF 命令的前一行	欲插入SFTOF命令的前一行 → 0030　MOVL V=138 0031　MOVL V=138
2	按【命令一览】键	
3	选择"平移"	
4	选择"SFTOF"命令	→ SFTOF
5	按【插入】键，再按【回车】	0030　MOVL V=138 0031　SFTOF 0032　MOVL V=138

如图 3-50 所示为工件码垛作业程序如下。

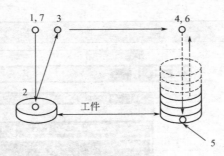

图 3-50　工件码垛作业

行	命令	
0000	NOP	
0001	SET B000 0	
0002	SUB P000 P000	平移量清零
0003	*A	
0004	MOVJ	程序点1
0005	MOVL	程序点2
0006	' Gripping workpiece	
0007	MOVL	程序点3
0008	MOVL	程序点4
0009	SFTON P000 UF#(1)	移动开始
0010	MOVL	被移到的位置　程序点5
0011	' Releasing workpiece	
0012	SFTOF	
0013	ADD P000 P001	移动结束
0014	MOVL	增加下次动作的移动量
0015	MOVL	程序点6
0016	INC B000	程序点7
0017	JUMP *A IF B00<6	
0018		

SFTON P000 UF#(1)

SFTOF
SUB P000 P001　　因移动数据被保存，所以可利用减去相同移动数据的方法进行装卸作业。

3.3.2　搬运工作站机器人程序编制

搬运工作站机器人的程序如表 3-25 所示。

表 3-25　搬运工作站机器人的程序

序号	程　序	注　释
1	NOP	
2	*L10	程序标号
3	CLEAR B0001	置"搬运工件数"记忆存储器 B000 为 0;初始化
4	DOUT OT#(9)=OFF	清除"机器人搬运完成"信号;初始化
5	PULSE OT#(18)T=2.00	YV2 得电 2s,吸盘 1、2 松开;初始化

续表

序号	程　　序	注　　释
6	PULSE OT # (20)T＝2.00	YV4 得电 2s,吸盘 3、4 松开;初始化
7	* L9	程序标号
8	WAIT IN # (9)＝ON	等待 PLC 发出"机器人搬运开始"指令
9	MOVJ VJ＝10.00 PL＝0	机器人作业原点,关键示教点
10	MOVJ VJ＝15.00 PL＝3	中间移动点
11	MOVJ VJ＝50.00 PL＝3	中间移动点
12	MOVL V＝83.3PL＝0	吸盘接近工件,关键示教点
13	PULSE OT # (17) T＝2.00	YV1 得电 2s,吸盘 1、2 吸紧
14	PULSE OT # (19) T＝2.00	YV3 得电 2s,吸盘 3、4 吸紧
15	MOVL V＝166.7 PL＝3	中间移动点
16	MOVJ VJ＝10.00 PL＝3	中间移动点
17	MOVJ VJ＝15.00 PL＝3	中间移动点
18	MOVJ VJ＝10.00 PL＝1	中间移动点
19	MOVL V＝250.0 PL＝1	到达仓库正上方(距离仓库底面在 7 个工件的厚度以上)
20	JUMP * L0 IF B000＝0	如果搬运第 1 个工件,跳转至 * L0
21	JUMP * L1 IF B000＝1	如果搬运第 2 个工件,跳转至 * L1
22	JUMP * L2 IF B000＝2	如果搬运第 3 个工件,跳转至 * L2
23	JUMP * L3 IF B000＝3	如果搬运第 4 个工件,跳转至 * L3
24	JUMP * L4 IF B000＝4	如果搬运第 5 个工件,跳转至 * L4
25	JUMP * L5 IF B000＝5	如果搬运第 6 个工件,跳转至 * L5
26	JUMP * L6 IF B000＝6	如果搬运第 7 个工件,跳转至 * L6
27	* L0	放置第 1 个工件时程序标号
28	MOVL V＝83.3	放置第 1 个工件时,工件下降的位置。作为关键示教点
29	JUMP * L8	跳转至 * L8
30	* L1	放置第 2 个工件时程序标号
31	MOVL V＝83.3	放置第 2 个工件时,工件下降的位置
32	JUMP * L8	跳转至 * L8
33	* L2	放置第 3 个工件时程序标号
34	MOVL V＝83.3	放置第 3 个工件时,工件下降的位置
35	JUMP * L8	跳转至 * L8
36	* L3	放置第 4 个工件时程序标号
37	MOVL V＝83.3	放置第 4 个工件时,工件下降的位置
38	JUMP * L8	跳转至 * L8
39	* L4	放置第 5 个工件时程序标号
40	MOVL V＝83.3	放置第 5 个工件时,工件下降的位置
41	JUMP * L8	跳转至 * L8
42	* L5	放置第 6 个工件时程序标号
43	MOVL V＝83.3	放置第 6 个工件时,工件下降的位置
44	JUMP * L8	跳转至 * L8
45	* L6	放置第 7 个工件时程序标号
46	MOVL V＝83.3	放置第 7 个工件时,工件下降的位置
47	* L8	程序标号 * L8

续表

序号	程　序	注　释
48	TIMER T=1.00	吸盘到位后,延时1s
49	PULSE OT #(18) T=2.00	YV2得电2s,吸盘1、2松开
50	PULSE OT #(20) T=2.00	YV4得电2s,吸盘3、4松开
51	INC B000	"搬运工件数"加1
52	MOVL V=83.3 PL=1	中间移动点
53	MOVJ VJ=20.00 PL=1	中间移动点
54	MOVJ VJ=20.00	回作业原点
55	PULSE OT #(9) T=1.00	向PLC发出1s"机器人搬运完成"信号
56	JUMP *L9 IF B000<7	判断仓库是否已经满(7个工件满)
57	JUMP *L10	跳转至*L10
58	END	

第4章
工业机器人CNC机床上下料工作站现场编程

4.1 认识工业机器人CNC机床上下料工作站

4.1.1 工业机器人与数控加工的集成

工业机器人与数控加工的集成主要集中在两个方面：一是工业机器人与数控机床集成成工作站；二是工业机器人具有加工能力，也就是机械加工工业机器人。

(1) 工业机器人与数控机床集成工作站

工业机器人与数控机床的集成主要应用在柔性制造单元（FMC）或柔性制造系统中（FMS），图4-1中，加工中心上的工件由机器人来装卸，加工完毕的工件与毛坯放在传送带上。当然，也有不用传送带的，如图4-2所示。其他形式的如图4-3所示。

所用到的工业机器人一般为上下料机器人，其编程较为简单，只要示教编程后再现就可以了。但工业机器人与数控机床各有独立的控制系统，机器人与数控机床、传送带之间都要进行数据通信。

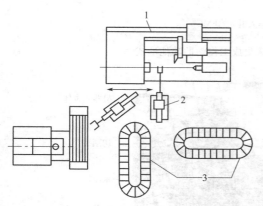

图4-1　带有机器人的FMC
1—车削中心；2—机器人；3—物料传送装置

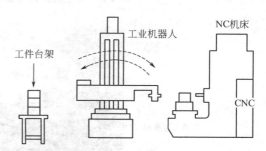

图4-2　以铣削为主的带有机器人的FMC

(2) 机械加工工业机器人

这类机器人具有加工能力，本身具有加工工具，比如刀具等，刀具的运动是由工业机器人的控制系统控制的。主要用于切割（图4-4）、去毛刺（图4-5）、抛光与雕刻等轻型加工。这样的加工比较复杂，一般采用离线编程来完成。这类工业机器人有的已经具有了加工中心的某些特性，如刀库等。图 4-6 所示的雕刻工业机器人的刀库如图 4-7 所示。这类工业机器人的机械加工能力是远远低于数控机床的，因为刚度、强度等都没有数控机床好。

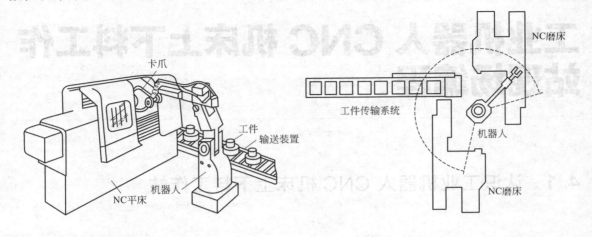

(a) 以车削为主的带有机器人的FMC　　　　　(b) CNC磨床与工业机器人组成的FMC

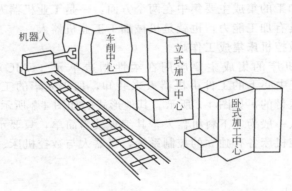

(c) 三台加工中心与工业机器人组成的FMC

图 4-3　工业机器人与数控机床集成工作站的其他形式

图 4-4　激光切割机器人工作站

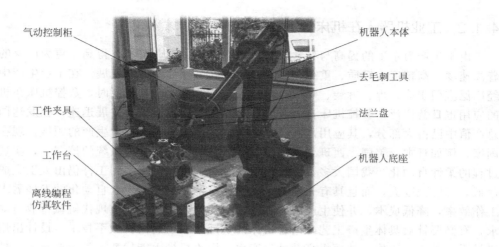

气动控制柜

工件夹具

工作台

离线编程
仿真软件

机器人本体

去毛刺工具

法兰盘

机器人底座

图 4-5　去毛刺机器人工作站

图 4-6　雕刻工业机器人

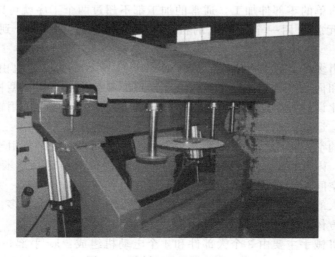

图 4-7　雕刻工业机器人的刀库

4.1.2　工业机器人在机床上下料领域的应用

由于生产力水平的提高与科学技术的日益进步，工业机器人得到了更为广泛的应用，正向着高速度、高精度、轻质、重载、高灵活性和高可靠性的方向发展。在工业生产中，机器人已经广泛应用于涂、焊、拆装、码垛、搬运、包装等作业。与此同时，数控机床在机械制造领域的应用也日益广泛。数控机床自从 20 世纪 50 年代问世以来，发展迅速，在发达国家的机床业总产值中已占大部分，其应用范围已从小批量生产扩展到大批量生产的领域。现在，部分发达国家，例如日本、美国、西班牙等国家，已经在数控机床数控系统的控制下，实现了零件加工过程的柔性自动化。我国大多数工厂的生产线上，数控机床装卸工件仍由人工完成，其生产效率低、劳动强度大，而且具有一定的危险性，已经满足不了生产自动化的发展需求。为了提高工作效率，降低成本，并使生产线发展成为柔性制造系统，适应现代机械行业自动化生产的要求，有必要针对具体生产工艺，结合机床的实际结构，利用机械手技术，设计出用一台上下料机械手代替人工工作，从而提高劳动生产率。因为机械手能代替人类完成重复、枯燥、危险的工作，减轻人类劳动强度，提高工作效率，以至于机械手得到了越来越广泛的应用，在机械行业中它可用于工件的搬运、装卸、零部件组装，尤其是在自动化数控机床、组合机床上使用更为普遍。目前，机械手已发展成为柔性制造系统（FMS）和柔性制造单元（FMC）中一个重要组成部分。将机床设备和机械手组合成一个柔性制造单元或柔性加工系统，它适应于中、小批量生产，可以节省庞大的工件输送装置，而且结构紧凑，适应性很强。当工件变更时，柔性生产系统很容易改变，有利于企业不断加工生产新的品种，提高产品质量与生产率，更好地适应市场竞争的需要。

4.1.3　上下料系统类型

对于特别复杂的零件，往往需要多个工序的加工，甚至还要增加一些检测、清洗、试漏、压装和去毛刺等辅助工序，还有可能和锻造、齿轮加工、旋压、热处理和磨削等工序的设备连接起来，就需要组成一个完成复杂零件全部加工内容的自动化生产线。

因为自动化生产线会有不同种类的设备，所以通过桁架式的机械手、关节机器人和自动物流等自动化方式组合起来，从而实现从毛坯进去一直到成品工件出来的全自动化加工。

（1）桁架式机械手

对于一些结构简单的零部件加工，通常的加工都不超过两个工序就可以全部完成的自动化加工单元，这个单元就采用一个桁架式的机械手配合几台机床和一个到两个料仓组成，如图 4-8 所示。

桁架式机器人由多维直线导轨搭建而成，如图 4-9 所示。直线导轨由精制铝型材、齿形带、直线滑动导轨和伺服电动机等组成。作为运动框架和载体的精制铝型材，其截面形状通过有限元分析法来优化设计，生产中的精益求精确保其强度和直线度。采用轴承光杠和直线滑动导轨作为运动导轨。运动传动机构采用齿形带、齿条或滚珠丝杠。

桁架式机器人的空间运动是用三个相互垂直的直线运动来实现的。由于直线运动易于实现全闭环的位置控制，因此桁架式机器人有可能达到很高的位置精度（微米级）。但是，这种桁架式机器人的运动空间相对机器人的结构尺寸来讲，是比较小的。因此，为了实现一定的运动空间，桁架式机器人的结构尺寸要比其他类型的机器人的结构尺寸大得多。桁架式机器人的工作空间为一空间长方体。

桁架式机器人机械手主要由 3 个大部件和 4 个电动机组成：a. 手部，采用丝杆螺母结构，通过电动机带动实现手爪的张合；b. 腕部，采用一个步进电动机带动蜗轮蜗杆实现手部回转

90°～180°；c. 臂部，采用滚珠丝杠，电动机带动丝杆使螺母在横臂上移动来实现手臂平动，带动丝杆螺母使丝杆在直臂上移动实现手臂升降。

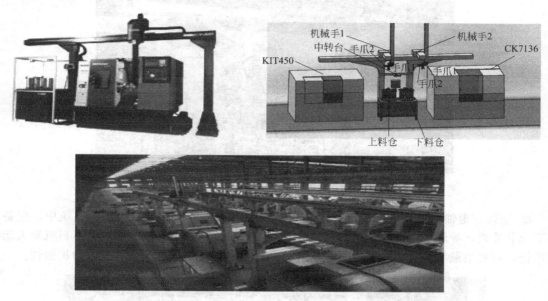

图 4-8 桁架式机械手工作示意

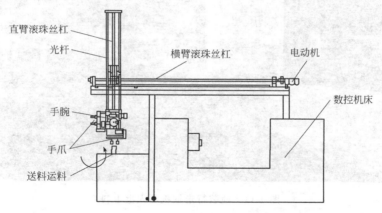

图 4-9 桁架式机械手结构

(2) 关节式工业机器人

对于一些由多个工序加工，而且工件的形状比较复杂的情况，可以采用标准关节型机器人配合供料装置组成一个自动化加工单元。一个机器人可以服务于多个加工设备从而节省自动化的成本。关节机器人有 5～6 轴的自由度，适合几乎任何轨迹或角度的工作，对于客户厂房高度无要求。关节机器人可以安装在地面，也可以安装在机床上方，对于数控机床设备的布局可以自由组合，常用的安装方式有"地装式机器人上下料"（岛式加工单元）、"地装行走轴机器人上下料"（机床成直线布置）、"天吊行走轴机器人上下料"（机床成直线布置）三种，均可以通过长时间连续无人运转实现制造成本的削减，以实现通过机器人化实现质量的稳定。

① 地装式机器人上下料　地装式机器人上下料是一种应用最广泛的形式，也称"岛式加工单元"，该系统以 6 轴机器人为中心岛，机床在其周围作环状布置，进行设备件的工件转送。集高效生产、稳定运行、节约空间等优势于一体，适合于狭窄空间场合的作业。如图 4-10 所示。

图 4-10　地装式机器人上下料

② 地装行走轴机器人上下料　如图 4-11 所示的地装行走轴机器人上下料系统中，配备了一套地装导轨，导轨的驱动作为机器人的外部轴进行控制，行走导轨上面的上下料机器人运行速度快，有效负载大，有效地扩大了机器人的动作范围，使得该系统具有高效的扩展性。

图 4-11　地装行走轴机器人上下料

③ 天吊行走轴机器人上下料　天吊行走轴机器人上下料系统，也称"Top mount 系统"，如图 4-12 所示，具有普通机器人同样的机械和控制系统，和地装机器人拥有同样实现复杂动作的可能。区别于地装式，其行走轴在机床上方，拥有节约地面空间的优点，且可以轻松适应机床在导轨两侧布置的方案，缩短导轨的长度。和专机相比，不需要非常高的车间空间，方便

图 4-12　天吊行走轴机器人上下料系统

行车的安装和运行。可以实现单手抓取 2 个工件的功能，节约生产时间。

4.1.4　工业机器人上下料工作站的组成

　　典型的工业机器人数控机床上下料工作站系统如图 4-13 所示。主要的组成部分包括工业机器人、数控机床、工件或夹具抓取手爪、周边设备及系统控制器等。为了适应工业机器人自动上下料，需要对数控机床进行一定的改造，包括门的自动开关、工件的自动夹紧等。工业机器人与数控机床之间的通信方式根据各系统的不同也有所区别。对于信号较少的系统，可以直接使用 I/O 信号线进行连接，至少要包括门控信号、装夹信号、加工完成信号等。对于信号较多的系统，可以使用现场总线、工业以太网等方式进行通信。

　　系统控制器在数控机床上下料系统中也经常使用。随着企业自动化程度的提高，数控机床及工业机器人作为自动生产线的一个环节，这样就需要和上位系统进行有效的连接。系统控制器的作用主要负责各个部件动作的协调管理、各个子系统之间的连接、传感信号的处理、运动系统的驱动等。

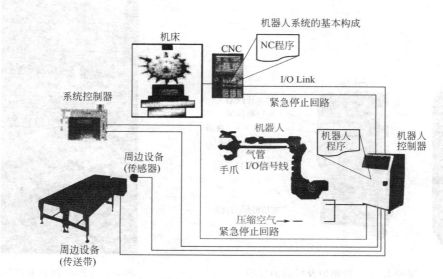

图 4-13　工业机器人数控机床上下料工作站系统构成

　　（1）数控机床

　　数控机床如图 4-14 所示。数控机床的任务是对工件进行加工，而工件的上下料则由上下料机器人完成。

　　（2）上下料机器人及控制柜

　　数控机床加工的工件为圆柱体，质量≤1kg，机器人动作范围≤1300mm，故机床上下料机器人选用的是安川 MH6 机器人，如图 4-15 所示。

　　末端执行器采用气动机械式二指单关节手爪来夹持工件，控制手爪动作的电磁阀安装在MH6 机器人本体上。

　　机器人控制系统为安川 DX100 控制柜及示教编程器，如图 4-16 所示。

　　（3）PLC 控制柜

　　PLC 控制柜用来安装断路器、PLC、开关电源、中间继电器和变压器等元器件。PLC 为OMRON 公司 NJ301-1100 控制器，上下料机器人的启动与停止、输送线的运行等均由其控制。PLC 控制柜内部图如图 4-17 所示。

图 4-14　数控机床

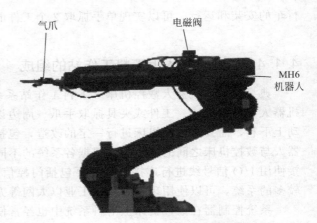

图 4-15　安川 MH6 机器人

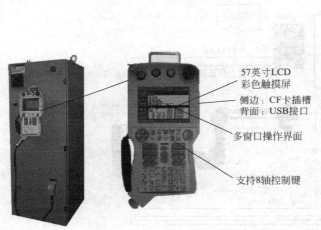

图 4-16　安川 DX100 控制柜及示教编程器

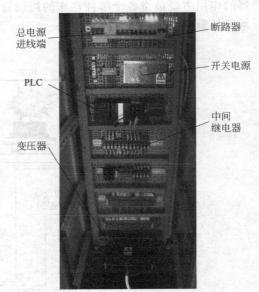

图 4-17　PLC 控制柜内部图

（4）上下料输送线

上下料输送线的功能是将载有待加工工件的托盘输送到上料工位，机器人将工件搬运至数控机床进行加工，再将加工完成的工件搬运到托盘上，由输送线将加工完成的工件输送到装配工作站进行装配。上下料输送线如图 4-18 所示。

（5）工件立体仓库

工件立体仓库用于存放待加工工件，立体仓库分两层四列共 8 个存储单元，编号分别为 1～8，每个存储单元配置一个光敏传感器用于检测工件的有无。工件立体仓库如图 4-19 所示。工件立体仓库的 8 个存储单元排列顺序如图 4-20 所示。

（6）末端执行器

工业机器人末端执行器采用气动机械式二指单关节手爪，工件及气动手爪如图 4-21 所示。

① 气动手爪

a. 气动手爪的工作原理。利用压缩空气驱动手爪抓取、松开工件。气动手爪通常有 Y 形、180°、平行式、大口径式和三爪式等类型，如图 4-22 所示。

气动手爪的工作原理如图 4-23 所示。气缸中压缩空气推动活塞杆使转臂运动，带动爪钳平行地快速开合。

图 4-18　上下料输送线

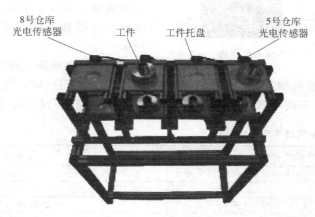

图 4-19　工件立体仓库

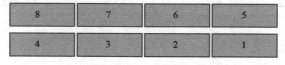

图 4-20　工件立体仓库的编号

(a) 工件　　　　　　　　　　　　　　　　(b) 气爪

图 4-21　工件及气动手爪

(a) Y形　　(b) 180°　　(c) 平行式　　(d) 大口径　　(e) 三爪式

图 4-22　气动手爪的类型

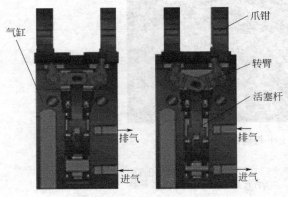

图 4-23　气动手爪的工作原理

b. 气动手爪的选择。选择气动手爪要考虑夹取对象的形状与重量，根据夹取对象的形状和重量来选择确认手爪的开闭行程和把持力。

上下料机器人与装配机器人的末端执行器选用的是气立可 HDS-20 Y 形气动手爪，其技术参数见表 4-1。

c. 气动控制回路。考虑到失电安全，失电后夹紧的工件不应掉落，故电磁阀采用双电控。末端执行器气动控制回路如图 4-24 所示。

气动控制回路工作原理：当 YV1 电磁阀线圈得电时，气动手爪收缩，夹紧工件；当 YV2 电磁阀线圈得电时，气动手爪松开，释放工件；当 YV1、YV2 电磁阀线圈都不得电时，气动手爪保持原来的状态。电磁阀不能同时得电。

表 4-1　HDS-20 Y 形气动手爪技术参数

动作形式		复动式
缸径		20mm
开闭角度		$-10°\sim+30°$
把持力	开	2.3kgf(23N)
	闭	3.5kgf(34N)
使用压力范围		$1.5\sim7.0$kgf/cm^2(150～700kPa)

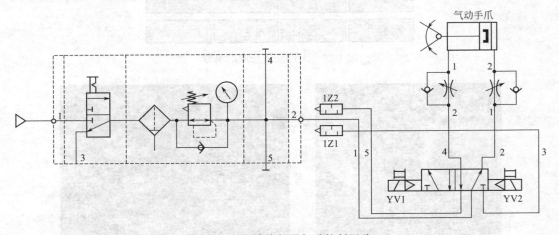

图 4-24　末端执行器气动控制回路

② 回转型传动机构　夹钳式手部中用得较多的是回转型手部，其手指就是一对杠杆，一般再与斜楔、滑槽、连杆、齿轮、蜗轮蜗杆或螺杆等机构组成复合式杠杆传动机构，用以改变

传动比和运动方向等。

　　图 4-25(a) 所示为单作用斜楔式回转型手部结构简图。斜楔向下运动，克服弹簧拉力，使杠杆手指装着滚子的一端向外撑开，从而夹紧工件；斜楔向上运动，则在弹簧拉力作用下使手指松开。手指与斜楔通过滚子接触，可以减少摩擦力，提高机械效率。有时为了简化，也可让手指与斜楔直接接触，如图 4-25(b) 所示。

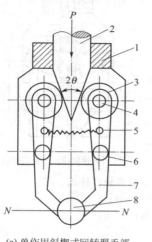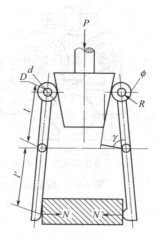

(a) 单作用斜楔式回转型手部　　　　　(b) 简化型斜楔式回转型手部

图 4-25　斜楔杠杆式手部

1—壳体；2—斜楔驱动杆；3—滚子；4—圆柱销；5—拉簧；6—铰销；7—手指；8—工件

　　图 4-26 所示为滑槽式杠杆回转型手部简图。杠杆形手指 4 的一端装有 V 形指 5，另一端则开有长滑槽。驱动杆 1 上的圆柱销 2 套在滑槽内，当驱动连杆同圆柱销一起作往复运动时，即可拨动两个手指各绕其支点（铰销 3）作相对回转运动，从而实现手指的夹紧与松开动作。

　　图 4-27 所示为双支点连杆式手部的简图。驱动杆 2 末端与连杆 4 由铰销 3 铰接，当驱动杆 2 作直线往复运动时，则通过连杆推动两杆手指各绕支点作回转运动，从而使得手指松开或闭合。

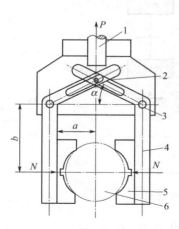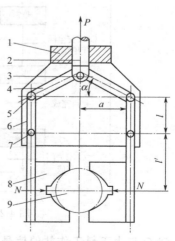

图 4-26　滑槽式杠杆回转型手部　　　　　图 4-27　双支点连杆式手部

1—驱动杆；2—圆柱销；3—铰销；　　　　1—壳体；2—驱动杆；3—铰销；4—连杆；5，7—圆柱销；

4—手指；5—V 形指；6—工件　　　　　　6—手指；8—V 形指；9—工件

图 4-28 所示为齿轮齿条直接传动的齿轮杠杆式手部的结构。驱动杆 2 末端制成双面齿条，与扇齿轮 4 相啮合，而扇齿轮 4 与手指 5 固连在一起，可绕支点回转。驱动力推动齿条作直线往复运动，即可带动扇齿轮回转，从而使手指松开或闭合。

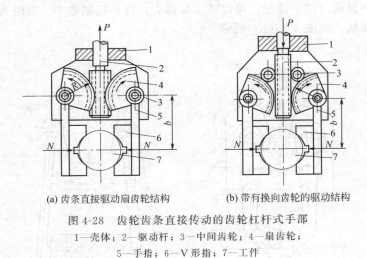

(a) 齿条直接驱动扇齿轮结构　　(b) 带有换向齿轮的驱动结构

图 4-28　齿轮齿条直接传动的齿轮杠杆式手部

1—壳体；2—驱动杆；3—中间齿轮；4—扇齿轮；

5—手指；6—V 形指；7—工件

4.1.5　CNC 与机器人上下料工作站的通信

机器人上、下料时，需要与 CNC 进行信息交换、互相配合，才能有条不紊地工作。

(1) 机器人上下料的工作流程

机器人上下料的工作流程如图 4-29 所示。

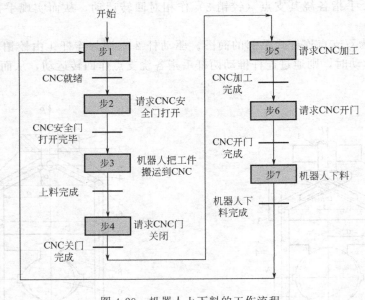

图 4-29　机器人上下料的工作流程

(2) CNC 与上下料工作站的信号传递路径

CNC 与机器人上下料工作站 PLC 之间信号的传递路径如图 4-30 所示。CNCPLC 与上下料工作站 PLC 之间进行信息交换，机器人控制系统与上下料工作站 PLC 之间进行信息交换。

图 4-30 CNC 与机器人上下料工作站之间信号的传递路径

4.1.6 工作过程

(1) 上下料输送线工作过程

当托盘放置在输送线的起始位置（托盘位置 1）时，托盘检测光敏传感器检测到托盘，启动直流减速电动机和伺服电动机，3 节输送线同时运行，将托盘向工件上料位置"托盘位置 2"处输送。

当托盘达到上料位置（托盘位置 2）时，被阻挡电磁铁挡住，同时托盘检测光敏传感器检测到托盘，直流电动机与伺服电动机停止。等待机器人将托盘上的工件搬运至数控机床进行加工，再将加工完成的工件搬运到托盘上。

当机器人将加工完成的工件搬运到托盘上后，电磁铁得电，挡铁缩回，伺服电动机启动，工件上下料输送线 2 和工件上下料输送线 3 运行，将装有工件的托盘向装配工作站输送。

上下料输送线工作流程如图 4-31 所示。

(2) 上下料工作站的工作过程

① 当载有待加工工件的托盘输送到上料位置后，机器人将工件搬运到数控机床的加工台上。

② 数控机床进行加工。

③ 加工完成，机器人将工件搬运到输送线上料位置的托盘上。

④ 上料输送线将载有已加工工件的托盘向装配工作站输送。

(3) 上下料工作站工作任务

工业机器人上下料工作站由机器人系统、PLC 控制系统、数控机床（CNC）、上下料输送线系统、平面仓库和操作按钮盒等组成。

① 设备上电前，系统处于初始状态，即输送线上无托盘、机器人手爪松开、数控机床卡盘上无工件。

② 设备启动前要满足机器人选择远程模式、机器人在作业原点、机器人伺服已接通、无机器人报警错误、无机器人电池报警、机器人无运行及 CNC 就绪等初始条件。满足条件时黄灯常亮，否则黄灯熄灭。

③ 设备就绪后，按启停按钮，系统运行，机器人启动，绿色指示灯亮。

a. 将载有待加工工件的托盘放置在输送线的起始位置（托盘位置 1）时，托盘检测光敏传感器检测到托盘，启动直流电动机和伺服电动机，上下料输送线同时运行，将托盘向工件上料位置"托盘位置 2"处输送。

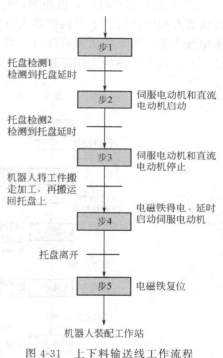

图 4-31 上下料输送线工作流程

b. 当托盘达到上料位置（托盘位置 2）时，被阻挡电磁铁挡住，同时托盘检测光敏传感器检测到托盘，直流电动机与伺服电动机停止。

c. CNC 安全门打开，机器人将托盘上的工件搬运到 CNC 加工台上。

d. 搬运完成后，CNC 安全门关闭、卡盘夹紧，CNC 进行加工处理。

e. CNC 加工完成后，CNC 安全门打开，通知机器人把工件搬运到上料位置的托盘上。

f. 搬运完成，上料位置（托盘位置 2）的阻挡电磁铁得电，挡铁缩回，伺服电动机启动，工件上下料输送线 2 和工件上下料输送线 3 运行，将装有工件的托盘向装配工作站输送。

④ 在运行过程中，再次按启停按钮，系统将本次上下料加工过程完成后停止。

⑤ 在运行过程中，按暂停按钮，机器人暂停，按复位按钮，机器人再次运行。

⑥ 在运行过程中急停按钮一旦动作，系统立即停止。急停按钮复位后，还须按复位按钮进行复位。按复位按钮不能使机器人自动回到工作原点，机器人必须通过示教器手动复位到工作原点。

⑦ 若系统存在故障，红色警示灯将常亮。系统故障包含：上下料传送带伺服故障、上下料机器人报警错误、上下料机器人电池报警、数控系统报警、数控门开关超时报警、上下料工作站急停等。当系统出现故障时，可按复位按钮进行复位。

上下料工作站的工作流程如图 4-32 所示。

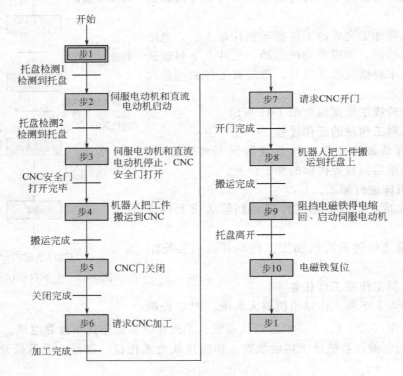

图 4-32 上下料工作站的工作流程

4.1.7 工业机器人自动生产线的注意事项

(1) 缠屑

如果缠屑不处理，将会导致装夹位置不准确，上下料困难等问题。面对此类问题，我们首先要提出让客户改良工艺或车削刀具，要有效断屑；除此之外还需增加吹气装置，每个工作节拍内吹气一次，减少铁屑堆积。如图 4-33 所示。

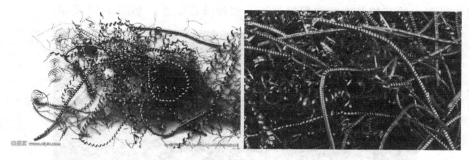

图 4-33　缠屑

（2）装夹定位

机床的定位主要靠定位销。一般情况下，定位销会比定位孔小一些，不会发生工件难以装入现象；但遇到间隙配合特别小的时候，首先我们要亲自操作一下，看工件与定位销之间的配合，再结合我们的机器人精度，做一个预判，以防后期机器人工作站调试时无法装夹到位。如图 4-34 所示。

图 4-34　装夹定位

（3）装夹到位

有部分工件，在卡盘内部有一个硬限位，工件在装夹时，必须紧靠硬限位，加工出的零件才算合格。遇此类情况，建议选用特制气缸，含推紧压板，可以有效达到目的。

（4）主轴准停

有的工件在装夹时认方向，主轴需有主轴定向功能，才可以实现机器人上下料。如图 4-35 所示。

（5）铁屑堆积

有部分数控车床不含废料回收系统，此时在技术协议或方案中需注明，要客户根据实际情况，定期清理铁屑。如图 4-36 所示。

（6）断刀问题

这是车床上下料中最头痛的问题，如机床自带断刀检测，那一切没问题；如没有断刀检测，那只有通过定时抽检来判断此现象，如断刀现象频繁，那么建议研究一下该项目的可行性。

（7）节拍的控制

机床和机器人的节拍基本需要保持同步，以保障高效性。如图 4-37 所示。

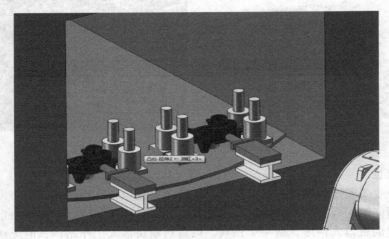

图 4-35　主轴准停

图 4-36　铁屑堆积

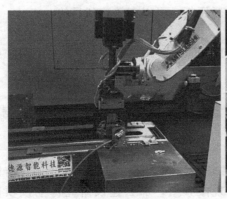

图 4-37　节拍的控制

4.2　工业机器人 CNC 上下料工作站的编程

4.2.1　平行移动功能

工业机器人对 CNC 进行上下料的工作过程中，工件的存放一般是以一定的方式进行排列，有的是以料库的形式存在，有的是进行堆垛摆放。因此在机器人示教的过程中，需要使用一种便捷的方式，对于排列有一定规律的工件或物料的抓取进行示教，这就是我们即将介绍的平行移动功能。

平行移动功能是指对象物的各点进行等距离的移动。如图 4-38 所示，通过将示教位置 A（机器人可识别的 XYZ 三维变位）分别平行移动距离 L，可实现在 B～G 中执行 A 点示教的作业。

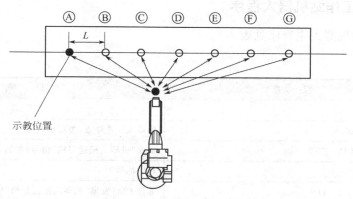

图 4-38　平行移动应用示例

如图 4-39 所示，要求机器人从 1 点依次移动到 6 点，中间经过 2、3、4、5 点。每两点之间的距离是相等的，通过使用平行移动功能对机器人系统进行示教。

4.2.2　对系统进行初步示教

选取直角坐标系，从机器人的作业原点出发，依次对 1～6 点的位置进行示教，点与点之间的距离不需要十分精确，可以进行快速示教，如图 4-40 所示。

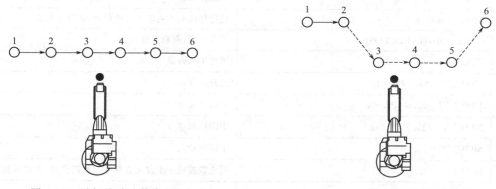

图 4-39　平行移动功能应用　　　　　　　图 4-40　平行移动的初步示教

初步示教的程序如下所示。

行	程序	内容说明
0000	NOP	程序开始
0001	MOVJ VJ＝50.00	将机器人移动到作业原点位置
0002	MOVJ VJ＝50.00	机器人移动到作业点1
0003	MOVL V＝138	机器人移动到作业点2
0004	MOVL V＝138	机器人移动到作业点3
0005	MOVL V＝138	机器人移动到作业点4
0006	MOVL V＝138	机器人移动到作业点5
0007	MOVL V＝138	机器人移动到作业点6
0008	MOVJ VJ＝50.00	机器人移动到作业原点
0009	END	程序结束

4.2.3 上下料工作站机器人程序

上下料工作站机器人主程序见表4-2。

表 4-2 主程序

序号	程序	注释
1	NOP	
2	MOVJ VJ＝20.00	机器人作业原点，关键示教点
3	DOUT OT #（9）OFF	清除"机器人搬运完成"信号；初始化
4	*LABEL1	程序标号
5	WAIT IN #（9）＝ON	等待PLC发出"机器人搬运开始"命令，进行上料
6	JUMP *LABEL2 IF IN #（17）＝OFF	判断手爪是否张开
7	CALL JOB:HANDOPEN	若手爪处于夹紧状态，则调用手爪释放子程序
8	*LABEL2	程序标号
9	MOVJ VJ＝20.00	机器人作业原点，关键示教点
10	WAIT IN #（17）＝OFF	等待手爪张开
11	MOVJ VJ＝25.00 PL＝3	中间移动点
12	MOVJ VJ＝25.00 PL＝3	中间移动点
13	MOVJ VJ＝25.00	中间移动点
14	MOV V＝83.3	到达托盘上方夹取工件的位置，关键示教点
15	CALL JOB:HANDCLOSE	手爪夹紧，夹取工件
16	WAIT IN #（17）＝ON	等待手爪夹紧
17	MOVL V＝83.3 PL＝1	提升工件
18	MOVJ VJ＝25.00 PL＝3	中间移动点
19	MOVJ VJ＝25.00 PL＝3	中间移动点
20	MOVJ VJ＝25.00	中间移动点
21	MOVL V＝83.3	到达数控机床卡盘上方释放工件的位置，关键示教点
22	CALL JOB:HANDOPEN	手爪张开，释放工件

续表

序号	程　　序	注　　释
23	WAIT IN # (17)=OFF	等待手爪释放
24	MOVJ VJ=25.00	退出 CNC,回到等待位置
25	PULSE OT # (9) T=1.00	向 PLC 发出 1s"机器人搬运完成"信号,上料完成
26	WAIT IN # (9)=ON	等待 PLC 发出"机器人搬运开始"命令,进行下料
27	MOVJ VJ=25.00 PL=1	中间移动点
28	MOVJ VJ=25.00 PL=1	中间移动点
29	MOVL V=166.7	到达数控机床卡盘上方夹取工件的位置,关键示教点
30	CALL JOB:HANDCLOSE	手爪夹紧,夹取工件
31	WAIT IN # (17)=ON	等待手爪夹紧
32	MOVL V=83.3 PL=1	提升工件
33	MOVJ VJ=25.00 PL=1	中间移动点
34	MOVJ VJ=25.00 PL=1	中间移动点
35	MOVJ VJ=25.00	中间移动点
36	MOVL V=83.3	到达托盘上方释放工件位置,关键示教点
37	CALL JOB:HANDOPEN	手爪张开,释放工件
38	WAIT IN # (17)=OFF	等待手爪释放
39	MOVL V=166.7 PL=1	中间移动点
40	MOVL V=416.7 PL=2	中间移动点
41	PULSE OT # (9) T=1.00	向 PLC 发出 1s"机器人搬运完成"信号,下料完成
42	MOVJ VJ=25.00 PL=3	中间移动点
43	MOVJ VJ=25.00	返回工作原点
44	JUMP *LABEL1	跳转到开始的位置
45	END	

第5章
弧焊工业机器人的现场编程

焊接机器人是应用最广泛的一类工业机器人，在各国机器人应用比例中占总数的 40%～60%。我国目前有 600 台以上的焊接机器人用于实际生产。

采用机器人焊接是焊接自动化的革命性进步，它突破了传统的焊接刚性自动化方式，开拓了一种柔性自动化新方式。焊接机器人分弧焊机器人和点焊机器人两大类。

焊接机器人的主要优点如下：

① 易于实现焊接产品质量的稳定和提高，保证其均一性。

② 提高生产率，一天可 24h 连续生产。

③ 改善工人劳动条件，可在有害环境下长期工作。

④ 降低对工人操作技术难度的要求。

⑤ 缩短产品改型换代的准备周期，减少相应的设备投资。

⑥ 可实现批量产品焊接自动化。

⑦ 为焊接柔性生产线提供技术基础。

弧焊机器人的应用范围很广，除汽车行业之外，在通用机械、金属结构等许多行业中都有广泛的应用。最常用的范围是结构钢和铬镍钢的熔化极活性气体保护焊（CO_2 焊、MAG 焊）、铝及特殊合金熔化极惰性气体保护焊（MIC 焊）、铬镍钢和铝的惰性气体保护焊以及埋弧焊等。

5.1 认识工业机器人弧焊工作站

5.1.1 工业机器人弧焊工作站的组成

机器人弧焊工作站的形式多种多样，如图 5-1 所示的工作站由两套机器人焊接系统构成，可以各自单独焊接，也可协调焊接。

一个完整的工业机器人弧焊系统由机器人系统、焊枪、焊接电源、送丝装置、焊接变位机等组成，如图 5-2 所示。

（1）弧焊机器人

目前，我国应用的焊接机器人主要有欧系、日系和国产三种类型。日系中主要包括 MO-TOMAN、OTC、Panasonic、FANUC、NACHI、Kawasaki 等公司的机器人产品；欧系中主要包括德国的 KUKA、CLOOS，瑞典的 ABB，美国的 Adept，意大利的 COMAU 及奥地利的 ICM 公司的机器人产品；国产机器人生产企业有广州数控、沈阳新松和安徽埃夫特，他们是中国三大工业机器人制造商，是国产机器人生产企业的第一梯队。

ABB 公司生产的 IRB1410 型工业机器人。在机器人第 6 轴上安装焊枪，并且定义焊枪导电嘴为机器人移动的 TCP 点（Tool Center Position，工具中心点），TCP 点可到达机器人工作半径内的任何位置。机器人有 3 种运动方式：各轴单独运动、TCP 点直线运动、机器人姿态运动（TCP 点位置不变，机器人各轴围绕 TCP 点转动）。IRB1410 型机器人手腕荷重 5kg，上臂提供 18kg 附加荷重，重复定位精度 0.05mm，作业半径 1440mm。其主要特点有：坚固且耐用，噪声水平低、例行维护间隔时间长、使用寿命长；稳定可靠，卓越的控制水平和循径精度（+0.05mm）确保了出色的工作质量；人工作范围大、到达距离长（最长 1.44m）；较短的工作周期，本体坚固，配备快速精确的 IRC5 控制器，可有效缩短工作周期，提高生产率；集成在机器人手臂上的送丝机构，配合 IRC5 使用的弧焊功能以及单点编程示教器，适合弧焊的应用。IRB1410 型工业机器人的结构尺寸如图 5-3 所示，表 5-1 列出该机器人的各项参数。

图 5-1　机器人弧焊工作站整体布置图
1—变位机；2—机器人；3—焊枪清理装置

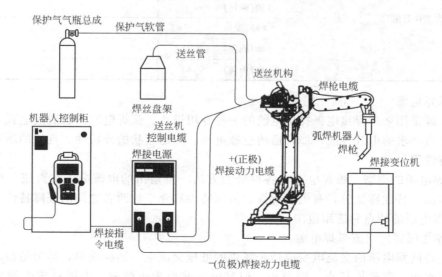

图 5-2　机器人弧焊系统图

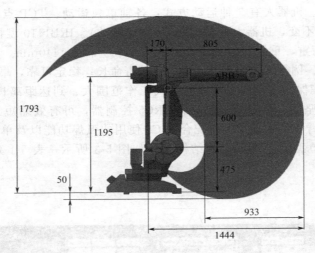

图 5-3　ABB IRB1410 型机器人机构尺寸及工作范围

表 5-1　ABB IRB1410 型机器人主要性能参数

	机械结构	6 自由度
	载荷质量	7kg
	定位精度	±0.06mm
	安装方式	落地式
	本体质量	380kg
	电源容量	4kV·A
	总高	1731mm
	标准涂色	橘黄色
最大工作范围	1 轴(旋转)	360°
	2 轴(立臂)	200°
	3 轴(横臂)	125°
	4 轴(腕)	370°
	5 轴(腕摆)	240°
	6 轴(腕转)	800°

(2) 弧焊电源

弧焊电源是用来对焊接电弧提供电能的一种专用设备。弧焊电源的负载是电弧，它必须具有弧焊工艺所要求的电气性能，如合适的空载电压、一定形状的外特性、良好的动态特性和灵活的调节特性等。

① 弧焊电源的类型　弧焊电源有各种分类方法。按输出的电流分，有直流、交流和脉冲三类；按输出外特性特征分，有恒流特性、恒压特性和介于这两者之间的缓降特性三类。

② 弧焊电源的特点和适用范围

a. 弧焊变压器式交流弧焊电源。

特点：将网路电压的交流电变成适于弧焊的低压交流电，结构简单，易造易修，耐用，成本低，磁偏吹小，空载损耗小，噪声小，但其电流波形为正弦波，电弧稳定性较差，功率因数低。

适用范围：酸性焊条电弧焊、埋弧焊和 TIG 焊。

b. 矩形波式交流弧焊电源。

特点：网路电压经降压后运用半导体控制技术获得矩形波的交流电，电流过零点极快，其电弧稳定性好，可调节参数多，功率因数高，但设备较复杂、成本较高。

适用范围：碱性焊条电弧焊、埋弧焊和 TIG 焊。

c. 直流弧焊发电机式直流弧焊电源。

特点：由柴（汽）油发动机驱动发电而获得直流电，输出电流脉动小，过载能力强，但空载损耗大，效率低，噪声大。

适用范围：适用于各种弧焊。

d. 整流器式直流弧焊电源。

特点：将网路交流电经降压和整流后获得直流电，与直流弧焊发电机相比，制造方便，省材料，空载损耗小，节能，噪声小，由电子控制的近代弧焊整流器的控制与调节灵活方便，适应性强，技术和经济指标高。

适用范围：适用于各种弧焊。

e. 脉冲型弧焊电源。

特点：输出幅值大小周期变化的电流，效率高，可调参数多，调节范围宽而均匀，热输入可精确控制，设备较复杂，成本高。

适用范围：TIG、MIG、MAG 焊和等离子弧焊。

(3) 焊枪

熔化极气体保护焊的焊枪可用来进行手工操作（半自动焊）和自动焊（安装在机器人等自动装置上）。这些焊枪包括用于大电流、高生产率的重型焊枪和适用于小电流、全位置焊的轻型焊枪。

还可以分为水冷或气冷及鹅颈式或手枪式，这些形式既可以制成重型焊枪，也可以制成轻型焊枪。熔化极气体保护焊用焊枪的基本组成如下：导电嘴、气体保护喷嘴、送丝导管和焊接电缆等，这些元器件如图 5-4 所示。

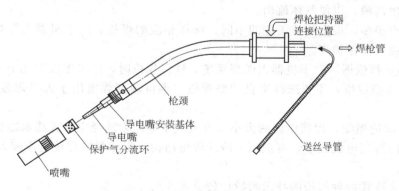

图 5-4　焊枪示意图

在焊接时，由于焊接电流通过导电嘴将产生电阻热和电弧的辐射热的作用，将使焊枪发热，故常常需要水冷。气冷焊枪在 CO_2 焊时，断续负载下一般可使用高达 600A 的电流。但是，在使用氩气或氮气保护焊时，通常只限于 200A 电流，超过上述电流时，应该采用水冷焊枪。半自动焊枪通常有两种形式：鹅颈式和手枪式，鹅颈式焊枪应用最广泛，它适合于细焊丝，使用灵活方便，可达性好。而手枪式焊枪适用于较粗的焊丝，它常常采用水冷。自动焊焊枪的基本构造与半自动焊焊枪相同，但其载流容量大，工作时间长，一般都采用水冷。

导电嘴由铜或铜合金制成，其外形如图 5-5 所示。因为焊丝是连续送给的，焊枪必须有一个滑动的电接触管（一般称导电嘴），由它将电流传给焊丝。导电嘴通过电缆与焊接电源相连。导电嘴的内表面应光滑，以利于焊丝送给和良好导电。

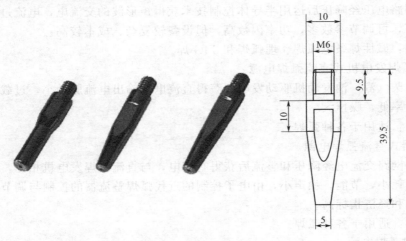

图 5-5　导电嘴及其典型尺寸

一般导电嘴的内孔应比焊丝直径大 0.13～0.25mm，对于铝焊丝应更大些。导电嘴必须牢固地固定在焊枪本体上，并使其定位于喷嘴中心。导电嘴与喷嘴之间的相对位置取决于熔滴过渡形式。对于短路过渡，导电嘴常常伸到喷嘴之外；而对于喷射过渡，导电嘴应缩到喷嘴内，最多可以缩进 3mm。

焊接时应定期检查导电嘴，如发现导电嘴内孔因磨损而变长或由于飞溅而堵塞时就应立即更换。为便于更换导电嘴，它常采用螺纹连接。磨损的导电嘴将破坏电弧稳定性。

喷嘴应使保护气体平稳地流出，并覆盖在焊接区。其目的是防止焊丝端头、电弧空间和熔池金属受到空气污染。根据应用情况可选择不同尺寸的喷嘴，一般直径为 10～22mm。较大的焊接电流产生较大的熔池，则用大喷嘴。而小电流和短路过渡焊时用小喷嘴。对于电弧点焊，喷枪喷嘴应开出沟槽，以便气体流出。

焊枪的种类很多，根据焊接工艺的不同，选择相应的焊枪。对于机器人弧焊工作站而言，采用的是熔化极气体保护焊。

① 焊枪的选择依据　对于机器人弧焊系统，选择焊枪时，应考虑以下几个方面。

a. 选择自动型焊枪，不要选择半自动型焊枪。半自动型焊枪用于人工焊接，不能用于机器人焊接。

b. 根据焊丝的粗细、焊接电流的大小以及负载率等因素选择空冷式或水冷式的结构。

细丝焊时因焊接电流较小，可选用空冷式焊枪结构；粗丝焊时焊接电流较大，应选用水冷式的焊枪结构。

空冷式和水冷式两种焊枪的技术参数比较见表 5-2。

表 5-2　空冷式和水冷式两种焊枪的技术参数比较

型号	Robo 7G	Robo 7W
冷却方式	空冷	水冷
暂载率(10min)	60%	100%
焊接电流(min)	325A	400A
焊接电流(CO_2)	360A	450A
焊丝直径	1.0～1.2mm	1.0～1.6mm

c. 根据机器人的结构选择内置式或外置式焊枪。内置式焊枪安装要求机器人末端轴的法兰盘必须是中空的。一般专用焊接机器人如安川 MA1400，其末端轴的法兰盘是中空，应选择内置式焊枪；通用型机器人如安川 MH6 应选择外置式焊枪。

d. 根据焊接电流、焊枪角度选择焊枪。焊接机器人用焊枪大部分和手工半自动焊用的鹅颈式焊枪基本相同。鹅颈的弯曲角一般都小于 45°。根据工件特点选不同角度的鹅颈，以改善焊枪的可达性。若鹅颈角度选得过大，送丝阻力会加大，送丝速度容易不稳定，而角度过小，一旦导电嘴稍有磨损，常会出现导电不良的现象。

e. 从设备和人身安全方面考虑应选择带防撞传感器的焊枪。

② 防撞传感器　对于弧焊机器人除了要选好焊枪以外，还必须在机器人的焊枪把持架上配备防撞传感器，防撞传感器的作用是当机器人在运动时，万一焊枪碰到障碍物，能立即使机器人停止运动（相当于急停开关），避免损坏焊枪或机器人。图 5-6 所示的防碰撞传感器为泰佰亿

图 5-6　防撞传感器

TBi KS-1 防撞传感器，其轴向触发力为 550N，重复定位精度（横向）±0.01mm（距绝缘法兰端面 300mm 处测得）。

（4）机器人送丝机构

弧焊机器人配备的送丝机构包括送丝机、送丝软管和焊枪三部分。弧焊机器人的送丝稳定性是关系到焊接能否连续稳定进行的重要问题。

① 送丝机的类型

a. 送丝机按安装方式分为一体式和分离式两种。将送丝机安装在机器人的上臂的后部上面与机器人组成一体为一体式；将送丝机与机器人分开安装为分离式。

由于一体式的送丝机到焊枪的距离比分离式的短，连接送丝机和焊枪的软管也短，故一体式的送丝阻力比分离式的小。从提高送丝稳定性的角度看，一体式比分离式要好一些。

一体式的送丝机，虽然送丝软管比较短，但有时为了方便换焊丝盘，而把焊丝盘或焊丝桶放在远离机器人的安全围栏之外，这就要求送丝机有足够的拉力从较长的导丝管中把焊丝从焊丝盘（桶）拉过来，再经过软管推向焊枪，对于这种情况，和送丝软管比较长的分离式送丝机一样，选用送丝力较大的送丝机。忽视这一点，往往会出现送丝不稳定甚至中断送丝的现象。

目前，弧焊机器人的送丝机采用一体式的安装方式已越来越多了，但对要在焊接过程中进行自动更换焊枪（变换焊丝直径或种类）的机器人，必须选用分离式送丝机。

b. 送丝机按滚轮数分为一对滚轮和两对滚轮两种。送丝机的结构有一对送丝滚轮的，也有两对滚轮的；有只用一个电机驱动一对或两对滚轮的，也有用两个电机分别驱动两对滚轮的。

从送丝力来看，两对滚轮的送丝力比一对滚轮的大些。当采用药芯焊丝时，由于药芯焊丝比较软，滚轮的压紧力不能像用实心焊丝时那么大，为了保证有足够的送丝推力，选用两对滚轮的送丝机可以有更好的效果。

c. 送丝机按控制方式分为开环和闭环两种。送丝机的送丝速度控制方法可分为开环和闭环。目前，大部分送丝机仍采用开环的控制方法，也有一些采用装有光电传感器（或编码器）的伺服电机，使送丝速度实现闭环控制，不受网路电压或送丝阻力波动的影响，保证送丝速度的稳定性。

对填丝的脉冲 TIG 焊来说，可以选用连续送丝的送丝机，也可以选用能与焊接脉冲电流同步的脉动送丝机。脉动送丝机的脉动频率可受电源控制，而每步送出焊丝的长度可以任意调

节。脉动送丝机也可以连续送丝，因此，近来填丝的脉冲 TIG 焊机器人配备脉动送丝机的情况已逐步增多。

d. 送丝机按送丝动力方向分为推丝式、拉丝式和推拉丝式三种。

• 推丝式。主要用于直径为 0.8～2.0mm 的焊丝，它是应用最广的一种送丝方式。其特点是焊枪结构简单轻便，易于操作，但焊丝需要经过较长的送丝软管才能进入焊枪，焊丝在软管中受到较大阻力，影响送丝稳定性，一般软管长度为 3～5m。

• 拉丝式。主要用于细焊丝（焊丝直径小于或等于 0.8mm），因为细丝刚性小，推丝过程易变形，难以推丝。拉丝时送丝电机与焊丝盘均安装在焊枪上，由于送丝力较小，故拉丝电机功率较小，尽管如此，拉丝式焊枪仍然较重。可见拉丝式虽保证了送丝的稳定性，但由于焊枪较重，增加了机器人的载荷，而且焊枪操作范围受到限制。

• 推拉丝式。可以增加焊枪操作范围，送丝软管可以加长到 10m。除推丝机外，还在焊枪上加装了拉丝机。推丝是主要动力，而拉丝机只是将焊丝拉直，以减小推丝阻力。推力与拉力必须很好地配合，通常拉丝速度应稍快于推丝。这种方式虽有一些优点，但由于结构复杂，调整麻烦，同时焊枪较重，因此实际应用并不多。

② 送丝机构　送丝装置由下列部分构成：焊丝送进电动机、保护气体开关电磁阀和送丝滚轮等，如图 5-7 所示。

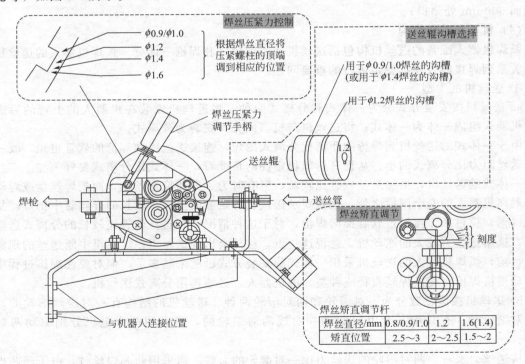

图 5-7　送丝机结构图

焊丝供给装置是专门向焊枪供给焊丝的，在机器人焊接中主要采用推丝式单滚轮送丝方式。即在焊丝绕线架一侧设置传送焊丝滚轮，然后通过导管向焊枪传送焊丝。在铝合金的MIG 焊接中，由于焊丝比较柔软，故在开始焊接时或焊接过程中焊丝在滚轮处会发生扭曲现象，为了克服这一难点，采取了各种措施。

③ 送丝软管　送丝软管是集送丝、导电、输气和通冷却水为一体的输送设备。

a. 软管结构。软管结构如图 5-8 所示。软管的中心是一根通焊丝同时也起输送保护气作用的导丝管，外面缠绕导电的多芯电缆，有的电缆中央还有两根冷却水循环的管子，最外面包敷一层绝缘橡胶。

　　焊丝直径与软管内径要配合恰当。软管直径过小，焊丝与软管内壁接触面增大，送丝阻力增大，此时如果软管内有杂质，常常造成焊丝在软管中卡死；软管内径过大，焊丝在软管内呈波浪形前进，在推式送丝过程中将增大送丝阻力。焊丝直径与软管内径匹配见表 5-3。

　　b. 送丝不稳的因素。软管阻力过大是造成弧焊机器人送丝不稳定的重要因素。原因有以下几个方面。

　　· 选用的导丝管内径与焊丝直径不匹配；

　　· 导丝管内积存由焊丝表面剥落下来的铜末或钢末过多；

　　· 软管的弯曲程度过大。

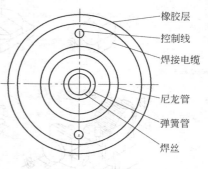

图 5-8　软管结构

表 5-3 焊丝直径与软管内径匹配　　　　　　　　　　mm

焊丝直径	软管直径	焊丝直径	软管直径
0.8～1.0	1.5	1.4～2.0	3.2
1.0～1.4	2.5	2.0～3.5	4.7

　　目前越来越多的机器人公司把安装在机器人上臂的送丝机稍微向上翘，有的还使送丝机能作左右小角度自由摆动，目的都是为了减少软管的弯曲，保证送丝速度的稳定性。

　　(5) 焊丝盘架

　　盘状焊丝可装在机器人 S 轴上，也可装在地面上的焊丝盘架上。焊丝盘架用于焊丝盘的固定，如图 5-9 所示。焊丝从送丝套管中穿入，通过送丝机构送入焊枪。

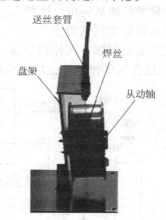

(a) 盘状焊丝装在机器人 S 轴上　　(b) 盘状焊丝装在地面上的焊丝盘架上

图 5-9　焊丝盘的安装

　　(6) 焊接变位机

　　用来拖动待焊工件，使其待焊焊缝运动至理想位置进行施焊作业的设备，称为焊接变位机，如图 5-10 所示。也就是说，把工件装夹在一个设备上，进行施焊作业。焊件待焊焊缝的初始位置可能处于空间任一方位。通过回转变位运动后，使任一方位的待焊焊缝变为船角焊、平焊或平角焊施焊作业，完成这个功能的设备称为焊接变位机。它改变了可能需要立焊、仰焊等难以保证焊接质量的施焊操作。从而保证了焊接质量，提高了焊接生产率和生产过程的安全性。

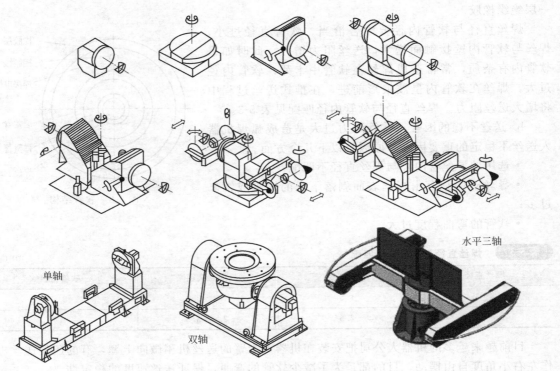

水平三轴

单轴

双轴

图 5-10　典型变位机外形

（7）焊接供气系统

熔化极气体保护焊要求可靠的气体保护。供气系统的作用就是保证纯度合格的保护气体在焊接时以适宜的流量平稳地从焊枪喷嘴喷出。目前国内保护气体的供应方式主要有瓶装供气和管道供气两种，但以钢瓶装供气为主。

瓶装供气系统主要由钢瓶、气体调节器、电磁气阀、电磁气阀的控制电路及气路构成，如图 5-11 所示。对于混合气体保护，还应使用配比器，以稳定气体配比，提高焊接质量。

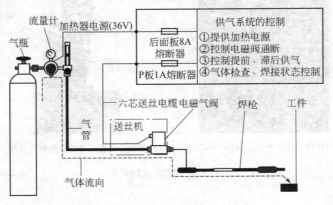

图 5-11　供气系统连接示意图

如图 5-12 所示。气瓶出口处安装了减压器，减压器由减压机构、加热器、压力表、流量计等部分组成。气瓶中装有 $80\%CO_2+20\%Ar$ 的保护焊气体。

（8）焊枪清理装置

工业机器人焊枪经过焊接后，内壁会积累大量的焊渣，影响焊接质量，因此需要使用焊枪清理装置定期清除；焊丝过短、过长或焊丝端头成球形状，也可以通过焊枪清理装置进行处理。

　　焊枪清理装置主要包括剪丝、沾油、清渣以及喷嘴外表面的打磨装置。剪丝装置主要用于用焊丝进行起始点检出的场合，以保证焊丝的干伸出长度一定，提高检出的精度；沾油是为了喷嘴表面的飞溅易于清理；清渣是清除喷嘴内表面的飞溅，以保证气体的畅通；喷嘴外表面的打磨装置主要是清除外表面的飞溅。焊枪清理装置如图 5-13 所示。通过剪丝清洗设备清洗过后的焊枪喷嘴对比如图 5-14 所示。

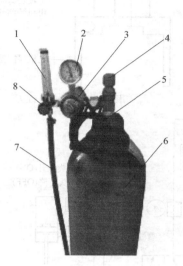

图 5-12　气瓶总成

1—流量表；2—压力表；3—减压机构；4—气瓶阀；
5—加热器电源线；6—40L 气瓶；
7—PVC 气管；8—流量调整旋钮

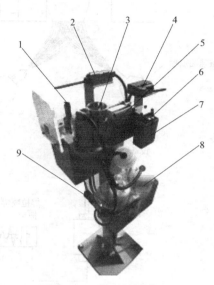

图 5-13　剪丝清洗装置

1—清渣头；2—清渣电机开关；3—喷雾头；
4—剪丝气缸开关；5—剪丝气缸；6—剪丝刀；
7—剪丝收集盒；8—润滑油瓶；9—电磁阀

(a) 清枪前

(b) 清枪后

图 5-14　清枪前后的效果

　　① 喷硅油单元　焊枪喷嘴的自动喷硅油装置有恒定的喷射时间（图 5-15），它是由气动信号断续器控制的。（信号断续器带有手动操控器可以实现首次使用时的充油，以及喷射效果和喷射方向的检查）。

　　喷射效果可以通过滴油帽上的调节螺钉来调节，两个硅油喷嘴必须交汇到焊枪喷嘴（如图 5-15所示），确保垂直喷入焊枪喷嘴。

　　② 清枪用铰刀（图 5-16）　更换铰刀时将锁销插入到电机保护盖的孔中，并且安装到位。用 17mm 的扳手逆时针方向卸下铰刀。反顺序操作拧紧清枪铰刀。

　　③ 清枪装置气压与电气　如图 5-17、图 5-18 所示。

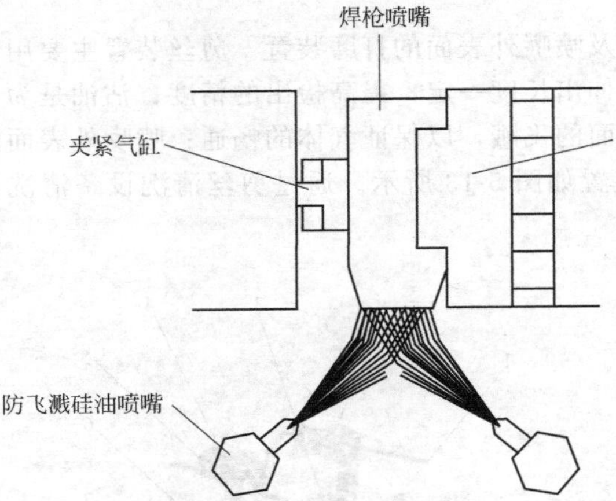
焊枪喷嘴
夹紧气缸
定位块
防飞溅硅油喷嘴

图 5-15　喷硅油单元

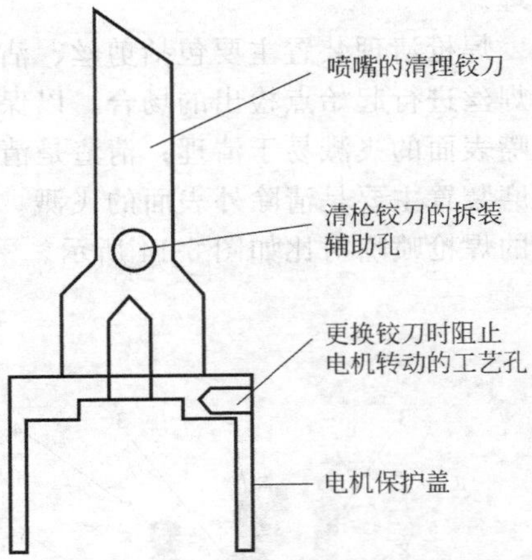
喷嘴的清理铰刀
清枪铰刀的拆装
辅助孔
更换铰刀时阻止
电机转动的工艺孔
电机保护盖

图 5-16　清枪用铰刀

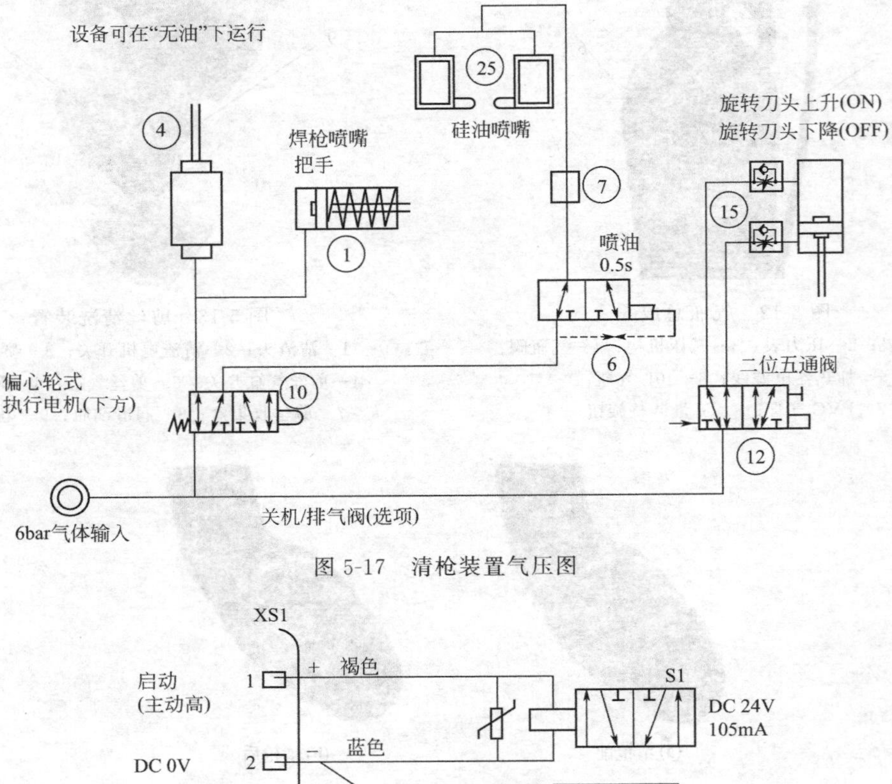
设备可在"无油"下运行
25
硅油喷嘴
4
焊枪喷嘴
把手
1
7
喷油
0.5s
6
旋转刀头上升(ON)
旋转刀头下降(OFF)
15
二位五通阀
偏心轮式
执行电机(下方)
10
12
6bar气体输入
关机/排气阀(选项)

图 5-17　清枪装置气压图

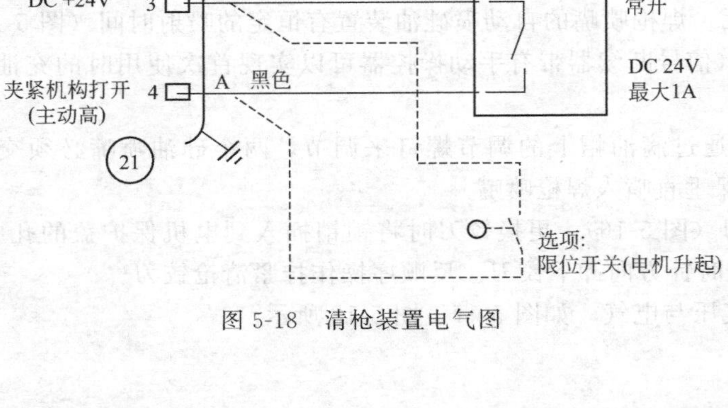
XS1
启动
(主动高)
1
+ 褐色
S1
DC 24V
105mA
DC 0V
2
− 蓝色
限位开关
夹紧机构
常开
DC +24V
3
+ 褐色
夹紧机构打开
(主动高)
4
A 黑色
DC 24V
最大1A
21
选项:
限位开关(电机升起)

图 5-18　清枪装置电气图

5.1.2　工业机器人弧焊工作站的常见形式

（1）简易弧焊机器人工作站

在简易弧焊机器人工作站（如图 5-19 所示）中，在不需要工件变位的情况下机器人的活动范围就可以到达所有焊缝或焊点的位置，因此该工作站中没有变位机，是一种能用于焊接生产的、最小组成的一套弧焊机器人系统。这种类型的工作站一般有弧焊机器人（包括机器人本体、控制柜、示教盒、弧焊电源和接口、送丝机、焊丝盘、送丝软管、焊枪、防撞传感器、操作控制盘及设备间连接电缆、气管和冷却水管等）、机器人底座、工作台、工件夹具、围栏、安全保护设施和排烟系统等部分组成，另外根据需要还可安装焊枪喷嘴清理及剪丝装置。在这种工作站中，工件只是被夹紧固定而不作变位，除夹具需要根据工件单独设计外，其他都是通用设备或简单的结构件。由于该工作站设备操作简单，容易掌握，故障率低，因此能较快地在生产中发挥作用，取得较好的经济效益。

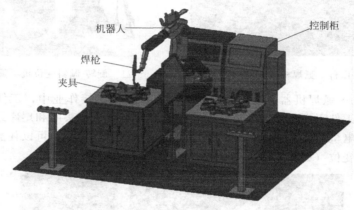

图 5-19　简易弧焊机器人工作站

（2）变位机与弧焊机器人组合的工作站

在这种工作站的焊接作业时工件需要变动位置，但不需要变位机与机器人协同运动，这种工作站比简易焊接机器人工作站要复杂一些。根据工件结构和工艺要求的不同，所配套的变位机与弧焊机器人也可以有不同的组合形式。在工业自动生产领域中，具有不同形式的变位机与弧焊机器人的工作站应用的范围最广，应用数量也最多。

① 回转工作台＋弧焊机器人工作站　图 5-20 为一种较为简单的回转工作台＋弧焊机器人工作站。这种类型的工作站与简易弧焊机器人工作站相似，焊接时工件只需要转换位置而不改变换姿。因此，选用两分度的回转工作台（1 轴）只做正反 180°回转。

回转工作台的运动一般不由机器人控制柜直接控制，而是由另外的可编程控制器（PLC）来控制。当机器人焊接完一个工件后，通过其控制柜的 I/O 口给 PLC 一个信号，PLC 按预定程序驱动伺服电机或气缸使工作台回转。工作台回转到预定位置后将信号传给机器人控制柜，调出相应程序进行焊接。

② 旋转-倾斜变位机＋弧焊机器人工作站　在这种工作站的作业中，焊件既可以旋转（自转）运动，也可以作倾斜变位，有利于保证焊接质量。旋转-倾斜变位机可以选用两轴及以上变位机。图 5-21 为一种常见的旋转-倾斜变位机＋弧焊机器人工作站。

这种类型的外围设备一般都是由 PLC 控制，不仅控制变位机正反 180°回转，还要控制工件的倾斜、旋转或分度的转动。在这种类型的工作站中，机器人和变位机不是协调联动的，当变位机工作时，机器人是静止的，机器人运动时变位机是不动的。所以编程时，应先让变位机使工件处于正确焊接位置后，再由机器人来焊接作业，再变位，再焊接，直到所有焊缝焊完为止。旋转-倾斜变位机＋弧焊机器人工作站比较适合焊接那些需要变位的较小型工件，应用范围较为广泛，在汽车、家用电器等生产中常常采用这种方案的工作站，只是具体结构会因加工工件不同而有很大差别。

图 5-20　回转工作台＋弧焊机器人工作站　　　图 5-21　旋转-倾斜变位机＋弧焊机器人工作站

③ 翻转变位机＋弧焊机器人工作站　　在这类工作站的焊接作业中，工件需要翻转一定角度以满足机器人对工件正面、侧面和反面的焊接。翻转变位机由头座和尾座组成，一般头座转盘的旋转轴由伺服电机通过变速箱驱动，采用码盘反馈的闭环控制，可以任意调速和定位，适用于长工件的翻转变位（如图 5-22 所示）。

图 5-22　翻转变位机＋弧焊机器人工作站

④ 龙门架＋弧焊机器人工作站　　图 5-23 是龙门机架＋弧焊机器人工作站中一种较为常见的组合形式。为了增加机器人的活动范围采用倒挂弧焊机器人的形式，可以根据需要配备不同类型的龙门机架，在图 5-23 工作站中配备的是一台 3 轴龙门机架。龙门机架的结构要有足够的刚度，各轴都由伺服电机驱动、码盘反馈闭环控制，其重复定位精度必须要求达到与机器人相当的水平。龙门机架配备的变位机可以根据加工工件来选择，图 5-23 中就是配备的一台翻转变位机。对于不要求机器人和变位机协调运动的工作站，机器人和龙门机架分别由两个控制柜控制，因此在编程时必须协调好龙门机架和机器人的运行速度。一般这种类型的工作站主要用来焊接中大型结构件的纵向长直焊缝。

⑤ 滑轨＋弧焊机器人工作站　滑轨＋弧焊机器人工作站的形式如图 5-24 所示，一般弧焊机器人在滑轨上移动，类似于龙门机架＋弧焊机器人的组合形式。在这种类型的工作站主要焊接中大型构件，特别是纵向长焊缝/纵向间断焊缝、间断焊点等，变位机的选择是多种多样的，一般配备翻转变位机的居多。

图 5-23　龙门架＋弧焊机器人工作站　　　　图 5-24　滑轨＋弧焊机器人工作站

(3) 弧焊机器人与周边设备协同作业的工作站

随着机器人控制技术的发展和弧焊机器人应用范围的扩大，机器人与周边辅助设备作协调运动的工作站在生产中的应用越来越广泛。目前由于各机器人生产厂商对机器人的控制技术（特别是控制软件）多不对外公开，不同品牌机器人的协调控制技术各不相同。有的一台控制柜可以同时控制两台或多台机器人作协调运动，有的则需要多台控制柜；有的一台控制柜可以同时控制多个外部轴和机器人作协调运动，而有的设备则只能控制一个外部轴。目前国内外使用的具有联动功能的机器人工作站大都是由机器人生产厂商自主全部成套生产。如有专业工程开发单位设计周边变位设备，但必须选用机器人公司提供的配套伺服电机及驱动系统。

① 弧焊机器人与周边变位设备作协调运动的必要性　在焊接时，如果焊缝各点的熔池始终都处于水平或小角度下坡状态，焊缝外观平滑美观，焊接质量高。但是普通变位机很难通过变位来实现整条焊缝都处于这种理想状态，例如球形、椭圆形、曲线、马鞍形焊缝或复杂形状工件周边的卷边接头等。为达到这种理想状态，焊接时变位机必须不断改变工件位置和姿态。也就是说，变位机要在焊接过程中作相应运动而非静止，这是有别于前面介绍的不做协调运动的工作站。变位机的运动必须能共同合成焊缝的轨迹，并保持焊接速度和焊枪姿态在要求范围内，这就是机器人与周边设备的协调运动。近年来，采用弧焊机器人焊接的工件越来越复杂，对焊缝的质量要求也越来越高，生产中采用与变位机做协调运动的机器人系统也逐渐增多。但是具有协调运动的弧焊机器人工作站其成本要比普通的工作站高，用户应该根据实际需要决定是否选用这种类型的工作站。

② 弧焊机器人与周边设备协同作业的工作站应用实例　在协同作业的工作站的组成中，理论上所有可用伺服电机的外围设备都可以和机器人协调联动，前提是伺服电机（码盘）和驱动单元由机器人生产厂商配套提供，而且机器人控制柜有与外围设备作协调运动的控制软件。因此，在弧焊机器人与周边设备协同作业的工作站中，其组成与前文介绍的工作站的组成相类似，但是其编程和控制技术却更为复杂。下面介绍两个工业生产中用到的弧焊机器人与周边设备协同作业的工作站。

a. 标准节弧焊机机器人工作站　本工作站采用单机器人双工位的焊接方式。由于工件焊缝为对角焊缝，且工件焊缝不集中，分布位置复杂，因此将焊接工件放在和机器人协调运动的变位上，再对其进行焊接。工作站结构如图 5-25 所示。工作站主要包括弧焊机器人、焊接电源、焊接变位机（双轴和单轴焊接变位机）、焊接夹具、清枪站、系统集成控制柜等。

在本工作站中，因工件体积较大，所以工件的装卸采用吊装；焊接时采用单丝气体保护焊；机器人配置 FANUC 电缆外置型机器人，焊接电源配置 OTC 数字电源进行焊接。

该工作站的主要动作流程为：将点固好的工件在双轴变位机上装夹好→启动机器人→弧焊机器人开始起弧焊接→焊接完毕→将焊接好的工件吊装到单轴变位机上点焊固定→启动机器人焊接，以此类推，焊接整个工件后，进行下一步循环（焊接同时变位机与机器人协调运动）。

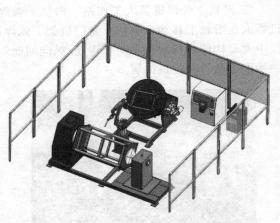

图 5-25 标准节弧焊机机器人工作站

b. 管状横梁机器人焊接工作站 加工工件为管状横梁（如图 5-26 所示）。管状横梁主要有中间弯管、两侧法兰及两端加强筋组焊而成，焊缝形式多为对接焊缝。焊接方法采用 MAG 焊，工件装卸方式采用人工装卸。

本工作站采用的结构组成如图 5-27 所示。本工作站采用单机器人配置三轴气动回转变位机的焊接方式，两个工位操作，A 工位装夹，B 工位焊接；工作站主要包括弧焊机器人、焊接电源、送丝系统、三轴气动回转变位机、焊接夹具、清枪器、系统集成控制柜等。

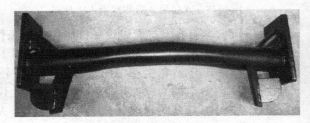

图 5-26 管状横梁

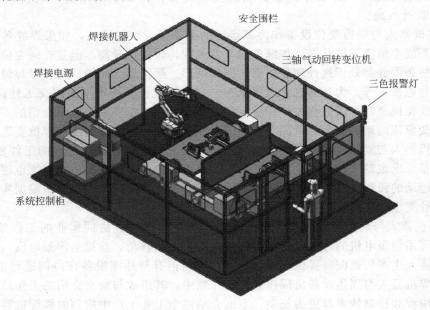

图 5-27 管状横梁＋三轴变位机焊接工作站

该工作站的主要工作流程为：将工件在焊接夹具上装夹→三轴气动旋转变位机旋转180°→A 工位焊接完成→三轴气动旋转变位机旋转 180°→A 工位二次装夹（B 工位焊接）→B 工位焊接完成→三轴气动旋转变位机旋转 180°机器人→A 工位焊接（B 工位装夹）→将工件卸载→进

行下一循环。

5.2　手动模式操纵焊接机器人

5.2.1　手动模式操纵焊接机器人工作站的组成

以具有代表性的旋转-倾斜变位机＋弧焊机器人工作站（如图 5-28 所示）为例来介绍相关知识。本工作站主要由机器人、弧焊设备、变位机、送气系统等组成。

（1）机器人本体

如图 5-3 与表 5-1 所示。

（2）IRC5 控制器

为控制核心原件，包括控制系统、驱动系统、电源系统和其他主要部件。控制系统控制运动与通信输入输出。

（3）焊接设备

本系统采用北京时代公司生产的 TDN3500 数字气保焊机（图 5-29）。该设备具备气保焊、手工焊功能；内部储存一元化焊接参数数据库，焊接规范设置更简单快捷；使用带编码器的送丝电机，可实现稳定和高精度的送丝控制；丰富的功能扩展接口，方便实现与各种自动焊设备的联动；具备故障智能检测功能。TDN3500 主要性能参数见表 5-4。

图 5-28　旋转-倾斜变位机＋弧焊机器人工作站

图 5-29　TDN3500 气保焊机

表 5-4　**TDN3500 主要性能参数**

指　　标	参　　数
输入电压	380V±15% 50/60Hz 三相交流
额定输入电流	23.5A
额定输入功率	14kW
空载电压	76V±5%
空载电流	0.7～0.9A
空载损耗	300W
电压调节范围	10～40V
电流输出范围	30～350A
负载持续率(40℃)	60%(350A/31.5V)

（4）变位机

本系统采用北京时代公司生产的 TIME PH200 双轴 H 型变位机（图 5-30）。TIME PH200 是双轴 H 型变位机，最大负载 200kg；主要由底座、翻转台、旋转台三部分组成；选用高精度 RV 减速机，电机为交流电伺服电机；该变位机有两个轴，相当于机器人的两个外部轴。主要性能参数见表 5-5。

图 5-30　TIME PH200 双轴 H 型变位机

表 5-5　TIME PH200 主要性能参数

指标	参数	指标	参数
自由度	2	倾斜角度	±120°
载荷	200kg	回转允许力矩	200N·m
重复定位精度	±0.1mm	倾斜允许力矩	600N·m
回转最大速度	115°/s	安装方式	落地式
倾斜最大速度	115°/s	质量	约250kg
回转角度	±350°		

5.2.2　焊接机器人运动轴及坐标系

（1）焊接机器人的运动轴

工业机器人的运动轴即指机器人各机械结构的转动轴。机械结构也就是机器人的执行机构，又叫作操作机，由一系列连杆和关节或其他形式的运动副所组成，可实现各个方向的运动，它包括基座、腰、臂、腕和手等部件，图 5-31 为早期机器人的机械结构。

① 基座　工业机器人的基座是机器人的基础部分。

② 腰　工业机器人的腰是臂的支承部分。

③ 臂　工业机器人的臂是执行机构中的主要运动部件。

④ 腕　工业机器人的腕是连接臂与手的部件，起支承手的作用。

⑤ 手　工业机器人的手是安装在工业机器人手腕上直接抓握工件或执行作业的部件。

图 5-32 是 ABB 公司的 IRB240 机器人的运动轴示意图。该机器人是由 6 个转动轴组成的空间 6 杆开链机构，理论上可以到达运动空间范围内任何一点，我们可以通过外部操控设备示教器来分别操控每个关节轴的运动。轴 1 可以垂直回转，称作腰关节；有上臂、下臂，它们的回转轴分别为轴 2 和轴 3；轴 4、轴 5、轴 6 三个轴相互垂直，相当于手腕部分。6 个转轴均由 AC 伺服电机驱动，每个电机后均有编码器。每个转轴均带有一个齿轮箱，机械手的运动精度（综合）达±(0.05～0.2)mm。

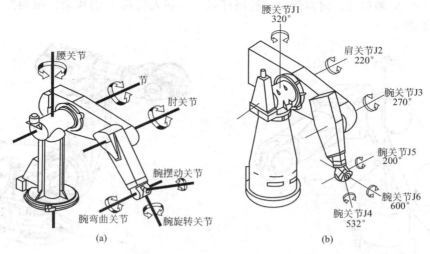

图 5-31　工业机器人的机械结构

（2）坐标系

坐标系是一种泛指，更确切地讲是指在多刚体之间建立一种姿态转换方法，通过一系列旋转平移变换将一个刚体的信息转至另一刚体下。工业机器人坐标系从一个称为原点的固定点通过轴定义平面或空间。机器人目标和位置通过沿坐标系轴的测量来定位。工业机器人使用若干坐标系，每一坐标系都适用于特定类型的微动控制或编程。规定坐标系的目的在于对机器人进行轨迹规划和编程时提供一种标准符号，主要包括世界坐标系（现场坐标系或全局坐标系）、机器人基坐标系、工具坐标系、工件坐标系、大地坐标系、用户坐标系。

① 世界坐标系　世界坐标系（如图 5-33所示）一般是首先被建立的坐标系，它是其他所有坐标系的参考基准，在世界坐标系下可以

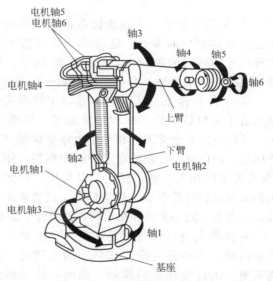

图 5-32　ABB 机器人的运动轴

方便、完整地表达装配环境中的各种设备、工装及装配对象间的相互位置关系。世界坐标系的建立应充分考虑现场各设备表述及控制的方便。世界坐标系是一种笛卡儿坐标系，它类似于一般数控机床的机床坐标系。它包括原点和符合右手定则的 XYZ 三个坐标轴。其中，原点是机器人底座的中心点，X 轴正向指向机器人的正前方，Z 轴指向机器人的正上方，Y 轴由右手定则规定，即指向如图 5-33 所示的右方。世界坐标系同样具有 6 个自由度。这 6 个自由度包括三个位置 x、y、z 和三个角 r_x、r_y、r_z。在机器人尚未夹持工具的情况下，x、y、z 代表第 6 轴法兰盘圆心相对于原点的位置偏移量。r_x、r_y、r_z 代表第 6 轴法兰盘的轴线角度，由初始姿态即竖直向上绕 Z 轴旋转 r_z 度，再绕 Y 轴旋转 r_y 度，再绕 X 轴旋转 r_x 度得到。

② 基坐标系　基坐标系位于机器人基座。如图 5-34 所示，它是最便于机器人从一个位置移动到另一个位置的坐标系。基坐标系在机器人基座中有相应的零点，这使固定安装的机器人的移动具有可预测性。因此它对于将机器人从一个位置移动到另一个位置很有帮助。在正常配置的机器人系统中，当人站在机器人的前方并在基坐标系中微动控制，将控制杆拉向自己一方

时，机器人将沿 X 轴移动；向两侧移动控制杆时，机器人将沿 Y 轴移动。扭动控制杆时，机器人将沿 Z 轴移动。

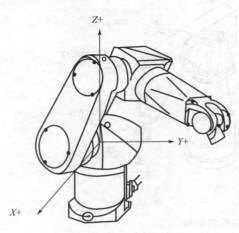

图 5-33　世界坐标系

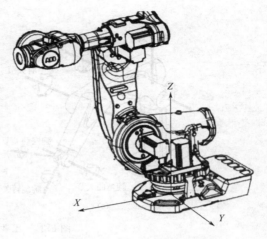

图 5-34　机器人的基坐标系

③ 大地坐标系　大地坐标系在工作单元中的固定位置有其相应的零点。这有助于处理若干个机器人或由外轴移动的机器人，如图 5-35 所示。在默认的情况下，大地坐标系和基坐标系是一致的。

④ 工件坐标系　工件坐标系与工件有关，通常是最适于对机器人进行编程的坐标系。如图 5-36 所示，工件坐标系定义工件相对于大地坐标系（或其他坐标系）的位置。它必须定义于两个框架：用户框架（与大地基座相关）和工件框架（与用户框架相关）。机器人可以拥有若干个工件坐标系，或者表示不同工件，或者表示同一个工件在不同位置的若干副本。

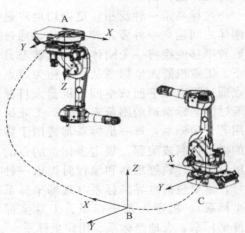

图 5-35　大地坐标系
A—机器人 1 基坐标系；B—大地坐标系；
C—机器人 2 基坐标系

对机器人进行编程就是在工件坐标系中创建目标和路径。当重新定位工作站中的工件时，我们只需要更改工件坐标系的位置，则所有路径将即刻随之更新（如图 5-37 所示）。在定义工件坐标系后，我们可以操作以外部轴或传送导轨移动的工件，因为整个工件可连同其他路径一起运动。

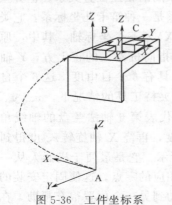

图 5-36　工件坐标系
A—大地坐标系；B—工件坐标系 1；C—工件坐标系 2

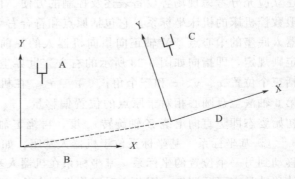

图 5-37　工件坐标系的转移
A—原始位置；B—工件坐标系；C—新位置；D—位移坐标系

如果在若干位置对同一对象或若干相邻工件执行同一路径，为了避免每次都必须为所有的位置编程，我们可以定义一个位移坐标系。此坐标系还可以与搜索功能结合使用，以抵消单个部件的位置差异。需要指出的是位移坐标系是基于工件坐标系而定义的。

⑤ 工具坐标系　工具坐标系定义机器人到达预设目标时所使用工具的位置。工具坐标系将工具中心点设为零位。它会由此定义工具的位置和方向，如图 5-38 所示。工具坐标系通常被缩写为 TCPF（Tool Center Point Frame），而工具坐标系中心缩写为 TCP（Tool Center Point）。弧焊机器人工具中心点（TCP）就是焊丝端头的运动轨迹，也是弧焊机器人需要控制的关键点。在执行程序时，机器人就是将 TCP 移至编程位置。这就意味着，如果我们要更改工具（以及工具坐标系），机器人的移动将随之更改，以便新的 TCP 到达目标。一般来讲，所有机器人在手腕处都有一个预定义的工具坐标系，这样就能将一个或多个新工具坐标系定义为预定义的工具坐标系的偏移值。微动控制机器人时，如果我们不想在移动时改变工具方向（例如移动锯条时不使其弯曲），这个时候工具坐标系就显得非常有用。弧焊机器人工具中心点（TCP）就是焊丝端头的运动轨迹，也是弧焊机器人需要控制的关键点。工具坐标系的原点一般是在机器人第 6 轴法兰盘的中心。

⑥ 用户坐标系　用户坐标系在表示持有其他坐标系的设备（如工件）时是非常有用的，如图 5-39 所示。它主要是用于表示固定位置、工作台等设备。这就在相关坐标系链中提供了一个额外级别，有助于处理持有工件或其他坐标系的处理设备。

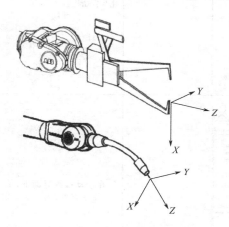

图 5-38　工具坐标系

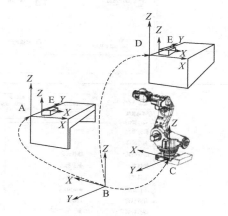

图 5-39　用户坐标系

A—用户坐标系；B—大地坐标系；C—基坐标系；
D—移动用户坐标系；E—工件坐标系，
与用户坐标系一同移动

5.2.3　机器人坐标系和运动轴的选取

（1）机器人坐标系的选取

工业机器人具有以下几种坐标系：基坐标系、工具坐标系、工件坐标系、大地坐标系、用户坐标系。在手动模式下操控机器人时，我们可以通过示教器来选择相应的坐标系，具体操作步骤如表 5-6 所示。

（2）机器人运动轴的选取

在手动模式下操控机器人时，我们可以通过示教器来选择相应的运动轴和运动模式，具体操作步骤如表 5-7 所示。

表 5-6 坐标系的选取

步骤	操作界面	操作说明
1		将控制柜上的机器人状态钥匙切换到中间的手动限速状态,在状态栏中确认机器人状态已切换为"手动"
2		在 ABB 主菜单栏中单击"手动操纵"
3		在手动操纵界面下,单击"坐标系"
4		单击需要设定的坐标系,单击"确定"

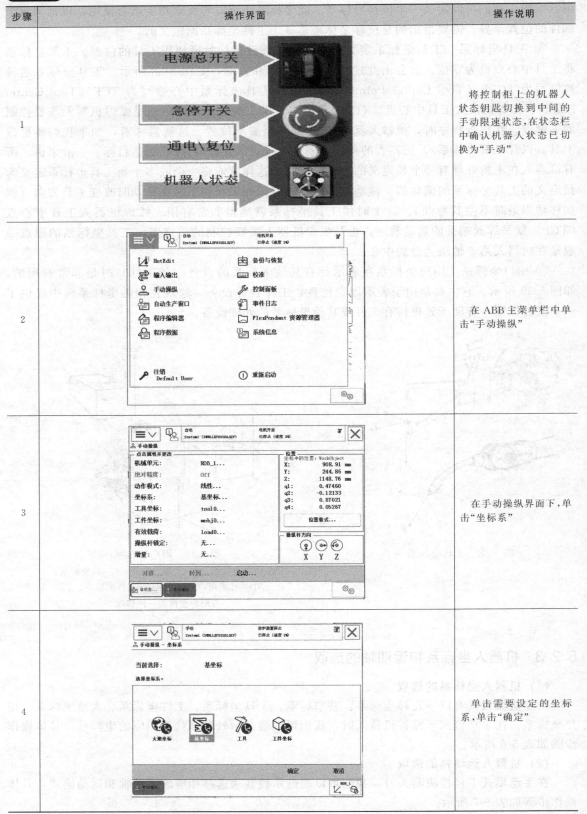

续表

步骤	操作界面	操作说明
5	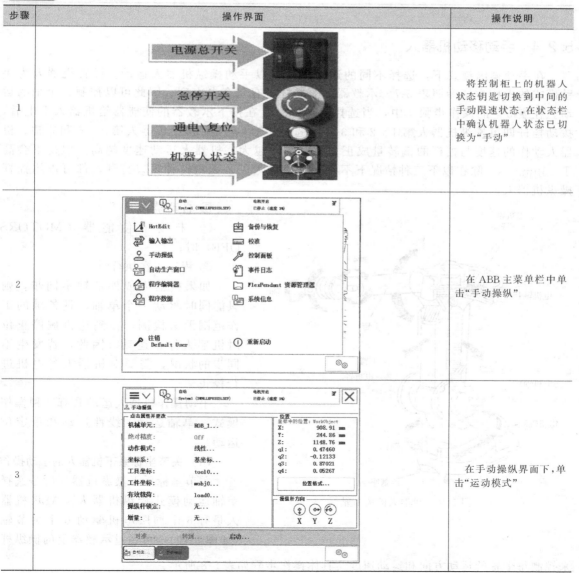	工具坐标系和工件坐标系的选择请参照上述步骤操作

表 5-7　运动轴的选取

步骤	操作界面	操作说明
1	电源总开关　急停开关　通电\复位　机器人状态	将控制柜上的机器人状态钥匙切换到中间的手动限速状态,在状态栏中确认机器人状态已切换为"手动"
2	HotEdit　备份与恢复　输入输出　校准　手动操纵　控制面板　自动生产窗口　事件日志　程序编辑器　FlexPendant 资源管理器　程序数据　系统信息　注销 Default User　重新启动	在 ABB 主菜单栏中单击"手动操纵"
3	手动操纵　点击属性并更改　机械单元: ROB_1...　绝对精度: Off　动作模式: 线性...　坐标系: 基坐标...　工具坐标: tool0...　工件坐标: wobj0...　有效载荷: load0...　操纵杆锁定: 无...　增量: 无...　位置　坐标中的位置: WorkObject　X: 908.91 mm　Y: 244.86 mm　Z: 1148.76 mm　q1: 0.47460　q2: -0.12133　q3: 0.87021　q4: 0.05267　位置格式...　操纵杆方向　X Y Z	在手动操纵界面下,单击"运动模式"

续表

步骤	操作界面	操作说明
4	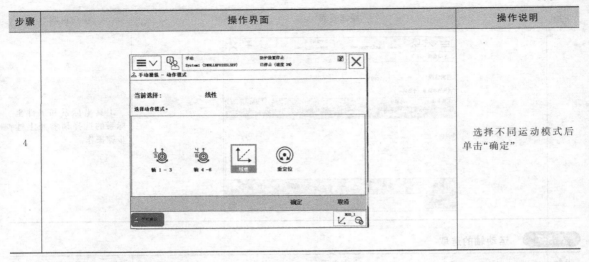	选择不同运动模式后单击"确定"

5.2.4 手动移动机器人

在手动操纵模式下，选择不同的运动轴就可以手动操纵机器人运动。设置机器人为手动模式的操作方法参照表5-7。示教器上的摇杆具有三个自由度，因此可以控制三个轴的运动。在表5-7的操作步骤4中，当选择"轴1-3"，在按下示教器的使能器给机器人上电后，拨动摇杆即可操纵机器人第1、2和3轴；选择"轴4-6"可操纵机器人第4、5和6轴。机器人动作的速度与摇杆的偏转量成正比，偏转量越大，机器人运动速度越高，但是不会高于250mm/s。除在以下三种情况下不能操纵机器人外，无论何种窗口打开，都可以用摇杆操纵机器人。

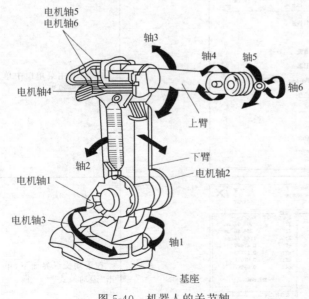

图 5-40　机器人的关节轴

① 自动模式下；

② 未按下使能器（MOTORS OFF）时；

③ 程序正在执行时。

如果机器人或外部轴不同步，则只能同时驱动一个单轴，且各轴的工作范围无法检测，在到达机械停止位时机器人停止运动。因此，若发生不同步的状况，需要对机器人各电机进行校正。

手动操作机器人运动共有三种操作模式：单轴运动、线性运动和重定位运动。

（1）关节坐标系下机器人的手动操作

关节坐标系下操纵机器人就是选择单轴运动模式操纵机器人。ABB机器人是有6个伺服电机驱动6个关节轴（如图5-40），可通过示教器上的操纵杆来控制每个轴的运动方向和运动速度。具体操作步骤如表5-8所示。

表 5-8　单轴操纵机器人

步骤	操作界面	操作说明
1	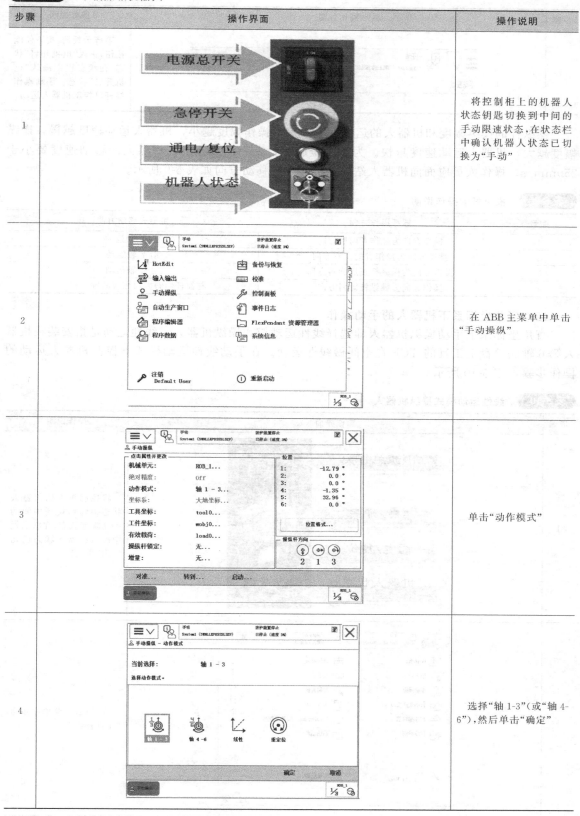	将控制柜上的机器人状态钥匙切换到中间的手动限速状态，在状态栏中确认机器人状态已切换为"手动"
2		在 ABB 主菜单中单击"手动操纵"
3		单击"动作模式"
4		选择"轴 1-3"（或"轴 4-6"），然后单击"确定"

续表

步骤	操作界面	操作说明
5	≡∨ 🔓 手动 System1 (5WNLLXP85SSLSZF) 电机开启 已停止 (速度 3%) 🔳 ❌ 👤 手动操纵	手持示教器，按下使能按钮，进入"电机开启"状态，在状态栏中确认"电机开启"状态。手动操作摇杆可控制机器人运动

操纵杆的操纵幅度和机器人的运动速度相关，操作幅度越小，机器人运动速度越慢，操纵幅度越大，机器人运动速度越快。为了安全起见，在手动模式下，机器人的移动速度要小于250mm/s。操作人员应面向机器人站立，机器人的移动方向如表5-9所示。

表 5-9　操纵杆的操作说明

序号	摇杆操作方向	机器人移动方向
1	操作方向为操作者前后方向	沿 X 轴运动
2	操作方向为操作者的左右方向	沿 Y 轴运动
3	操作方向为操纵杆正反旋转方向	沿 Z 轴运动
4	操作方向为操纵杆倾斜方向	与摇杆倾斜方向相应的倾斜移动

(2) 直角坐标系下机器人的手动操作

直角坐标系下手动操纵机器人即选择线性运动模式操纵机器人。线性运动是指安装在机器人第 6 轴法兰盘上工具的 TCP 在空间做线性运动。在手动线性运动模式下控制机器人运动的操作步骤如表 5-10 所示。

表 5-10　线性运动模式操纵机器人

步骤	操作界面	操作说明
1	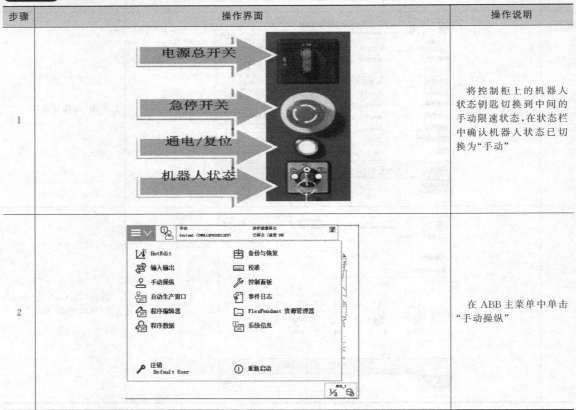	将控制柜上的机器人状态钥匙切换到中间的手动限速状态，在状态栏中确认机器人状态已切换为"手动"
2	≡∨ 🔓 手动 System1 (5WNLLXP85SSLSZF) 防护装置停止 已停止 (速度 3%) 🔳 📐 HotEdit　　💾 备份与恢复 🔌 输入输出　　📏 校准 👤 手动操纵　　🔧 控制面板 🏭 自动生产窗口　📋 事件日志 📝 程序编辑器　　📁 FlexPendant 资源管理器 📊 程序数据　　🖥 系统信息 🔑 注销　Default User　　⏻ 重新启动 ROB_1　1/3	在 ABB 主菜单中单击"手动操纵"

续表

步骤	操作界面	操作说明
3	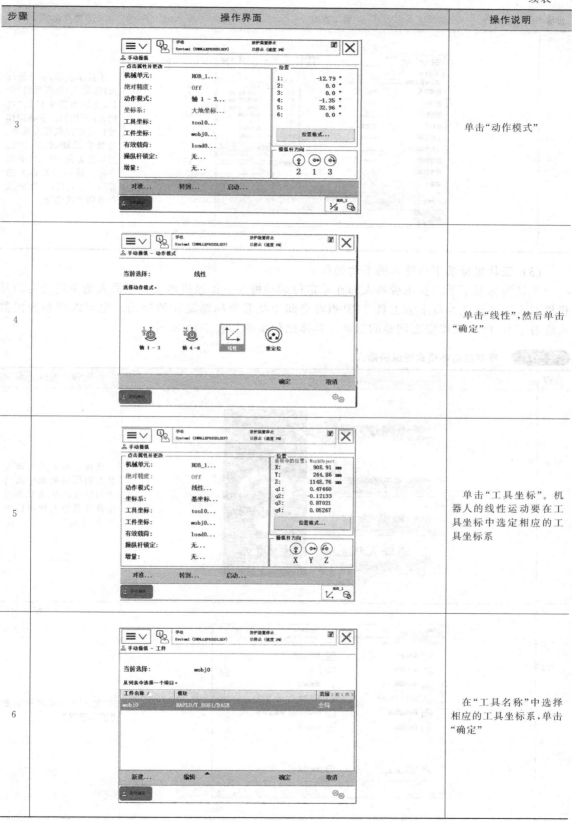	单击"动作模式"
4		单击"线性",然后单击"确定"
5		单击"工具坐标"。机器人的线性运动要在工具坐标中选定相应的工具坐标系
6		在"工具名称"中选择相应的工具坐标系,单击"确定"

续表

步骤	操作界面	操作说明
7	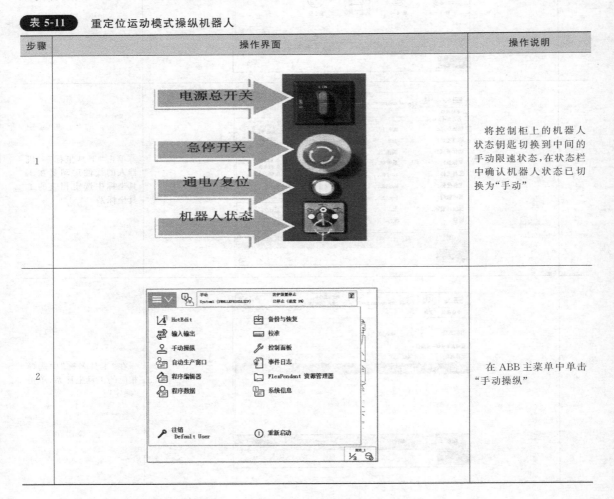	手持示教器，按下使能按钮，进入"电机开启"状态，在状态栏中确认"电机开启"状态。手动操作摇杆可控制机器人运动。此处显示轴 X、Y、Z 的操纵杆方向，箭头代表正方向。操作示教器上的操纵杆，工具的 TCP 点在空间作线性运动

(3) 工具坐标系下机器人的手动操作

工具坐标系下手动操纵机器人即在重定位运动模式下操纵机器人。机器人的重定位运动是指机器人第 6 轴法兰盘上的工具 TCP 点在空间中绕着坐标轴旋转的运动，也可以理解为机器人绕着工具 TCP 点作姿态调整的运动。具体操作步骤如表 5-11 所示。

表 5-11　重定位运动模式操纵机器人

步骤	操作界面	操作说明
1	电源总开关 急停开关 通电/复位 机器人状态	将控制柜上的机器人状态钥匙切换到中间的手动限速状态，在状态栏中确认机器人状态已切换为"手动"
2	HotEdit　备份与恢复 输入输出　校准 手动操纵　控制面板 自动生产窗口　事件日志 程序编辑器　FlexPendant 资源管理器 程序数据　系统信息 注销 Default User　重新启动	在 ABB 主菜单中单击"手动操纵"

续表

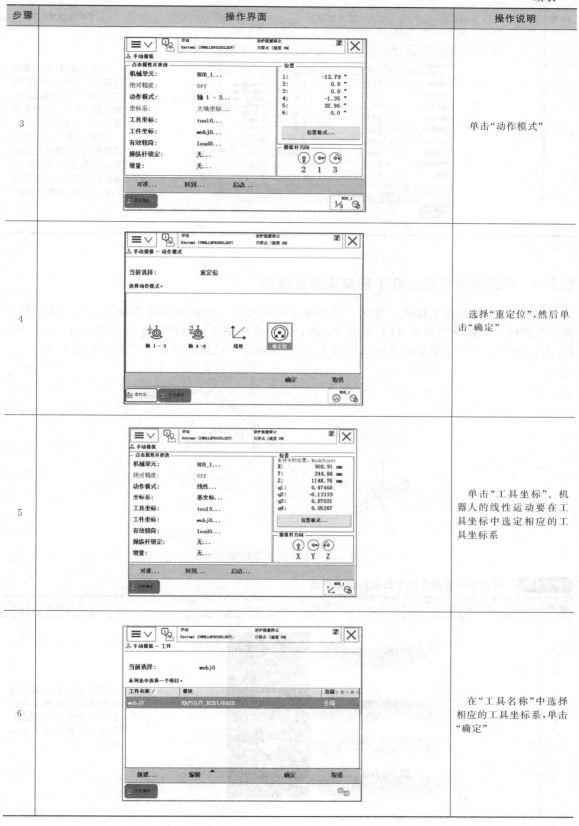

步骤	操作界面	操作说明
3		单击"动作模式"
4		选择"重定位",然后单击"确定"
5		单击"工具坐标"。机器人的线性运动要在工具坐标中选定相应的工具坐标系
6		在"工具名称"中选择相应的工具坐标系,单击"确定"

续表

步骤	操作界面	操作说明
7	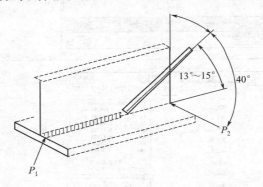	手持示教器，按下使能按钮，进入"电机开启"状态，在状态栏中确认"电机开启"状态。手动操作摇杆可控制机器人运动。此处显示轴 X、Y、Z 的操纵杆方向，箭头代表正方向。操作示教器上的操纵杆，机器人绕着工具 TCP 点作姿态调整运动

5.2.5 手动操纵机器人沿 T 形接头焊缝移动

图 5-41 为 T 形接头焊缝示意图。手动操纵机器人沿 T 形接头焊缝移动主要分三步：第一步，线性模式下操纵机器人 TCP 点至 P_1 点；第二步单轴运动模式下操纵机器人 TCP 运动至 P_2 点；第三步线性运动模式下操纵机器人 TCP 回原点。具体的操作步骤如表 5-12 所示。

图 5-41 T 形接头焊缝示意

表 5-12 手动操纵机器人沿 T 形接头焊缝移动

步骤	操作界面	操作说明
1	电源总开关 急停开关 通电/复位 机器人状态	将控制柜上的机器人状态钥匙切换到中间的手动限速状态，在状态栏中确认机器人状态已切换为"手动"

续表

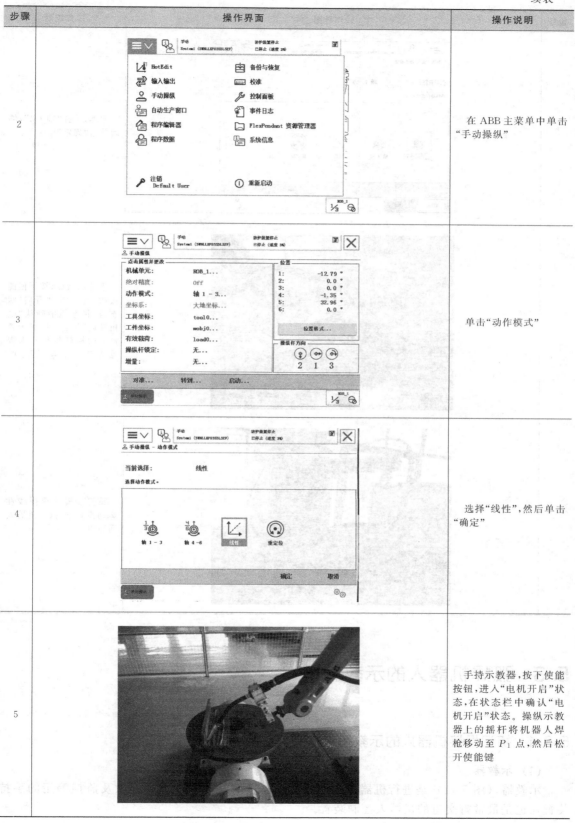

步骤	操作界面	操作说明
2		在 ABB 主菜单中单击"手动操纵"
3		单击"动作模式"
4		选择"线性",然后单击"确定"
5		手持示教器,按下使能按钮,进入"电机开启"状态,在状态栏中确认"电机开启"状态。操纵示教器上的摇杆将机器人焊枪移动至 P_1 点,然后松开使能键

续表

步骤	操作界面	操作说明
6	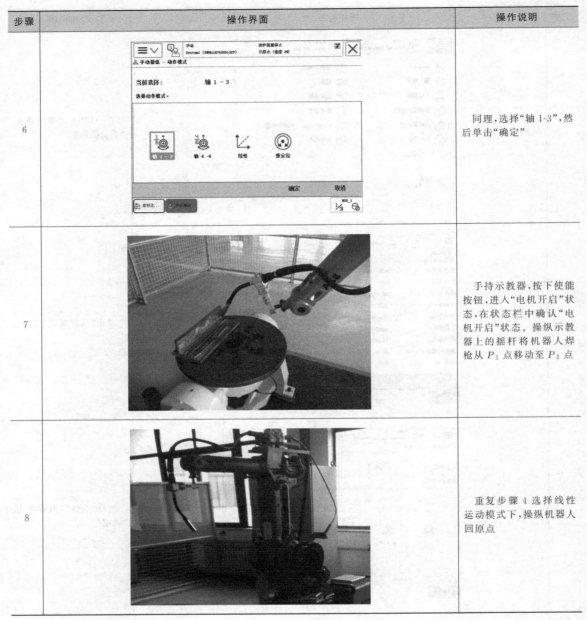	同理,选择"轴1-3",然后单击"确定"
7		手持示教器,按下使能按钮,进入"电机开启"状态,在状态栏中确认"电机开启"状态。操纵示教器上的摇杆将机器人焊枪从 P_1 点移动至 P_2 点
8		重复步骤4选择线性运动模式下,操纵机器人回原点

5.3 弧焊机器人的示教编程

5.3.1 初识焊接机器人的示教编程

(1)示教器

示教器(图5-42)是进行机器人的手动操纵、程序编写、参数配置以及监控等用的手持装置,也是最常打交道的机器人控制装置。

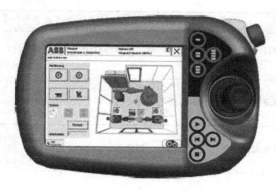

图 5-42　ABB 机器人示教器

图 5-43　手持示教器

一般来说，操作者左手握持示教器，右手进行相应的操作，如图 5-43 所示。

示教器包含很多功能，如手动移动机器人、编辑程序、运行程序等。它与控制柜通过一根电缆连接。其结构如图 5-44 所示。

在示教器按键中要特别注意使能键的使用。使能键是为保证操作人员人身安全而设置的。只有在按下使能键并保持在"电机开启"的状态下，才可以对机器人进行手动的操作和程序的编辑调试。当发生危险时，人会本能地将使能键松开或按紧，机器人则会马上停下来，保证安全。另外在自动模式下，使能键是不起作用的；在手动模式下，该键有三个位置：

a. 不按——释放状态：机器人电机不上电，机器人不能动作；

b. 轻轻按下：机器人电机上电，机器人可以按指令或摇杆操纵方向移动；

c. 用力按下：机器人电机失电，停止运动。

① 菜单　系统应用进程从主菜单开始，每项应用将在该菜单中选择。按系统菜单键可以显示系统主菜单，如图 5-45 所示，各菜单功能见表 5-13。

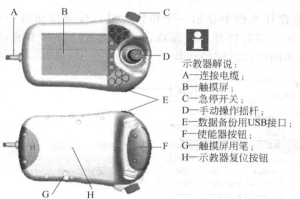

示教器解说：
A—连接电缆；
B—触摸屏；
C—急停开关；
D—手动操作摇杆；
E—数据备份用USB接口；
F—使能器按钮；
G—触摸屏用笔；
H—示教器复位按钮

图 5-44　ABB 示教器组成结构

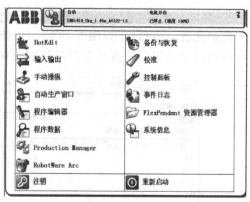

图 5-45　ABB 示教器系统主菜单

表 5-13　ABB 机器人示教器主菜单功能

序号	图标	名称	功　能
1		输入输出(I/O)	查看输入输出信号
2		手动操纵	手动移动机器人时,通过该选项选择需要控制的单元,如机器人或变位机等

续表

序号	图标	名称	功　　能
3		自动生产窗口	由手动模式切换到自动模式时,窗口自动跳出。自动运行中可观察程序运行状况
4		程序数据窗口	设置数据类型,即设置应用程序中不同指令所需要的不同类型的数据
5		程序编辑器	用于建立程序、修改指令及程序的复制、粘贴、删除等
6		备份与恢复	备份程序、系统参数等
7		校准	输入、偏移量、零位等校准
8		控制面板	参数设定、I/O单元设定、弧焊设备设定、自定义键设定及语言选择等。例如,示教器中英文界面选择方法:ABB→控制面板→语言→Control Panel→Language→Chinese
9		事件日志	记录系统发生的事件,如电机上电/失电、出现操作错误等各种过程
10		资源管理器	新建、查看、删除文件夹或文件等
11		系统信息	查看整个控制器的型号、系统版本和内存等

② 窗口　菜单中每项功能选择后,都会在任务栏中显示一个按钮。可以按此按钮进行切换当前的任务(窗口)。如图 5-46 所示,使用中同时打开 6 个窗口,最多可以打开 6 个窗口,且可以通过单击窗口下方任务栏按钮实现在不同窗口之间的切换。

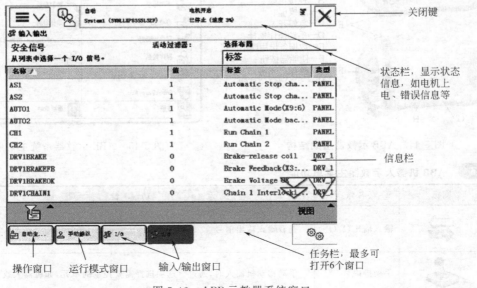

图 5-46　ABB 示教器系统窗口

③ 快捷菜单　快捷菜单提供较操作窗口更加快捷的操作按键，每项菜单使用一个图标显示当前的运行模式或设定值。快捷菜单如图 5-47 所示，各选项含义见表 5-14。

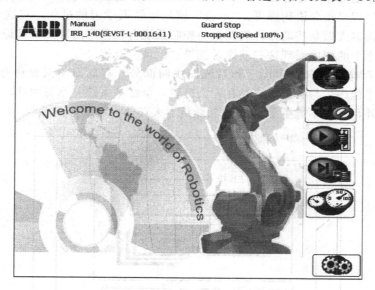

图 5-47　ABB 机器人系统快捷菜单

表 5-14　ABB 机器人系统快捷菜单功能

序号	图标	名称	功　　能
1		快捷键	快速显示常用选项
2		机械单元	工件与工具坐标系的改变
3		步长	手动操纵机器人的运动速度调节
4		运行模式	有连续和单周运行两种
5		步进运行	不常用
6		速度模式	运行程序时使用,调节运行速度的百分率

（2）机器人存储器

弧焊机器人焊接时是按照事先编辑好的程序来运行的，这个程序一般是由操作人员按照焊缝形状示教机器人并记录运动轨迹而形成的。机器人的程序由主程序、子程序及程序数据构成。在一个完整的应用程序中，一般只有一个主程序，而子程序可以是一个，也可以是多个。

机器人的程序编辑器中存有程序模板，类似计算机办公软件的 Word 文档模板，编程时按照模板在里面添加程序指令语句即可。"示教"就是机器人学习的过程，在这个过程中，操作者要手把手教会机器人做某些动作，机器人的控制系统会以程序的形式将其记忆下来。机器人按照示教时记忆下来的程序展现这些动作，就是"再现"过程。

ABB 机器人存储器包含应用程序和系统模块两部分。存储器中只允许存在一个主程序，所有例行程序（子程序）与数据无论存在什么位置，全部被系统共享。因此，所有例行程序与数据除特殊定以外，名称不能重复。ABB 工业机器人存储器组成如图 5-48 所示。

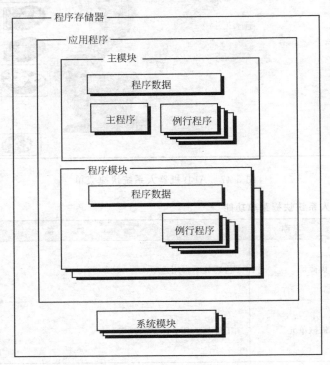

图 5-48　ABB 工业机器人存储器的组成

① 应用程序（Program）的组成　应用程序由主模块和程序模块组成。主模块（Main Module）包含主程序（Main Routine）、程序数据（Program Data）和例行程序（Routine）；程序模块（Program Modules）包含程序数据（Program Data）和例行程序（Routine）。

② 系统模块（System Modules）的组成　系统模块包含系统数据（System Data）和例行程序（Routine）。所有 ABB 机器人都自带两个系统模块：USER 模块和 BASE 模块。使用时对系统自动生成的任何模块不能进行修改。

（3）编辑指令及应用

常用基本运动指令有：MoveL、MoveJ、MoveC：

MoveL：直线运动；

MoveJ：关节轴运动；

MoveC：圆周运动。

a. 直线运动指令的应用　直线由起点和终点确定，因此在机器人的运动路径为直线时使用直线运动指令 MoveL，只需示教确定运动路径的起点和终点。运动指令 MoveL 是线性运动，表示机器人的 TCP 从起点到终点之间的路径始终保持为直线（如图 5-49 所示），一般如焊接、涂胶等应用对路径要求高的场合进行使用此指令。

MoveL 直线运动指令的编辑如图 5-50
所示。

在图示中，MoveL 表示直线运动指
令；p1 表示一个空间点，即直线运动的
目标位置；v100 表示机器人运行速度为
100mm/s；z10 表示转弯半径为 10mm；
tool1 表示选定的工具坐标系。

转弯半径：zone 指机器人 TCP 不达

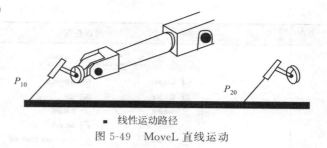

■ 线性运动路径

图 5-49　MoveL 直线运动

到目标点，而是在距离目标点一定距离（通过编程确定，如 z10）处圆滑绕过目标点，即圆滑
过渡，如图 4-49 中的 P_1 点。fine 指机器人 TCP 达到目标点（见图 5-51 中的 P_2 点），在目标
点速度降为零。机器人动作有停顿，焊接编程时，必须用 fine 参数。

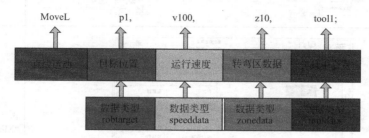

图 5-50　直线运动指令示意图

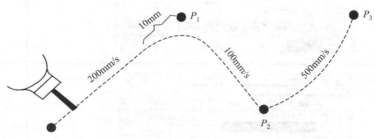

图 5-51　转弯半径

工具坐标：根据机器人使用工具的不同选择合适的工具坐标系。机器人示教时，要首先确
定好工具坐标系。

在程序编辑中插入运动指令 MoveL 的操作方法如表 5-15 所示。

表 5-15　插入 MoveL 指令

步骤	操作界面	操作说明
1	 手动操纵 点击属性并更改 机械单元：　ROB_1... 绝对精度：　Off 动作模式：　线性 坐标系：　基坐标... 工具坐标：　tool0... 工件坐标：　wobj0... 有效载荷：　load0... 操纵杆锁定：　无... 增量：　无... 位置　坐标中的位置: WorkObject　X: 908.91 mm　Y: 244.86 mm　Z: 1148.76 mm　q1: 0.47460　q2: -0.12133　q3: 0.87021　q4: 0.05267　位置格式...　操纵杆方向　X Y Z	在 ABB 主菜单中单击"手动操纵"确认关键参数(坐标系、工具坐标、工件坐标等)设置是否正确,确认无误后关闭页面

步骤	操作界面	操作说明
2	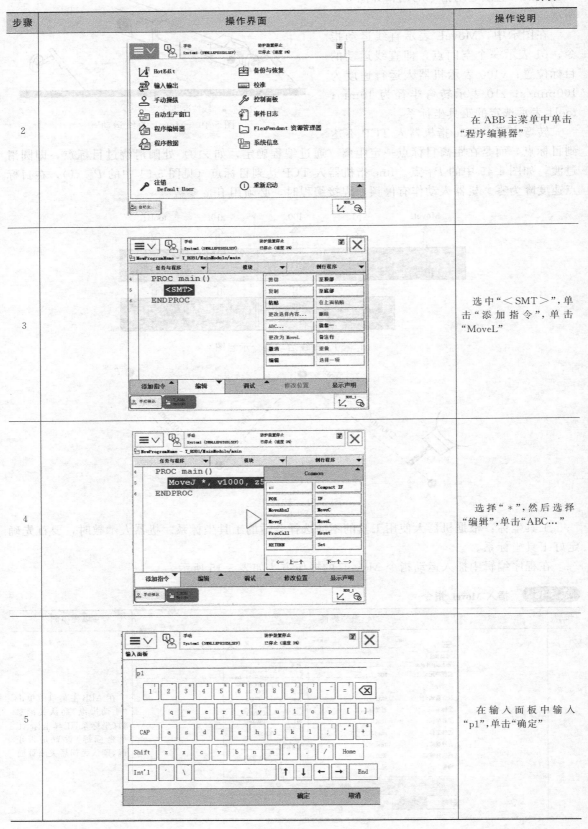	在 ABB 主菜单中单击"程序编辑器"
3		选中"＜SMT＞"，单击"添加指令"，单击"MoveL"
4		选择"＊"，然后选择"编辑"，单击"ABC…"
5		在输入面板中输入"p1"，单击"确定"

续表

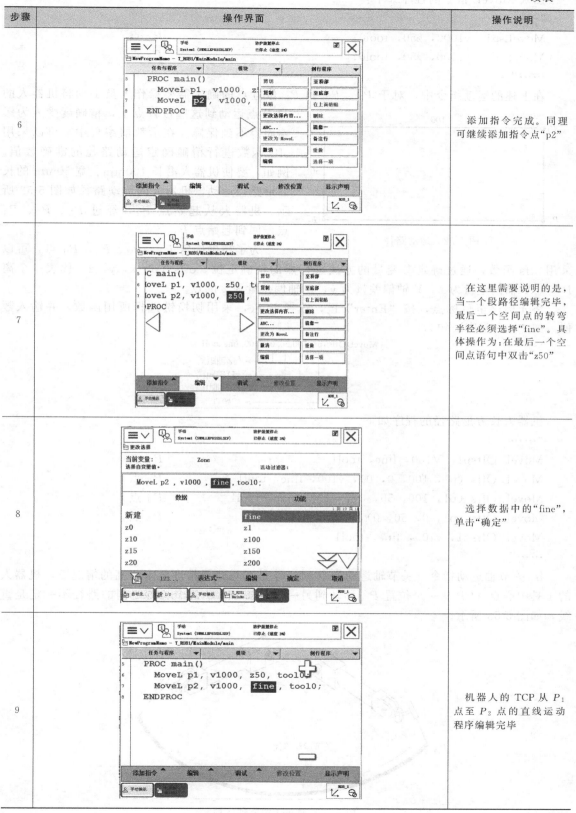

步骤	操作界面	操作说明
6		添加指令完成。同理可继续添加指令点"p2"
7		在这里需要说明的是，当一个段路径编辑完毕，最后一个空间点的转弯半径必须选择"fine"。具体操作为：在最后一个空间点语句中双击"z50"
8		选择数据中的"fine"，单击"确定"
9		机器人的 TCP 从 P_1 点至 P_2 点的直线运动程序编辑完毕

插入 MoveL 指令的程序如下：

"……

MoveL p1，v1000，z50，tool0；	P_1 点
MoveL p2，v1000，z50，tool0；	P_2 点

……"。

在上述的运动指令中，对于 P_1、P_2 和 P_3 位置点的确定需要操作人员手动将机器人的

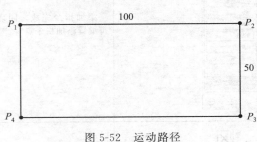

图 5-52 运动路径

TCP 点运动到这些位置点上，精确度受人为影响而得不到保障。在示教器编程中，可以采用 offs 函数进行精确确定运动路径的准确数值。例如，要使机器人沿长 100mm、宽 50mm 的长方形路径运动，机器人的运动路径如图 5-52 所示，机器人从起始点 P_1，经过 P_2、P_3、P_4 点，回到起始点 P_1。

为了精确确定 P_1、P_2、P_3、P_4 点，可以采用 offs 函数，通过确定参变量的方法进行点的精确定位。offs（p，x，y，z）代表一个离 P_1 点 X 轴偏差量为 x，Y 轴偏差量为 y，Z 轴偏差量为 z 的点。

将光标移至目标点，按 "Enter" 键，选择 Func，采用切换键选择所用函数，并输入数值。如 P_3 点程序语句为：

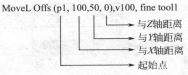

机器人长方形路径的程序如下：

"……

MoveL Offsp1，V100，fine，tool1	P_1 点
MoveL Offs（p1，100，0，0），v100，fine，tool1	P_2 点
MoveL Offs（p1，100，50，0），v100，fine，tool1	P_3 点
MoveL Offs（p1，0，50，0），v100，fine，tool1	P_4 点
MoveL Offsp1，v100，fine，tool1	P_1 点

……"。

b. 关节轴运动指令　关节轴运动指令 MoveJ 是在对路径精度要求不高的情况下，机器人的工具中心点 TCP 从一个位置 P_{10} 移动到另一个位置 P_{20}，两个位置之间的路径不一定是直线，如图 5-53 所示。

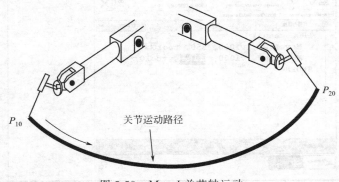

图 5-53　MoveJ 关节轴运动

MoveL 直线运动指令的编辑如图 5-54 所示。

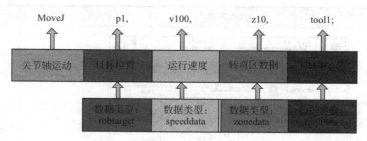

图 5-54　直线运动指令示意图

在图中，MoveJ 表示关节轴运动指令；p1 表示一个空间点，即直线运动的目标位置；v100 表示机器人运行速度为 100mm/s；z10 表示转弯半径为 10mm；tool1 表示选定的工具坐标系。

在程序编辑中插入运动指令 MoveJ 的操作如表 5-16 所示。

表 5-16　插入 MoveJ 指令

步骤	操作界面	操作说明
1	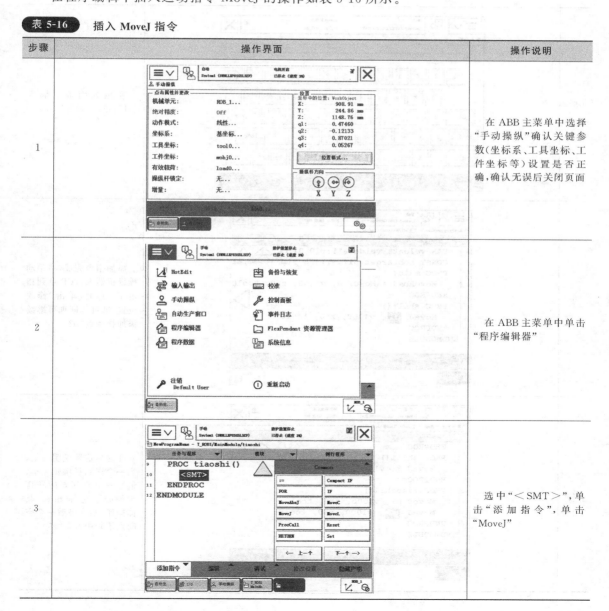	在 ABB 主菜单中选择"手动操纵"确认关键参数（坐标系、工具坐标、工件坐标等）设置是否正确，确认无误后关闭页面
2		在 ABB 主菜单中单击"程序编辑器"
3		选中"＜SMT＞"，单击"添加指令"，单击"MoveJ"

续表

步骤	操作界面	操作说明
4	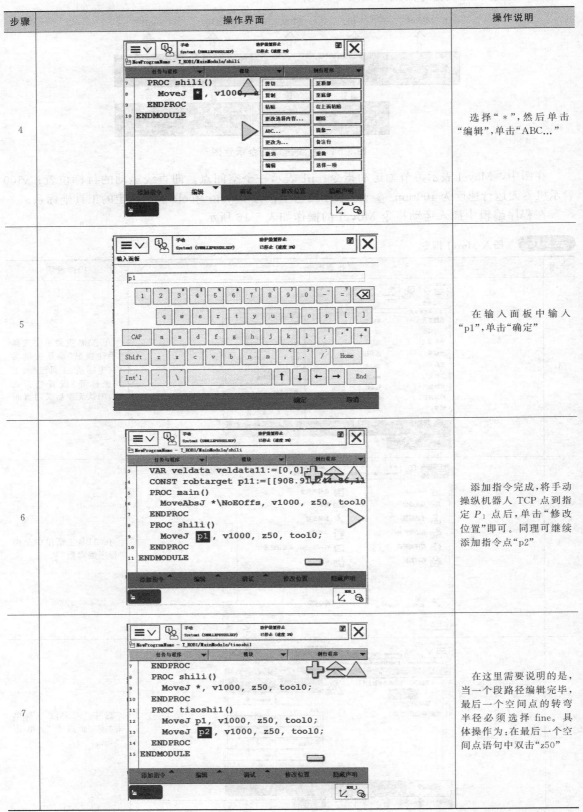	选择"＊",然后单击"编辑",单击"ABC..."
5		在输入面板中输入"p1",单击"确定"
6		添加指令完成,将手动操纵机器人 TCP 点到指定 P_1 点后,单击"修改位置"即可。同理可继续添加指令点"p2"
7		在这里需要说明的是,当一个段路径编辑完毕,最后一个空间点的转弯半径必须选择 fine。具体操作为:在最后一个空间点语句中双击"z50"

续表

步骤	操作界面	操作说明
8	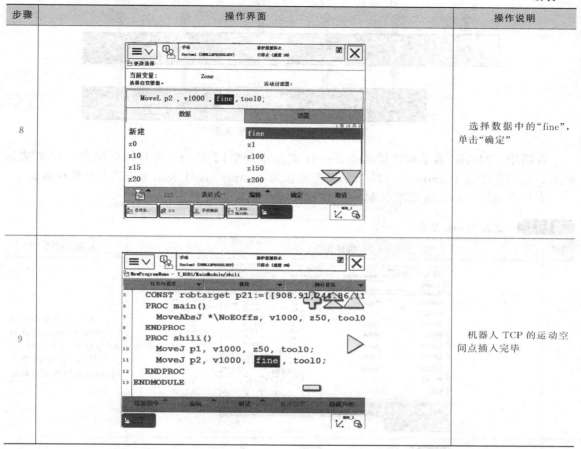	选择数据中的"fine"，单击"确定"
9		机器人 TCP 的运动空间点插入完毕

插入 MoveJ 指令的程序如下：

"……

MoveJ p1，v1000，z50，tool0;　　　　　　　　　P_1 点

MoveJ p2，v1000，z50，tool0;　　　　　　　　　P_2 点

……"。

c. 圆弧运动指令　圆弧路径是在机器人可到达的空间范围内定义三个位置点，第一个点是圆弧的起点，第二个点用于圆弧的曲率，第三个点是圆弧的终点。如图 5-55 所示。

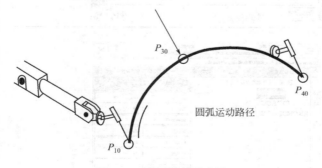

图 5-55　圆弧路径示意图

圆弧运动的起点为 P_{10}，也就是机器人的原始位置，使用 MoveC 指令会自动显示需要确定的另外两点，即中点和终点，MoveC 圆弧运动指令的编辑如图 5-56 所示。

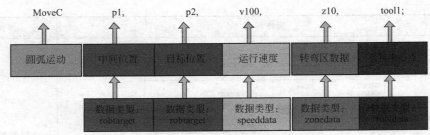

图 5-56 圆弧运动指令示意图

在图中，MoveC 表示圆弧运动指令；p1 表示中间空间点；p2 为目标空间点；v100 表示机器人运行速度为 100mm/s；z10 表示转弯半径为 10mm；tool1 表示选定的工具坐标系。

在程序编辑中插入运动指令 MoveC 的操作方法如表 5-17 所示。

表 5-17　插入 MoveC 指令

步骤	操作界面	操作说明
1		在 ABB 主菜单中选择"手动操纵"确认关键参数(坐标系、工具坐标、工件坐标等)设置是否正确，确认无误后关闭页面
2		在 ABB 主菜单中单击"程序编辑器"
3		选中"＜SMT＞"，单击"添加指令"，选择"MoveC"

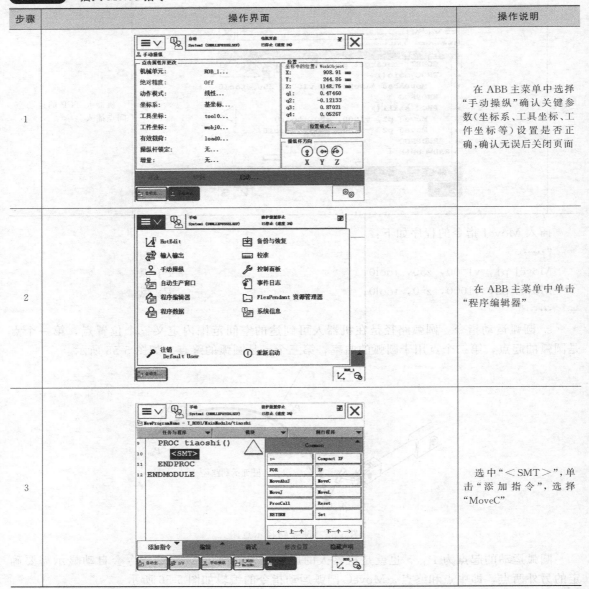

续表

步骤	操作界面	操作说明
4	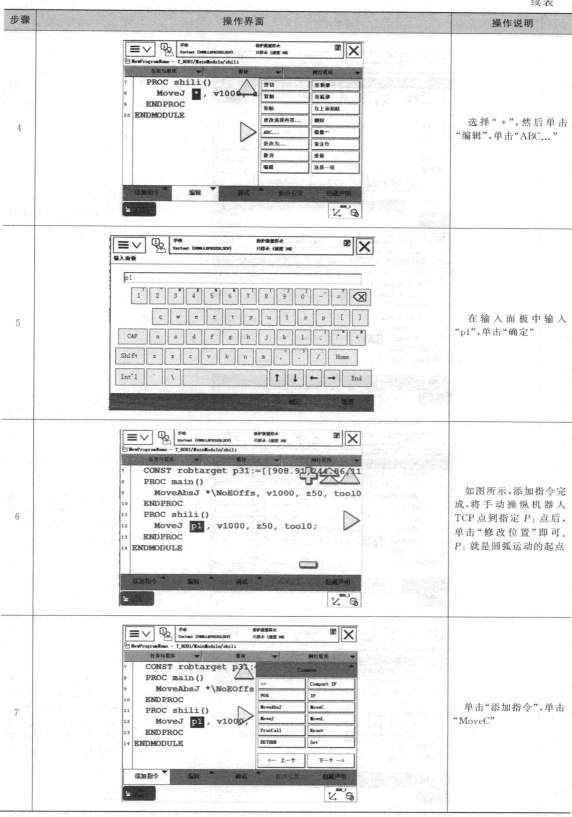	选择"＊",然后单击"编辑",单击"ABC…"
5		在输入面板中输入"p1",单击"确定"
6		如图所示,添加指令完成,将手动操纵机器人TCP点到指定P_1点后,单击"修改位置"即可。P_1就是圆弧运动的起点
7		单击"添加指令",单击"MoveC"

续表

步骤	操作界面	操作说明
8	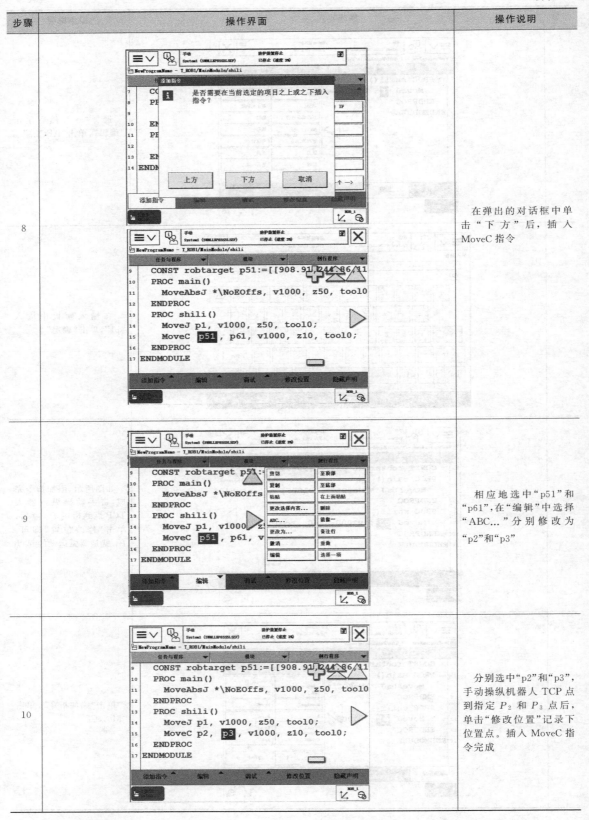	在弹出的对话框中单击"下方"后,插入 MoveC 指令
9		相应地选中"p51"和"p61",在"编辑"中选择"ABC…"分别修改为"p2"和"p3"
10		分别选中"p2"和"p3",手动操纵机器人 TCP 点到指定 P_2 和 P_3 点后,单击"修改位置"记录下位置点。插入 MoveC 指令完成

插入 MoveC 指令的程序如下：

"……

| MoveJ p1，v1000，z50，tool0； | P_1 点 |
| MoveC p2，p3，v1000，z10，tool0； | P_2 和 P_3 点 |

……"。

与直线运动指令 MoveL 一样，也可以使用 offs 函数精确定义运动路径。如图 5-57 所示，令机器人沿圆心为 P 点，半径为 80mm 的圆运动。

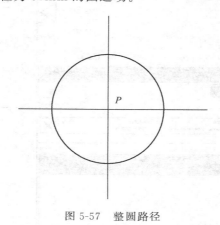

图 5-57　整圆路径

程序如下：

……

MoveJ p，v500，z1，tool1；

MoveL offs (p，80，0，0)，v500，z1，tool1；

MoveC offs (p，0，80，0)，offs (p，−80，0，0)，v500，z1，tool1；

MoveC offs (p，0，−80，0)，offs (p，80，0，0)，v500，z1，tool1；

MoveJ p，v500，z1，tool1

(4) 新建和加载程序

以 ABB IRB1410 型机器人为例，在示教器中新建与加载一个程序的步骤如表 5-18 所示。

表 5-18　新建和加载程序

步骤	操作界面	操作说明
1	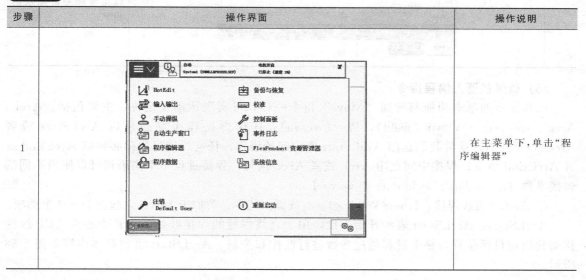	在主菜单下，单击"程序编辑器"

续表

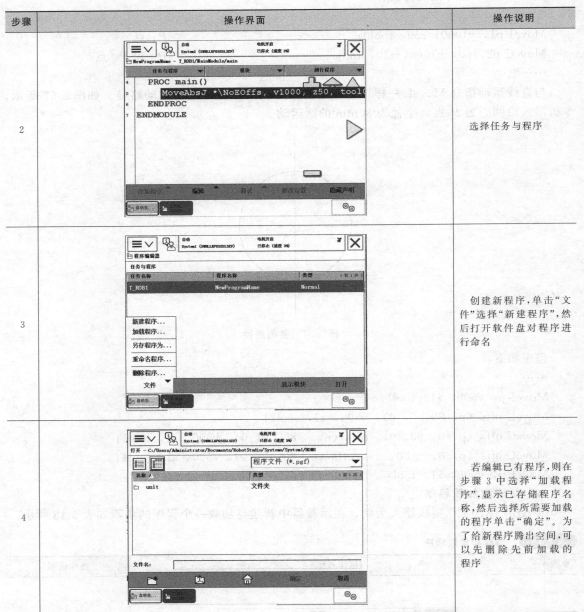

步骤	操作界面	操作说明
2		选择任务与程序
3		创建新程序,单击"文件"选择"新建程序",然后打开软件盘对程序进行命名
4		若编辑已有程序,则在步骤 3 中选择"加载程序",显示已存储程序名称,然后选择所需要加载的程序单击"确定"。为了给新程序腾出空间,可以先删除先前加载的程序

(5) 弧焊机器人编程指令

弧焊指令的基本功能与普通"Move"指令一样,可实现运动及定位,主要包括:ArcL、ArcC、sm(seam),wd(weld),Wv(weave)。任何焊接程序都必须以 ArcLStart 或者 ArcCStart 开始,通常我们运用 ArcLStart 作为起始语句;任何焊接过程都必须以 ArcLEnd 或者 ArcCEnd 结束;焊接中间点用 ArcL 或者 ArcC 语句。焊接过程中不同语句可以使用不同的焊接参数(seam data、weld data 和 wave data)。

① ArcL(直线焊接,Linear Welding) 直线弧焊指令,类似于 MoveL,包含如下 3 个选项:

ArcLStart:ArcLStart 表示开始焊接,用于直线焊缝的焊接开始,工具中心点 TCP 线性移动到指定目标位置,整个过程通过参数进行监控和控制。ArcLStart 语句具体内容如图 5-58 所示。

ArcLEnd：表示焊接结束，用于直线焊缝的焊接结束，工具中心点 TCP 线性移动到指定目标位置，整个过程通过参数进行监控和控制。ArcLEnd 语句具体内容如图 5-59 所示。

ArcL：表示焊接中间点。ArcL 语句具体内容如图 5-60 所示。

② ArcC（圆弧焊接，Circular Welding）　圆弧弧焊指令，类似于 MoveL，包括 3 个选项：

ArcCStart：表示开始焊接，用于圆弧焊缝的焊接开始，工具中心点 TCP 线性移动到指定目标位置，整个过程通过参数进行监控和控制。ArcCStart 语句具体内容如图 5-61 所示。

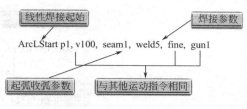

图 5-58　ArcLStart 语句

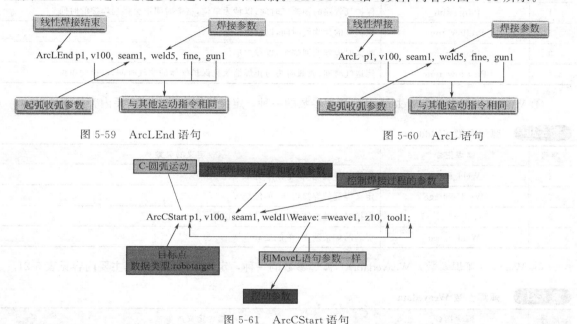

图 5-59　ArcLEnd 语句　　　　　图 5-60　ArcL 语句

图 5-61　ArcCStart 语句

ArcC：ArcC 用于圆弧弧焊焊缝的焊接，工具中心点 TCP 圆弧运动到指定目标位置，焊接过程通过参数控制。ArcC 语句具体内容如图 5-62 所示。

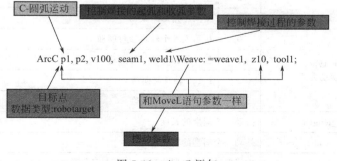

图 5-62　ArcC 语句

ArcCEnd：用于圆弧焊缝的焊接结束，工具中心点 TCP 圆弧运动到指定目标位置，整个焊接过程通过参数监控和控制。ArcCEnd 语句具体内容如图 5-63 所示。

③ Seam（弧焊参数，Seamdata）　弧焊参数的一种，定义起弧和收弧时的焊接参数，其主要内容见表 5-19。

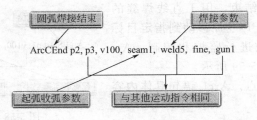

图 5-63 ArcCEnd 语句

表 5-19   弧焊参数 Seamdata

序号	参数	说　明
1	Purge_time	保护气管路的预充气时间，以秒为单位，这个时间不会影响焊接的时间
2	Preflow_time	保护气的预吹气时间，以秒为单位
3	Bback_time	收弧时焊丝的回烧量，以秒为单位
4	Postflow_time	尾送气时间，收弧时为防止焊缝氧化保护气体的吹气时间，以秒为单位

④ Weld（弧焊参数，Welddata） 弧焊参数的一种，定义焊接参数，其主要内容见表 5-20。

表 5-20   弧焊参数 Welddata

序号	弧焊指令	指令定义的参数
1	Weld_speed	焊缝的焊接速度，单位是 mm/s
2	Weld_voltage	定义焊缝的焊接电压，单位是 V
3	Weld_wirefeed	焊接时送丝系统的送丝速度，单位是 m/min
4	Weld_speed	焊缝的焊接速度，单位是 mm/s

⑤ Weave（弧焊参数，Weavedata） 弧焊参数的一种，定义摆动参数，其主要内容见表 5-21。

表 5-21   弧焊参数 Weavedata

序号	弧焊指令		指令定义的参数
1	Weave_shape 焊枪摆动类型	0	无摆动
		1	平面锯齿形摆动
		2	空间 V 字形摆动
		3	空间三角形型摆动
2	Weave_type 机器人摆动方式	0	机器人 6 个轴均参与摆动
		1	仅 5 轴和 6 轴参与摆动
		2	1、2、3 轴参与摆动
		3	4、5、6 轴参与摆动
3	Weave_length		摆动一个周期的长度
4	Weave_width		摆动一个周期的宽度
5	Weave_height		空间摆动一个周期的高度，只有在三角形摆动和 V 字形摆动时此参数才有效

⑥ \ On 可选参数，令焊接系统在该语句的目标点到达之前，依照 seam 参数中的定义，预先启动保护气体，同时将焊接参数进行数模转换，送往焊机。

⑦ \ Off 可选参数，令焊接系统在该语句的目标点到达之时，依照 seam 参数中的定义，结束焊接过程。

下面以一条典型焊接语句为例介绍焊接运动指令各项所表示的含义。以焊接直线焊缝为例，典型焊接语句如下：

$$ArcL \setminus On\ p1，v100，seam1，weld1，weave1，fine，gun1$$

通常，程序中显示的是参数的简化形式，如 sm1、wd1 及 wv 等。该程序语句中各部分的具体含义如表 5-22 所示。

表 5-22 程序语句解析

序号	弧焊指令	指令定义的参数
1	ArcL\On	直线移动焊枪(电弧)，预先启动保护气
2	p1	目标点的位置，同普通的 Move 指令
3	v100	单步(FWD)运行时焊枪的速度，在焊接过程中为 Weld_speed 所取代
4	fine	zonedata，同普通的 Move 指令，但焊接指令中一般均用 fine
5	gun1	tooldata，同普通的 Move 指令，定义工具坐标系参数，一般在编辑程序前设定

(6) 平板堆焊示教

下面以二氧化碳气体保护焊进行平板堆焊来介绍弧焊机器人的示教编程。

① 焊接任务　使用机器人焊接专用指令，设置合适的焊接参数，实现平板堆焊焊接过程。任务要求用二氧化碳气体保护焊在低碳钢表面平敷堆焊不同宽度的焊缝，练习各种焊接参数的选择。

② 焊接材料　焊接工件材质为 Q235 低碳钢，工件尺寸为：$300mm \times 400mm \times 10mm$。二氧化碳气体纯度在 99.5% 以上。

③ 焊接设备　采用旋转-倾斜变位机＋弧焊机器人工作站完成焊接任务，该工作站的组成和设备参考图 5-32。

④ 焊接工艺设计　二氧化碳气体保护焊工艺一般包括短路过渡和细滴过渡两种。短路过渡工艺采用细焊丝、小电流和低电压。焊接时，熔滴细小而过渡频率高，飞溅小，焊缝成形美观。短路过渡工艺主要用于焊接薄板及全位置焊接。

细滴过渡工艺采用较粗的焊丝，焊接电流较大，电弧电压也较高。焊接时，电弧是连续的，焊丝熔化后以细滴形式进行过渡，电弧穿透力强，母材熔深大。细滴过渡工艺适合于中厚板焊件的焊接。CO_2 焊的焊接参数包括焊丝直径、焊接电流、电弧电压、焊接速度、保护气流量及焊丝伸出长度等。如果采用细滴过渡工艺进行焊接，电弧电压必须选取在 $34 \sim 45V$ 的范围内，焊接电流则根据焊丝直径来选择，对于不同直径的焊丝，实现细滴过渡的焊接电流下限是不同的（如表 5-23 所示）。

表 5-23 细滴过渡的电流下限及电压范围

焊丝直径/mm	电流下限/A	电弧电压/V
1.2	300	
1.6	400	
2.0	500	$34 \sim 45$
4.0	750	

本任务中，工件材质为低碳钢，焊接性良好，板厚 10mm，采用细滴过渡工艺的二氧化碳焊接，具体工艺参数如表 5-24 所示。

⑤ 编程与焊接

a. 工件安装和定位　将工件安放在变位机上，卡紧固定。

b. 编程 示教编程的操作步骤如表 5-25 所示。

表 5-24 平板堆焊焊接参数

焊丝直径/mm	电流下限/A	电弧电压/V	焊接速度/(m/h)	保护气流量/(L/min)
1.2	300	34~45	40~60	25~50

表 5-25 平板堆焊示教编程

步骤	操作界面	操作说明
1	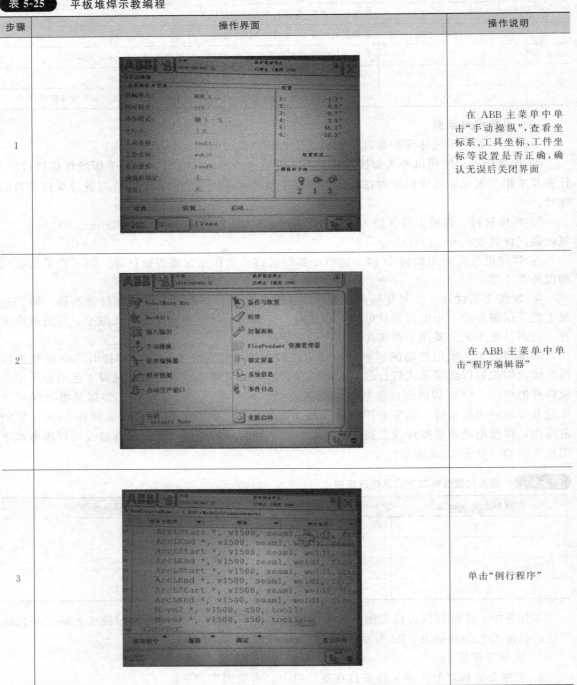	在 ABB 主菜单中单击"手动操纵",查看坐标系、工具坐标、工件坐标等设置是否正确,确认无误后关闭界面
2		在 ABB 主菜单中单击"程序编辑器"
3		单击"例行程序"

续表

步骤	操作界面	操作说明
4	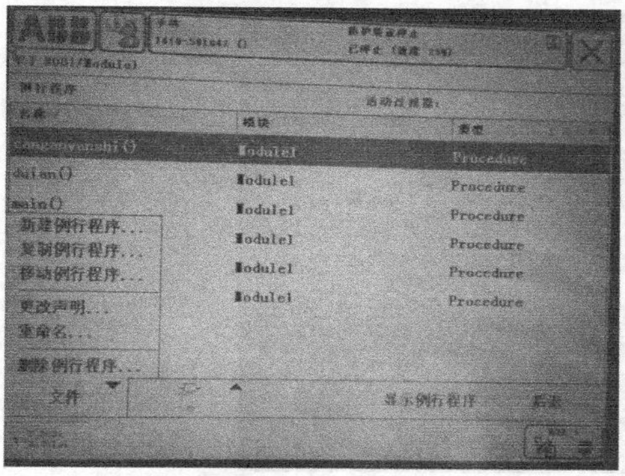	单击"文件",单击"新建例行程序"
5	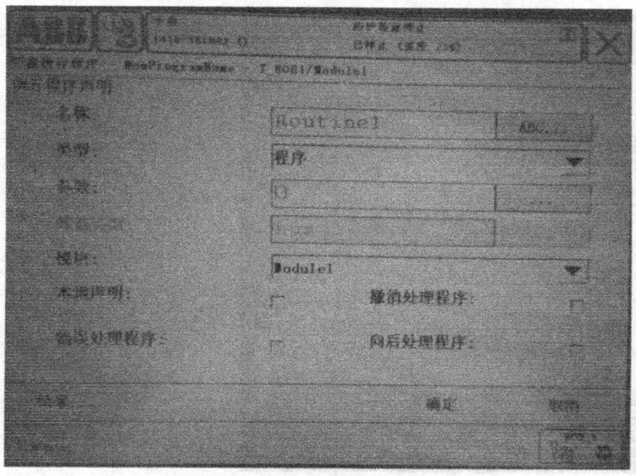	单击"ABC...",命名例行程序
6	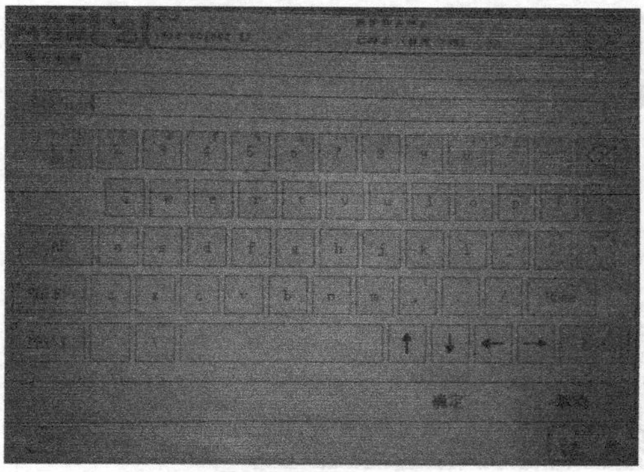	在虚拟键盘中输入例行程序名称"duihan",单击"确定"
7	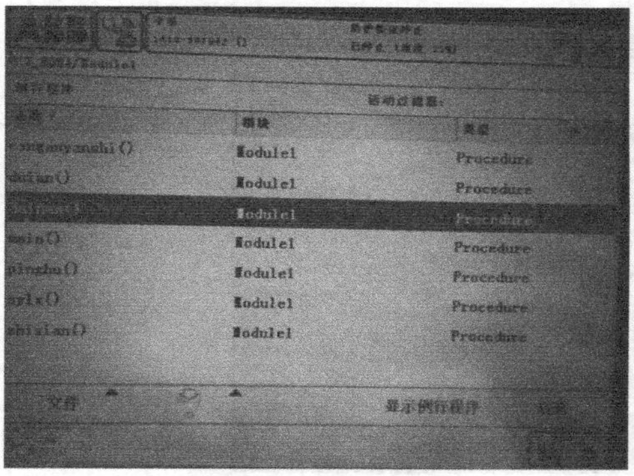	双击新建程序"duihan()",进入程序编辑界面

续表

步骤	操作界面	操作说明
8	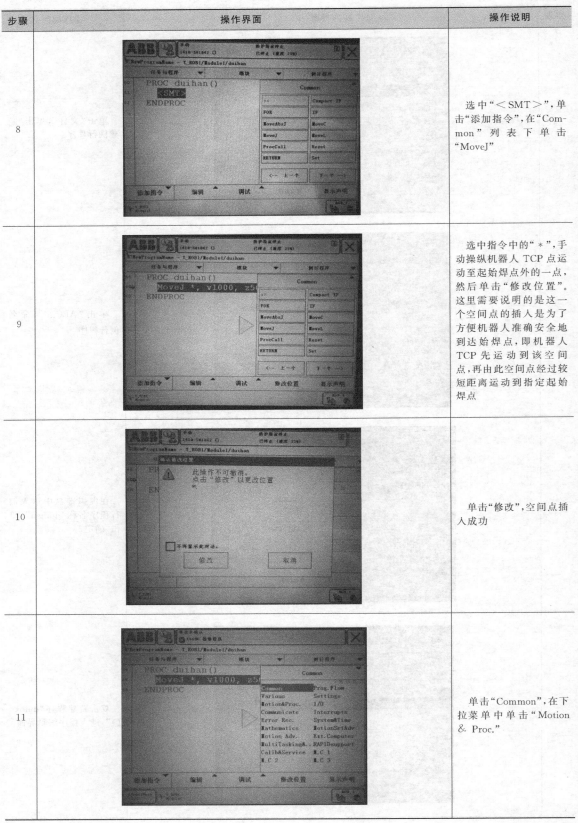	选中"＜SMT＞",单击"添加指令",在"Common"列表下单击"MoveJ"
9		选中指令中的"＊",手动操纵机器人 TCP 点运动至起始焊点外的一点,然后单击"修改位置"。这里需要说明的是这一个空间点的插入是为了方便机器人准确安全地到达始焊点,即机器人 TCP 先运动到该空间点,再由此空间点经过较短距离运动到指定起始焊点
10		单击"修改",空间点插入成功
11		单击"Common",在下拉菜单中单击"Motion & Proc."

续表

步骤	操作界面	操作说明
12	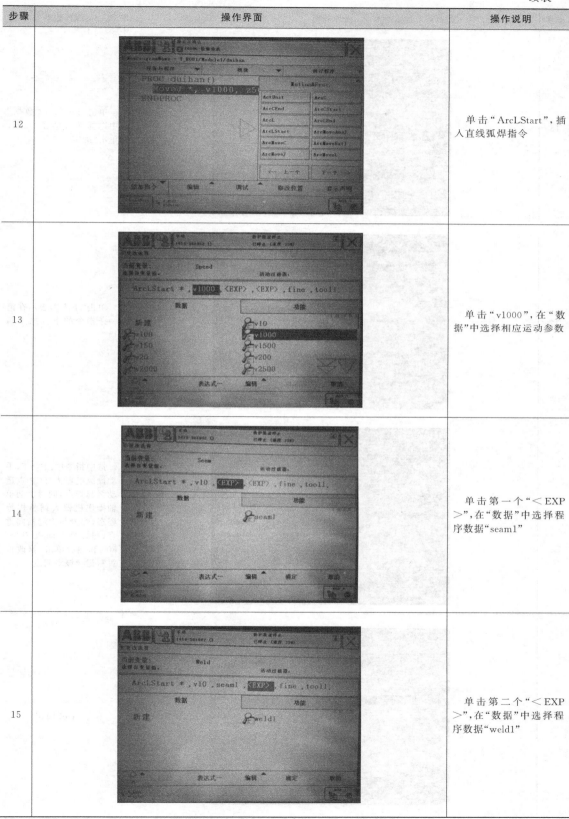	单击"ArcLStart",插入直线弧焊指令
13		单击"v1000",在"数据"中选择相应运动参数
14		单击第一个"＜EXP＞",在"数据"中选择程序数据"seam1"
15		单击第二个"＜EXP＞",在"数据"中选择程序数据"weld1"

续表

步骤	操作界面	操作说明
16	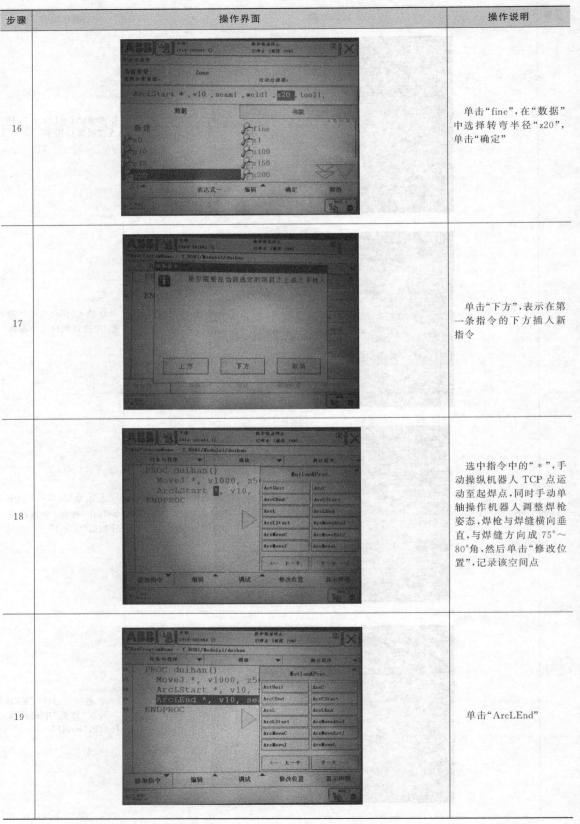	单击"fine",在"数据"中选择转弯半径"z20",单击"确定"
17		单击"下方",表示在第一条指令的下方插入新指令
18		选中指令中的"*",手动操纵机器人 TCP 点运动至起焊点,同时手动单轴操作机器人调整焊枪姿态,焊枪与焊缝横向垂直,与焊缝方向成 75°～80°角,然后单击"修改位置",记录该空间点
19		单击"ArcLEnd"

续表

步骤	操作界面	操作说明
20	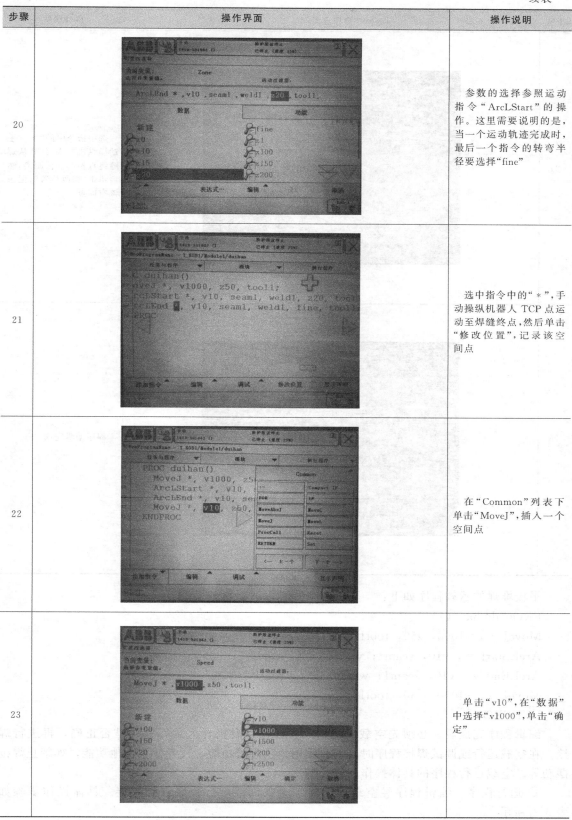	参数的选择参照运动指令"ArcLStart"的操作。这里需要说明的是，当一个运动轨迹完成时，最后一个指令的转弯半径要选择"fine"
21		选中指令中的"＊"，手动操纵机器人 TCP 点运动至焊缝终点，然后单击"修改位置"，记录该空间点
22		在"Common"列表下单击"MoveJ"，插入一个空间点
23		单击"v10"，在"数据"中选择"v1000"，单击"确定"

续表

步骤	操作界面	操作说明
24	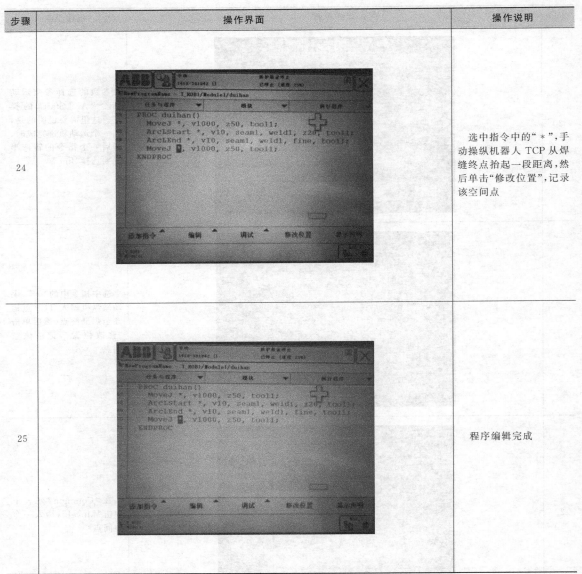	选中指令中的"＊"，手动操纵机器人 TCP 从焊缝终点抬起一段距离，然后单击"修改位置"，记录该空间点
25		程序编辑完成

平板堆焊的示教程序如下：

PROC duihan（）

MoveJ ＊，v1000，z50，tool1；

ArcLStart ＊，v10，seam1；weld1，z20，tool1；

ArcLEnd ＊，v10，seam1；weld1，fine，tool1；

MoveJ ＊，v1000，z50，tool1；

ENDPROC

编辑程序完成后，必须先空载运行所编程序，查看机器人运行路径是否正确，再进行焊接。在空载运行或调试焊接程序时，需要使用禁止焊接功能，或者禁止其他功能，如禁止焊枪摆动等。空载运行程序的具体操作如表 5-26 所示。

⑥ 运行程序　编辑程序经空载运行验证无误后，运行程序进行焊接。具体操作步骤如表 5-27 所示。

表 5-26　空载运行程序

步骤	操作界面	操作说明
1	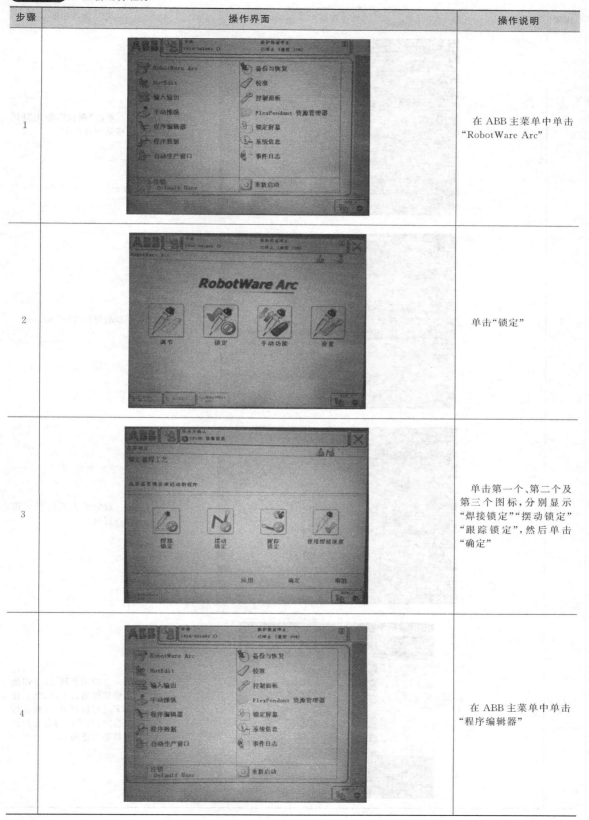	在 ABB 主菜单中单击 "RobotWare Arc"
2		单击"锁定"
3		单击第一个、第二个及第三个图标,分别显示 "焊接锁定""摆动锁定" "跟踪锁定",然后单击 "确定"
4		在 ABB 主菜单中单击 "程序编辑器"

续表

步骤	操作界面	操作说明
5	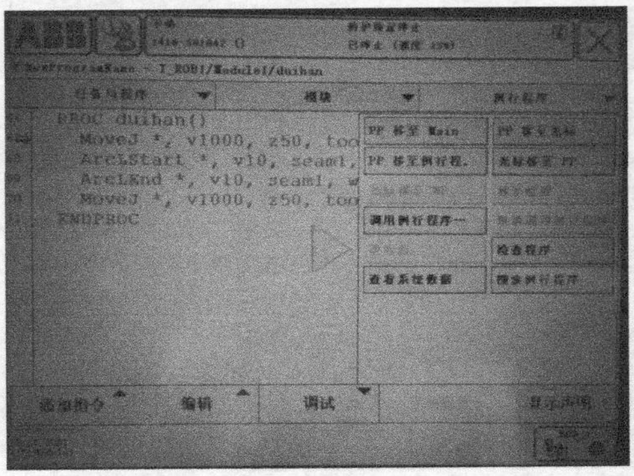	单击"调试",单击"PP移至例行程序"
6	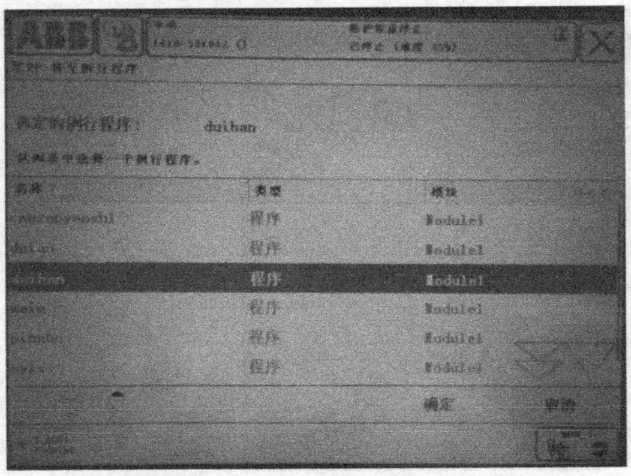	双击例行程序"duihan"
7	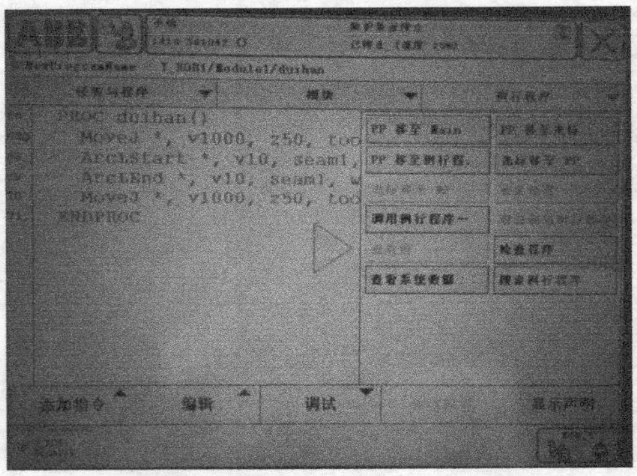	此时看到光标指向第一行指令
8	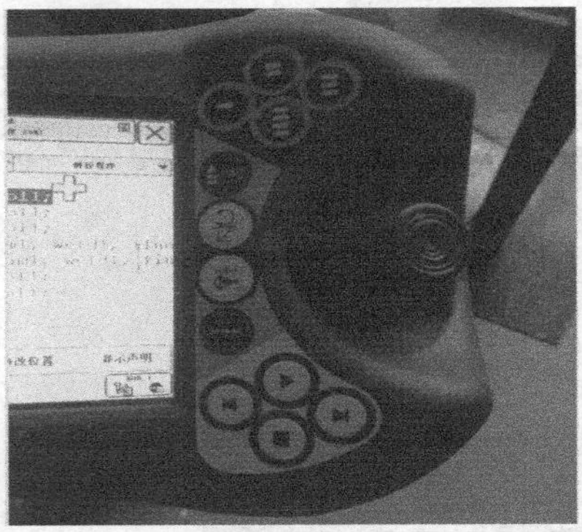	手持示教器,按下使能键给机器人上电,然后按下运行快捷键,空载运行程序,查看机器人运行路径是否正确

表 5-27　运行程序

步骤	操作界面	操作说明
1	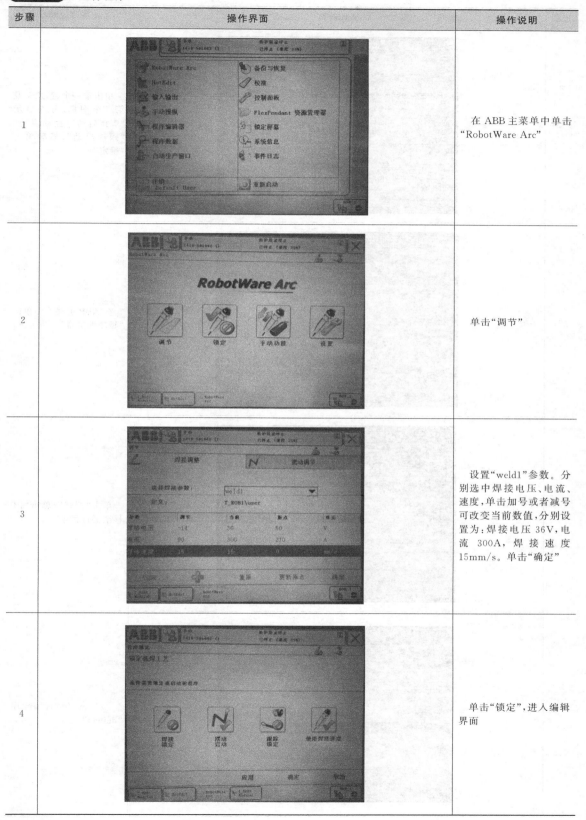	在 ABB 主菜单中单击 "RobotWare Arc"
2		单击"调节"
3		设置"weld1"参数。分别选中焊接电压、电流、速度,单击加号或者减号可改变当前数值,分别设置为:焊接电压 36V,电流 300A,焊接速度 15mm/s。单击"确定"
4		单击"锁定",进入编辑界面

续表

步骤	操作界面	操作说明
5	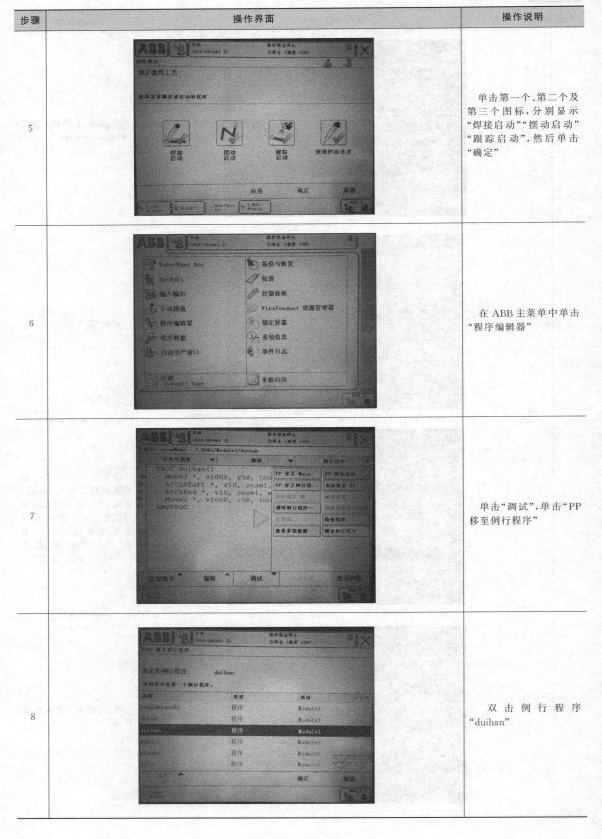	单击第一个、第二个及第三个图标,分别显示"焊接启动""摆动启动""跟踪启动",然后单击"确定"
6		在 ABB 主菜单中单击"程序编辑器"
7		单击"调试",单击"PP 移至例行程序"
8		双击例行程序"duihan"

续表

步骤	操作界面	操作说明
9	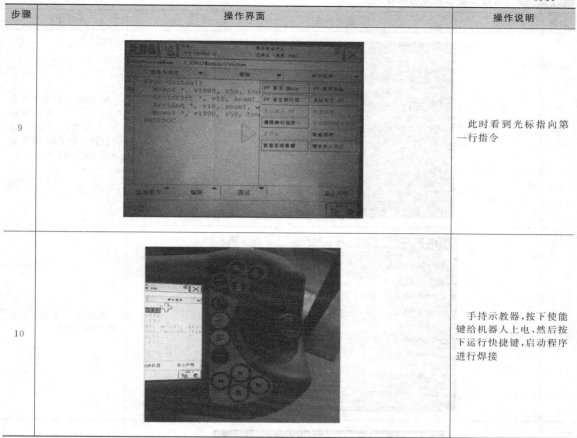	此时看到光标指向第一行指令
10	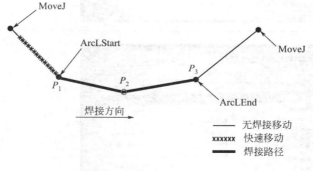	手持示教器,按下使能键给机器人上电,然后按下运行快捷键,启动程序进行焊接

5.3.2　焊接机器人的直线轨迹示教

(1) 示教点的常用编辑操作

弧焊机器人的加工焊缝为直线焊缝时,主要示教点的编辑操作主要包括 MoveJ、ArcLStart、ArcL、ArcLEnd (各指令的含义请参考 5.3.1 节中弧焊编程指令部分)。下面以图 5-64 所示焊缝为例来介绍上述指令的编辑过程。

图 5-64　直线焊缝示意图

在图 5-64 中,MoveJ 是指机器人行走的空间点,在此处并无焊接操作。$P_1 \sim P_3$ 为两段焊缝,P_2 为中间拐点,整个焊缝包含两条直线焊缝。具体程序编辑过程如表 5-28 所示。

表 5-28 直线焊缝示教编程操作

步骤	操作界面	操作说明
1	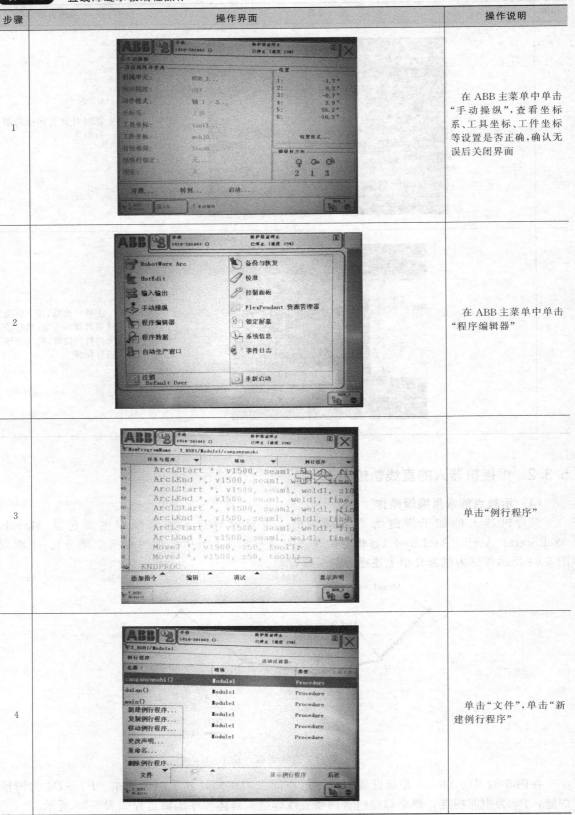	在 ABB 主菜单中单击"手动操纵",查看坐标系、工具坐标、工件坐标等设置是否正确,确认无误后关闭界面
2		在 ABB 主菜单中单击"程序编辑器"
3		单击"例行程序"
4		单击"文件",单击"新建例行程序"

续表

步骤	操作界面	操作说明
5	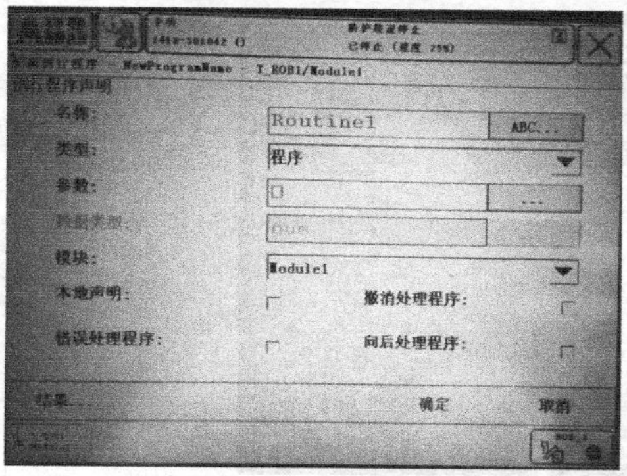	单击"ABC…",命名例行程序
6	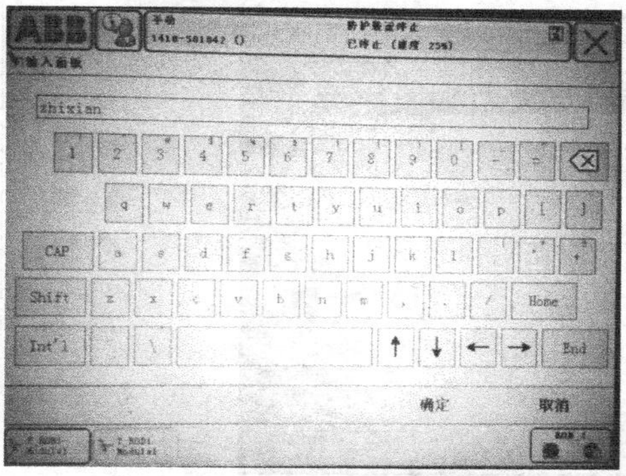	在虚拟键盘中输入例行程序名称"zhixian",单击"确定"
7	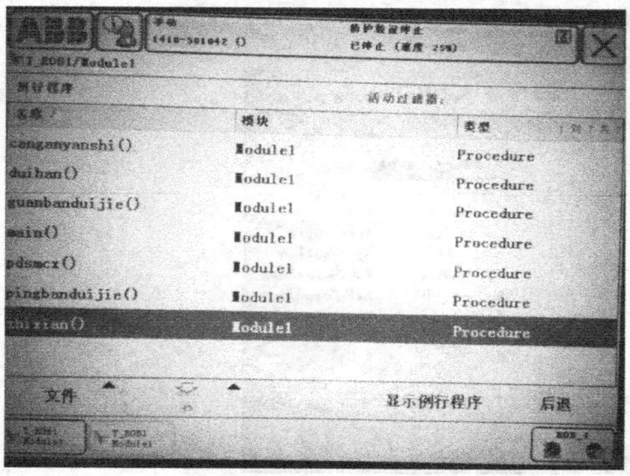	双击新建程序"zhixian()",进入程序编辑界面
8	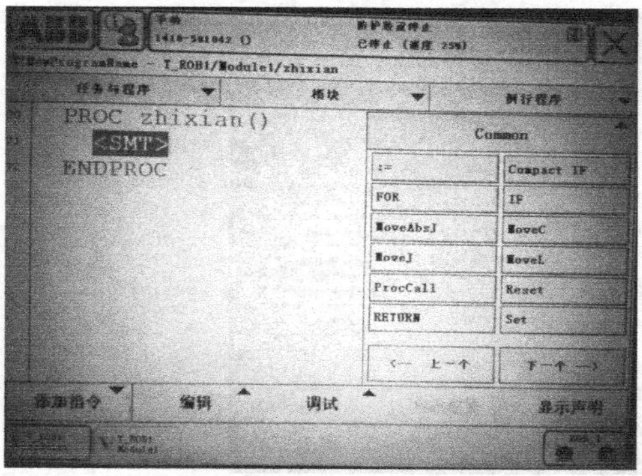	选中"＜SMT＞",单击"添加指令",在"Common"列表下单击"MoveJ"

续表

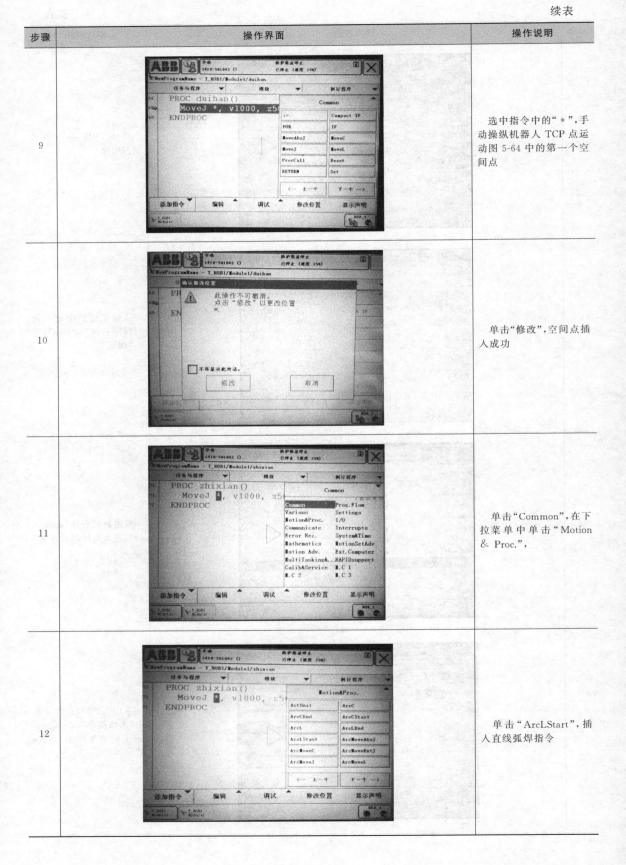

步骤	操作界面	操作说明
9		选中指令中的"＊"，手动操纵机器人 TCP 点运动图 5-64 中的第一个空间点
10		单击"修改"，空间点插入成功
11		单击"Common"，在下拉菜单中单击"Motion & Proc.",
12		单击"ArcLStart"，插入直线弧焊指令

续表

步骤	操作界面	操作说明
13		单击"v1000"，在"数据"中选择选择相应运动参数
14		单击第一个"<EXP>"，在"数据"中选择程序数据"seam1"
15		单击第二个"<EXP>"，在"数据"中选择程序数据"weld1"
16		单击"fine"，在"数据"中选择转弯半径"z20"，单击"确定"

续表

步骤	操作界面	操作说明
17	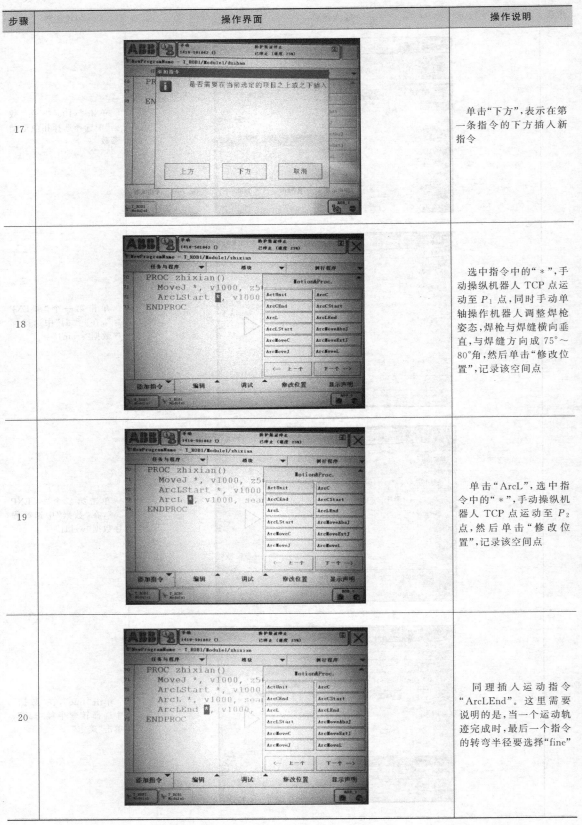	单击"下方",表示在第一条指令的下方插入新指令
18		选中指令中的"＊",手动操纵机器人 TCP 点运动至 P_1 点,同时手动单轴操作机器人调整焊枪姿态,焊枪与焊缝横向垂直,与焊缝方向成 $75°$～$80°$角,然后单击"修改位置",记录该空间点
19		单击"ArcL",选中指令中的"＊",手动操纵机器人 TCP 点运动至 P_2 点,然后单击"修改位置",记录该空间点
20		同理插入运动指令"ArcLEnd"。这里需要说明的是,当一个运动轨迹完成时,最后一个指令的转弯半径要选择"fine"

续表

步骤	操作界面	操作说明
21	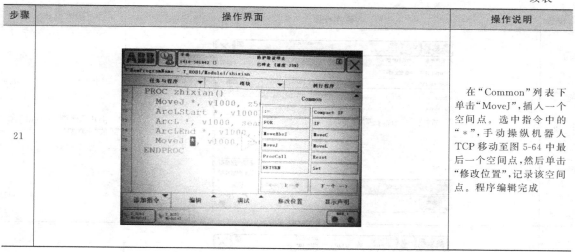	在"Common"列表下单击"MoveJ"，插入一个空间点。选中指令中的"＊"，手动操纵机器人 TCP 移动至图 5-64 中最后一个空间点，然后单击"修改位置"，记录该空间点。程序编辑完成

直线焊缝的示教程序如下：

PROC zhixian（）

MoveJ ＊，v1000，z50，tool1；

ArcLStart ＊，v1000，seam1；weld1，z20，tool1；

ArcL ＊，v1000，seam1；weld1，z20，tool1；

ArcLEnd ＊，v10，seam1；weld1，fine，tool1；

MoveJ ＊，v1000，z50，tool1；

ENDPROC

（2）焊接条件的设定

焊接条件的设定主要是指焊接参数的设置，主要包括三个重要的焊接参数：Seamdata、Welddata 和 Weavedata。这三个焊接参数是提前设置并存储在程序数据里的，在编辑焊接指令时可以直接调用。同时，在编辑调用时也可以对这些参数进行修改。这三个焊接参数的主要内容请参考 5.3.1 节中的介绍，在这里主要介绍在示教器中设置它们的操作步骤。

① Seamdata 的设置　在示教器中设置 Seamdata 的操作步骤如表 5-29 所示。

② Welddata 的设置　在示教器中设置 Welddata 的操作步骤如表 5-30 所示。

③ Weavedata 的设置　在示教器中设置 Weavedata 的操作步骤如表 5-31 所示。

表 5-29　参数 Seamdata 的设置

步骤	操作界面	操作说明
1	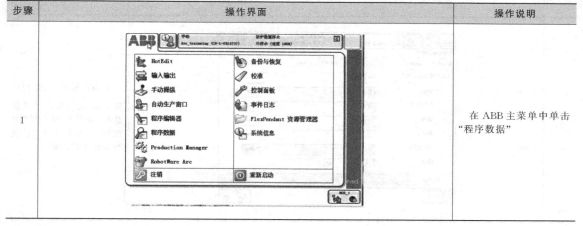	在 ABB 主菜单中单击"程序数据"

续表

步骤	操作界面	操作说明
2	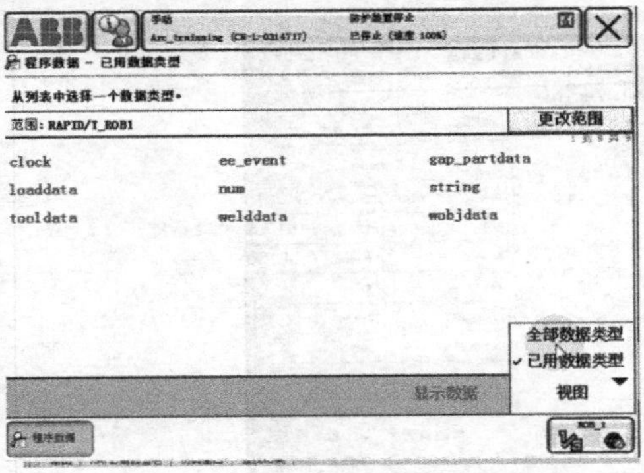	单击"视图",单击"全部数据类型"
3	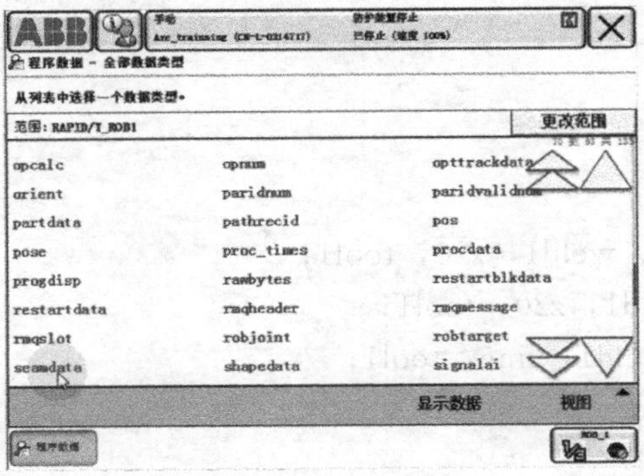	在全部数据类型中选择"seamdata",单击"显示数据"
4	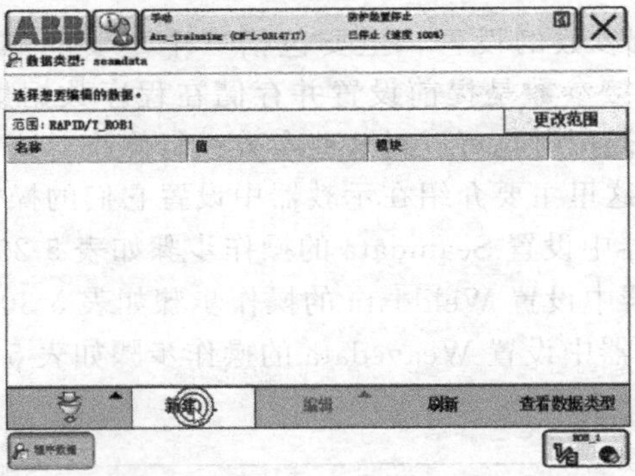	单击"新建",建立一个新的 seamdata 数据
5	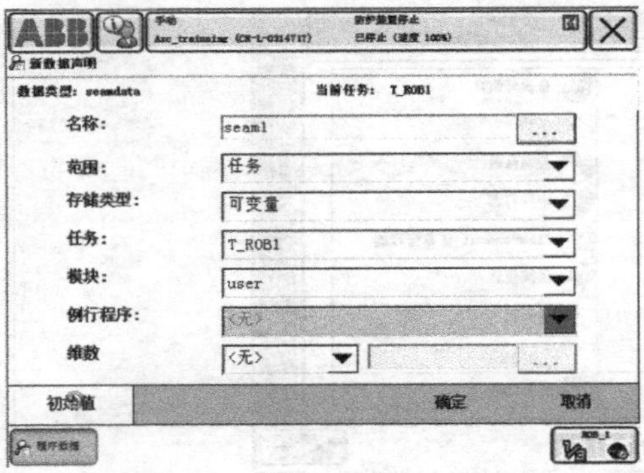	在当前窗口下,我们可以单击 ⋯ 来命名当前数据,存储类型选择"可变量"。单击"初始值"进行具体参数的设定

续表

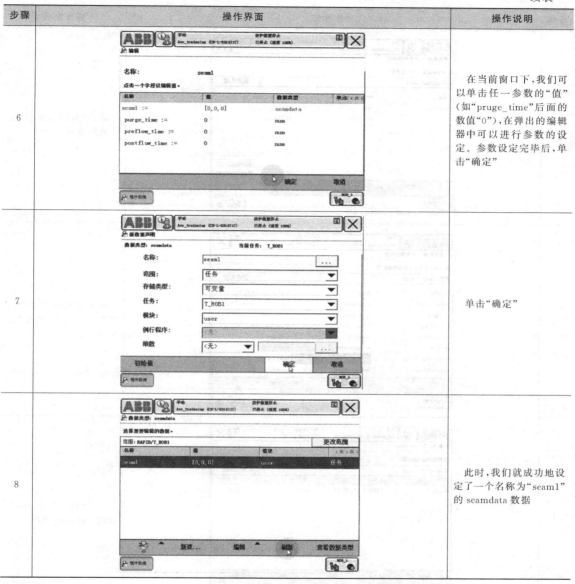

步骤	操作界面	操作说明
6		在当前窗口下，我们可以单击任一参数的"值"（如"pruge_time"后面的数值"0"），在弹出的编辑器中可以进行参数的设定。参数设定完毕后，单击"确定"
7		单击"确定"
8		此时，我们就成功地设定了一个名称为"seam1"的 seamdata 数据

表 5-30　参数 Welddata 的设置

步骤	操作界面	操作说明
1		在 ABB 主菜单中选择"程序数据"

续表

步骤	操作界面	操作说明
2	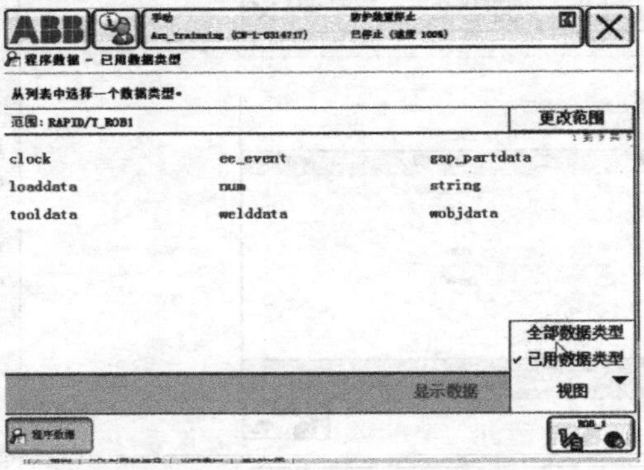	单击"视图",单击"全部数据类型"
3	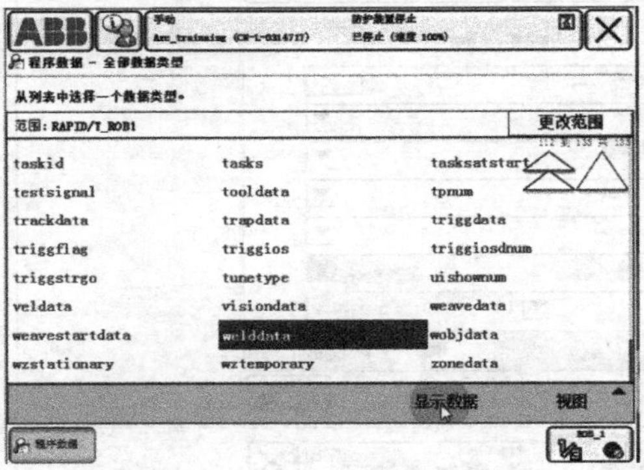	在全部数据类型中选择"welddata",单击"显示数据"
4	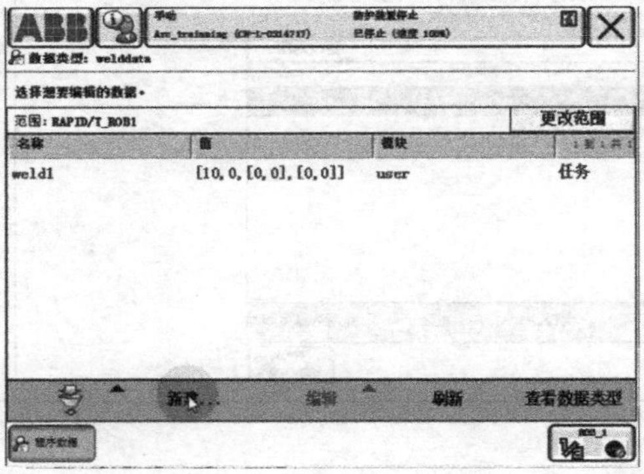	单击"新建",建立一个新的 welddata 数据
5	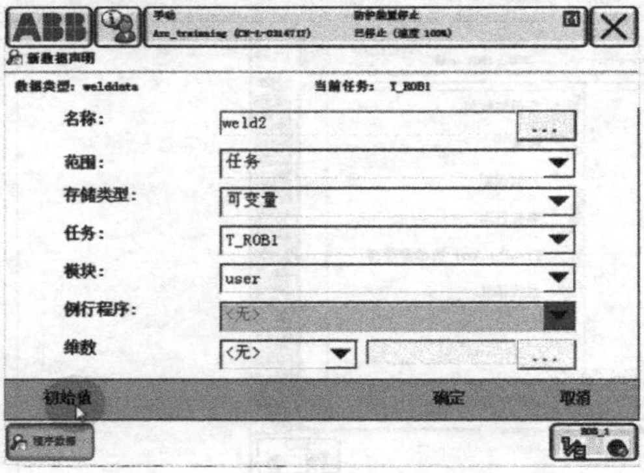	在当前窗口下,我们可以单击 ⬚ 来命名当前数据,存储类型选择"可变量"。单击"初始值"进行具体参数的设定

续表

步骤	操作界面	操作说明
6		在当前窗口下,我们可以单击任一参数的"值"(如"voltage"后面的数值"0"),在弹出的编辑器中可以进行参数的设定。参数设定完毕后,单击"确定"
7		单击"确定"
8		此时,我们就成功地设定了一个名称为"weld2"的 welddata 数据

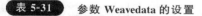 表 5-31　参数 Weavedata 的设置

步骤	操作界面	操作说明
1		在 ABB 主菜单中选择"程序数据"

续表

步骤	操作界面	操作说明
2	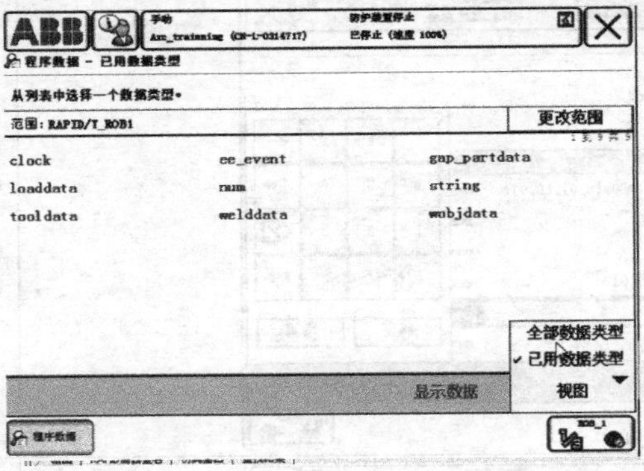	单击"视图",单击"全部数据类型"
3	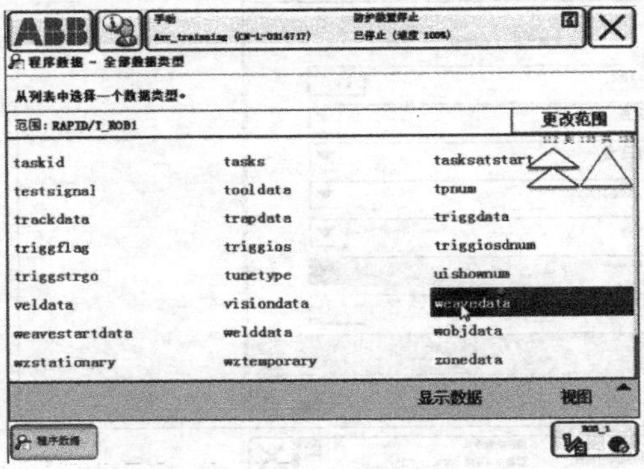	在全部数据类型中选择"weavedata",单击"显示数据"
4	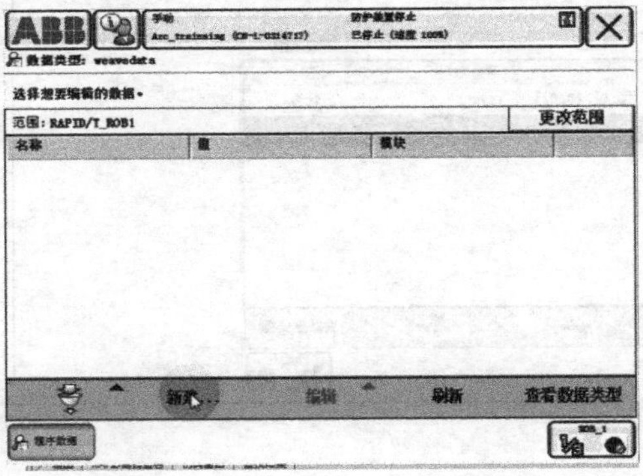	单击"新建",建立一个新的 weavedata 数据
5	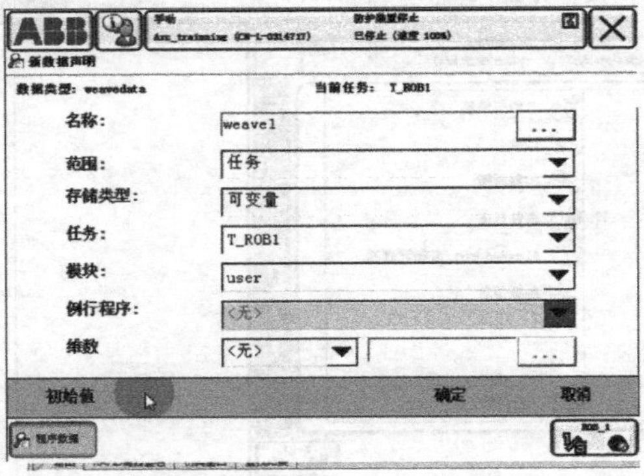	在当前窗口下,我们可以单击 ⋯ 来命名当前数据,存储类型选择"可变量"。单击"初始值"进行具体参数的设定

续表

步骤	操作界面	操作说明
6	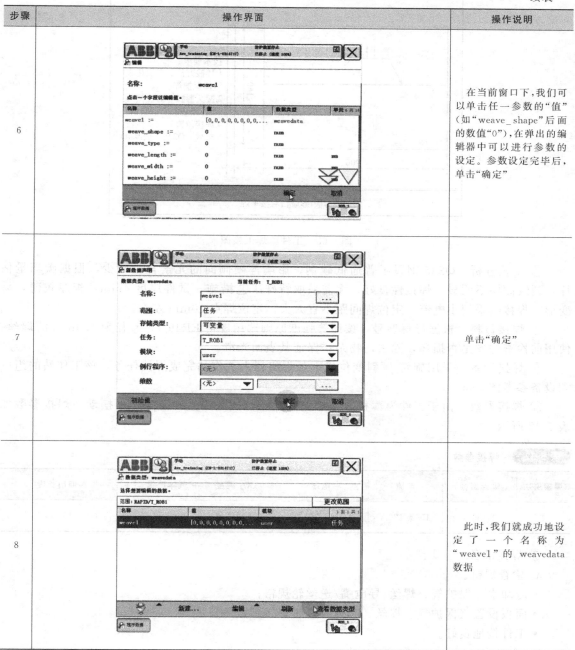	在当前窗口下,我们可以单击任一参数的"值"(如"weave_shape"后面的数值"0"),在弹出的编辑器中可以进行参数的设定。参数设定完毕后,单击"确定"
7		单击"确定"
8		此时,我们就成功地设定了一个名称为"weave1"的 weavedata 数据

(3) 机器人直线运动轨迹的示教(以板-板对接接头的机器人焊接示教为例)

以低碳钢薄板Ⅰ形坡口二氧化碳气体保护焊对接平焊为例介绍机器人直线运动轨迹的示教。

① 工件施焊工接图　工件施焊工接图如图 5-65 所示。

② 焊接要求

a. 焊缝表面不得有裂纹、夹渣、焊瘤、未熔合等缺陷。

b. 焊缝宽度 $6 \sim 8mm$,焊缝余高小于 $2mm$,大于 $0.5mm$。

c. 焊缝表面波纹均匀,与母材圆滑过渡。

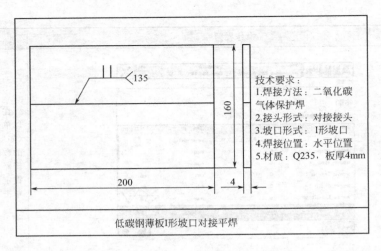

图 5-65　工件施焊工接图

③ 工艺分析　Q235 钢属于普通低碳钢，影响淬硬倾向的元素含量较少，根据碳当量估算，裂纹倾向不明显，焊接性良好，无需采取特殊工艺措施。试件厚度 4mm，板厚较薄，易变形，焊接时采用小电流，定位焊间距不宜太大，定位焊点 10mm 左右。

④ 焊接材料　根据母材型号，按照等强度原则选用规格 ER49-1，直径为 1.0mm 的焊丝，使用前检查焊丝是否损坏，除去污物杂锈保证其表面光滑。

⑤ 焊接设备　采用旋转-倾斜变位机＋弧焊机器人工作站完成焊接任务，该工作站的组成和设备参考图 5-30。

⑥ 焊接参数　由于工件为薄板，且焊缝间隙小，故采用直线运条，不摆动。焊接参数如表 5-32 所示。

表 5-32　焊接参数

焊接层次	焊丝直径	电流	电压	CO_2 纯度	气体流量	焊丝伸出长度
1	1.0mm	100～120A	18～20V	>99.5%	15L/min	8～10mm

⑦ 焊接准备

a. 检查焊机。

- 冷却水、保护气、焊丝/导电嘴/送丝轮规格；
- 面板设置（保护气、焊丝、起弧收弧、焊接参数等）；
- 工件接地良好。

b. 检查信号。

- 手动送丝、手动送气、焊枪开关及电流检测等信号；
- 水压开关、保护气检测等传感信号，调节气体流量；
- 电流、电压等控制的模拟信号是否匹配。

⑧ 定位焊示教编程

a. 装配要求　焊接操作中装配与定位焊很重要。施焊前检查气瓶是否漏气、气体流量表是否损坏、焊枪焊嘴是否有堵塞现象。将两块矫平除锈后的试件放在焊接平台上，调整两板间距 2mm，施焊长度 10mm 左右，左端与右端一致，如图 5-66 所示。

b. 示教编程　示教编程操作步骤如表 5-33 所示。

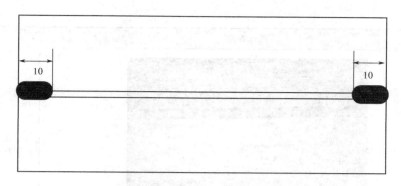

图 5-66　工件装配

表 5-33　定位焊编程操作

步骤	操作界面	操作说明
1	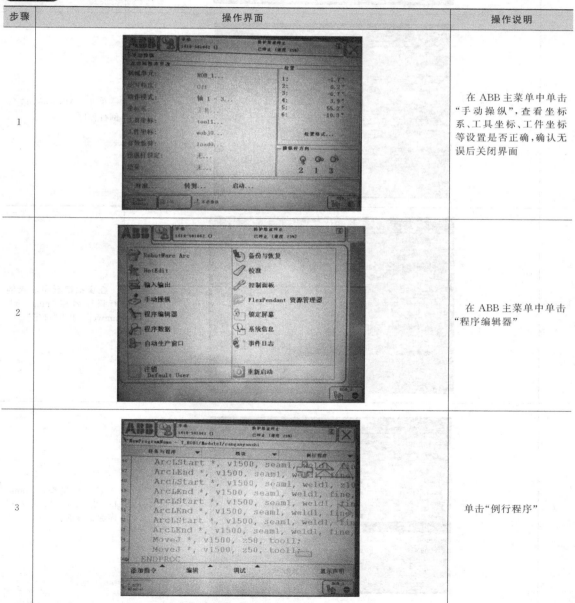	在 ABB 主菜单中单击"手动操纵",查看坐标系、工具坐标、工件坐标等设置是否正确,确认无误后关闭界面
2		在 ABB 主菜单中单击"程序编辑器"
3		单击"例行程序"

续表

步骤	操作界面	操作说明
4	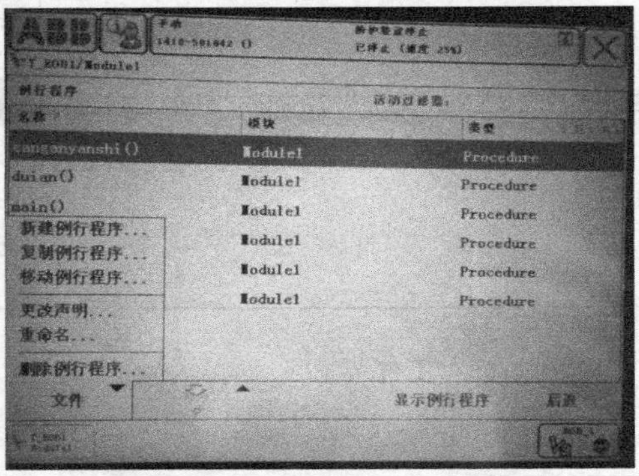	单击"文件",单击"新建例行程序"
5	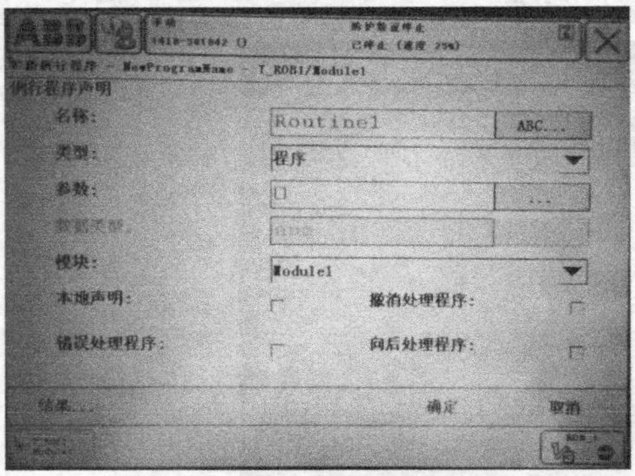	单击"ABC…",命名例行程序
6	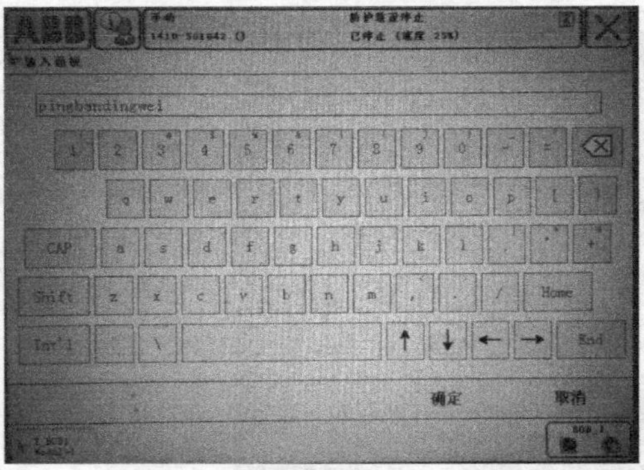	在虚拟键盘中输入例行程序名称"pingbandingwei",单击"确定"
7	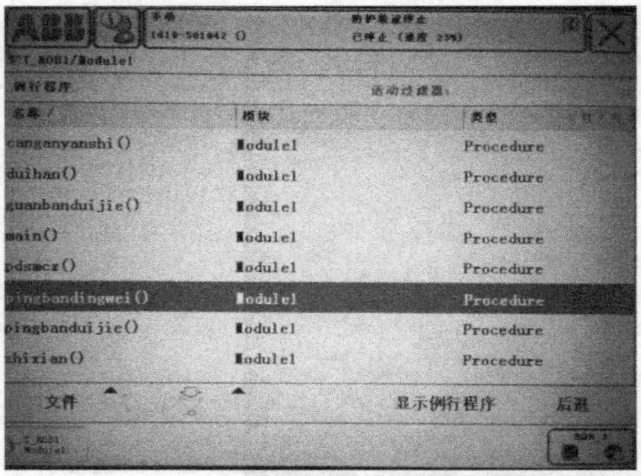	双击新建程序"pingbandingwei( )",进入程序编辑界面

续表

步骤	操作界面	操作说明
8	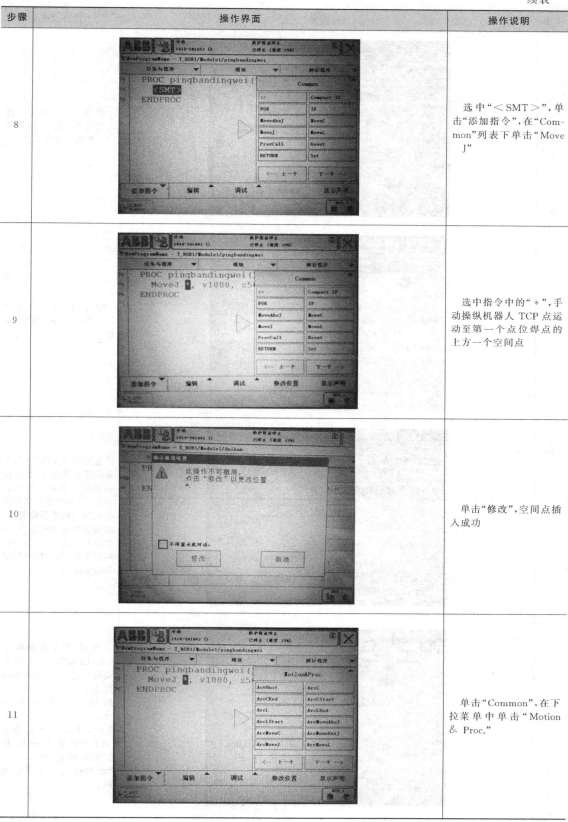	选中"<SMT>",单击"添加指令",在"Common"列表下单击"MoveJ"
9		选中指令中的"*",手动操纵机器人TCP点运动至第一个点位焊点的上方一个空间点
10		单击"修改",空间点插入成功
11		单击"Common",在下拉菜单中单击"Motion & Proc."

续表

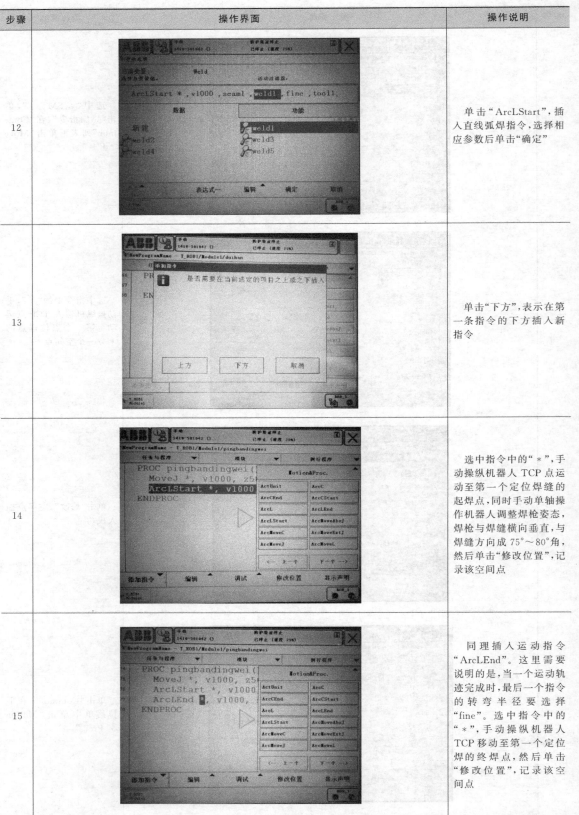

步骤	操作界面	操作说明
12		单击"ArcLStart",插入直线弧焊指令,选择相应参数后单击"确定"
13		单击"下方",表示在第一条指令的下方插入新指令
14		选中指令中的"*",手动操纵机器人 TCP 点运动至第一个定位焊缝的起焊点,同时手动单轴操作机器人调整焊枪姿态,焊枪与焊缝横向垂直,与焊缝方向成 75°～80°角,然后单击"修改位置",记录该空间点
15		同理插入运动指令"ArcLEnd"。这里需要说明的是,当一个运动轨迹完成时,最后一个指令的转弯半径要选择"fine"。选中指令中的"*",手动操纵机器人 TCP 移动至第一个定位焊的终焊点,然后单击"修改位置",记录该空间点

续表

步骤	操作界面	操作说明
16	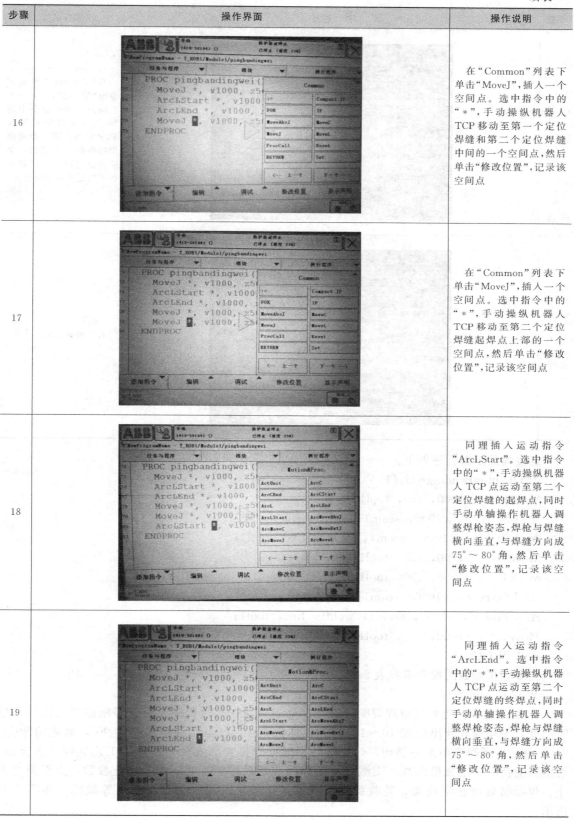	在"Common"列表下单击"MoveJ",插入一个空间点。选中指令中的"∗",手动操纵机器人 TCP 移动至第一个定位焊缝和第二个定位焊缝中间的一个空间点,然后单击"修改位置",记录该空间点
17		在"Common"列表下单击"MoveJ",插入一个空间点。选中指令中的"∗",手动操纵机器人 TCP 移动至第二个定位焊缝起焊点上部的一个空间点,然后单击"修改位置",记录该空间点
18		同理插入运动指令"ArcLStart"。选中指令中的"∗",手动操纵机器人 TCP 点运动至第二个定位焊缝的起焊点,同时手动单轴操作机器人调整焊枪姿态,焊枪与焊缝横向垂直,与焊缝方向成 75°～80°角,然后单击"修改位置",记录该空间点
19		同理插入运动指令"ArcLEnd"。选中指令中的"∗",手动操纵机器人 TCP 点运动至第二个定位焊缝的终焊点,同时手动单轴操作机器人调整焊枪姿态,焊枪与焊缝横向垂直,与焊缝方向成 75°～80°角,然后单击"修改位置",记录该空间点

续表

步骤	操作界面	操作说明
20	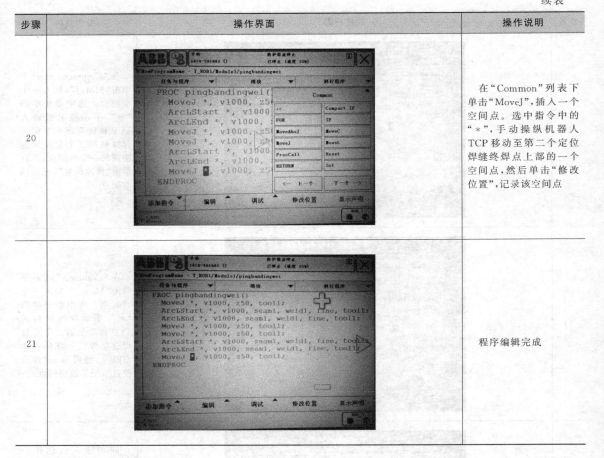	在"Common"列表下单击"MoveJ",插入一个空间点。选中指令中的"∗",手动操纵机器人TCP移动至第二个定位焊缝终焊点上部的一个空间点,然后单击"修改位置",记录该空间点
21		程序编辑完成

定位焊的示教程序如下:

PROC pingbandingwei ()

MoveJ ∗, v1000, z50, tool1;

ArcLStart ∗, v1000, seam1; weld1, fine, tool1;

ArcLEnd ∗, v1000, seam1; weld1, fine, tool1;

MoveJ ∗, v1000, z50, tool1;

MoveJ ∗, v1000, z50, tool1;

ArcLStart ∗, v1000, seam1; weld1, fine, tool1;

ArcLEnd ∗, v1000, seam1; weld1, fine, tool1;

MoveJ ∗, v1000, z50, tool1;

ENDPROC

其中焊接参数的设置参照表 5-32。

⑨ 焊接示教编程

a. 工艺要求 施焊时清理焊嘴,由点焊处起焊,焊接过程中要保持焊枪适当的倾斜和枪嘴高度,调整焊丝伸出长度 10～12mm,气体流量 15L/min,焊枪工作角 90°,前进角 80°～85°,由于板薄间隙小无需摆动,焊接时必须根据焊接实际效果判断焊接工艺参数是否合适。看清熔池情况、电弧稳定性、飞溅大小及焊缝成形的好坏来修正焊接工艺参数,直至满意为止。焊接结束前必须收弧,若收弧不当容易产生弧坑并出现裂纹、气孔等缺陷。如图 5-67所示。

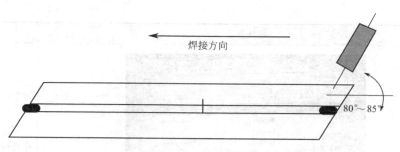

图 5-67　焊枪角度

b. 示教编程　示教编程具体操作步骤如表 5-34 所示。

表 5-34　平板对接焊编程操作

步骤	操作界面	操作说明
1		在 ABB 主菜单中选择"手动操纵",查看坐标系、工具坐标、工件坐标等是否设置正确,确认无误后关闭界面
2		在 ABB 主菜单中单击"程序编辑器"
3		单击"例行程序"

步骤	操作界面	操作说明
4	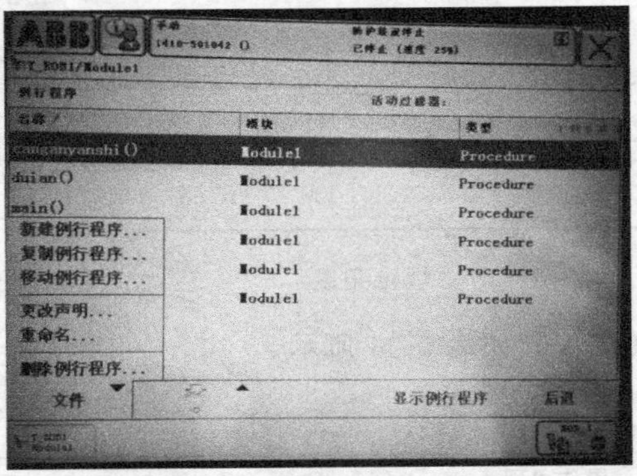	单击"文件",单击"新建例行程序"
5	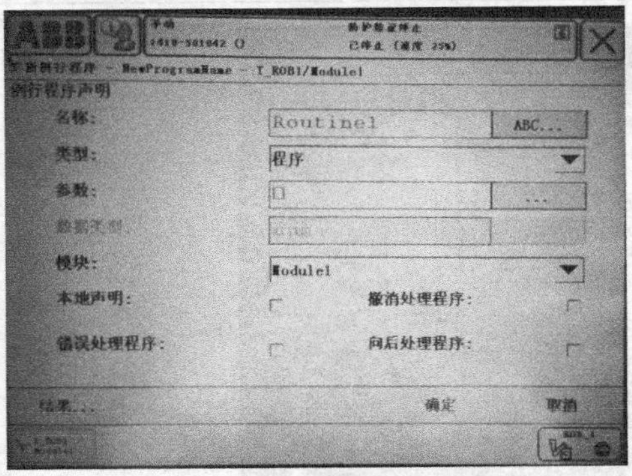	单击"ABC...",命名例行程序
6	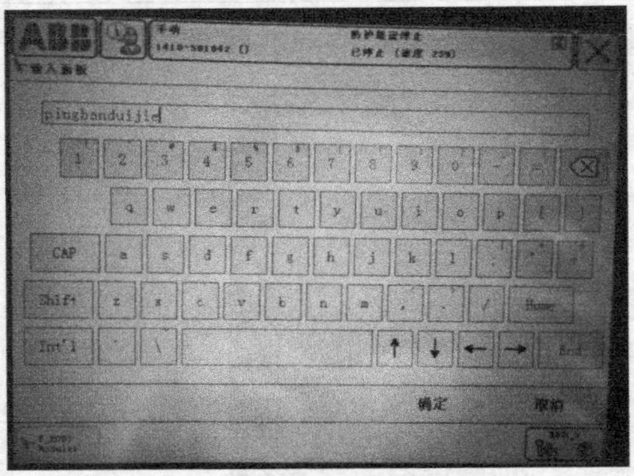	在虚拟键盘中输入例行程序名字"pingbanduijie",单击"确定"
7	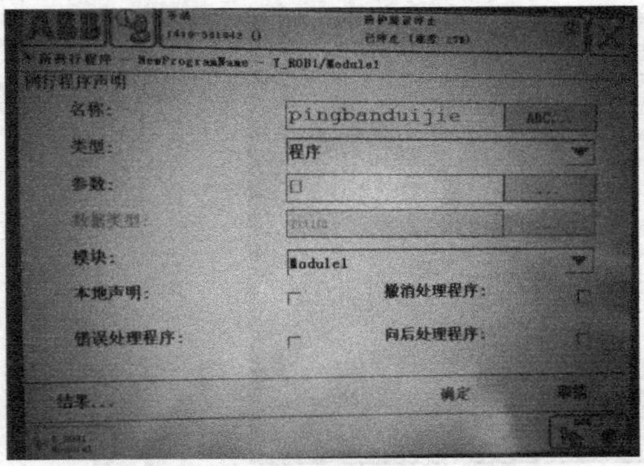	单击"确定"

续表

步骤	操作界面	操作说明
8	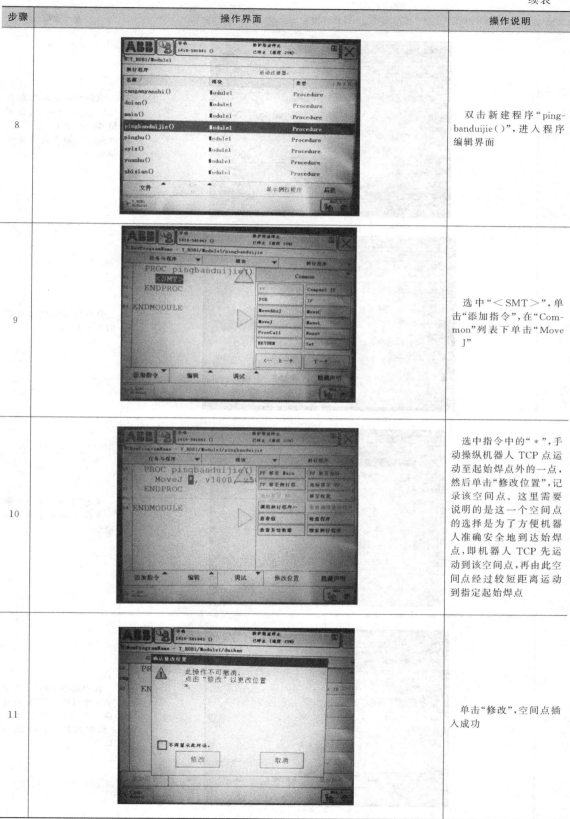	双击新建程序"ping-banduijie( )",进入程序编辑界面
9		选中"＜SMT＞",单击"添加指令",在"Common"列表下单击"Move J"
10		选中指令中的"＊",手动操纵机器人 TCP 点运动至起始焊点外的一点,然后单击"修改位置",记录该空间点。这里需要说明的是这一个空间点的选择是为了方便机器人准确安全地到达始焊点,即机器人 TCP 先运动到该空间点,再由此空间点经过较短距离运动到指定起始焊点
11		单击"修改",空间点插入成功

续表

步骤	操作界面	操作说明
12	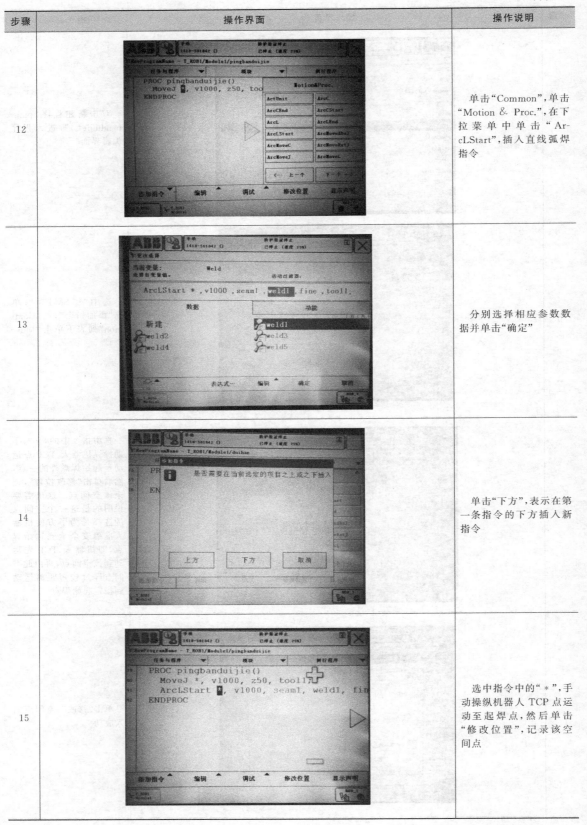	单击"Common"，单击"Motion & Proc."，在下拉菜单中单击"ArcLStart"，插入直线弧焊指令
13		分别选择相应参数数据并单击"确定"
14		单击"下方"，表示在第一条指令的下方插入新指令
15		选中指令中的"*"，手动操纵机器人 TCP 点运动至起焊点，然后单击"修改位置"，记录该空间点

步骤	操作界面	操作说明
16		单击"ArcLEnd",插入焊接直线完成指令
17		参数的选择参照运动指令"ArcLStart"的操作。这里需要说明的是,当一个运动轨迹完成时,最后一个指令的转弯半径要选择"fine"
18		选中指令中的"*",手动操纵机器人 TCP 点运动至焊缝终点,然后单击"修改位置",记录该空间点
19		在"Common"列表下单击"MoveJ",插入一个空间点

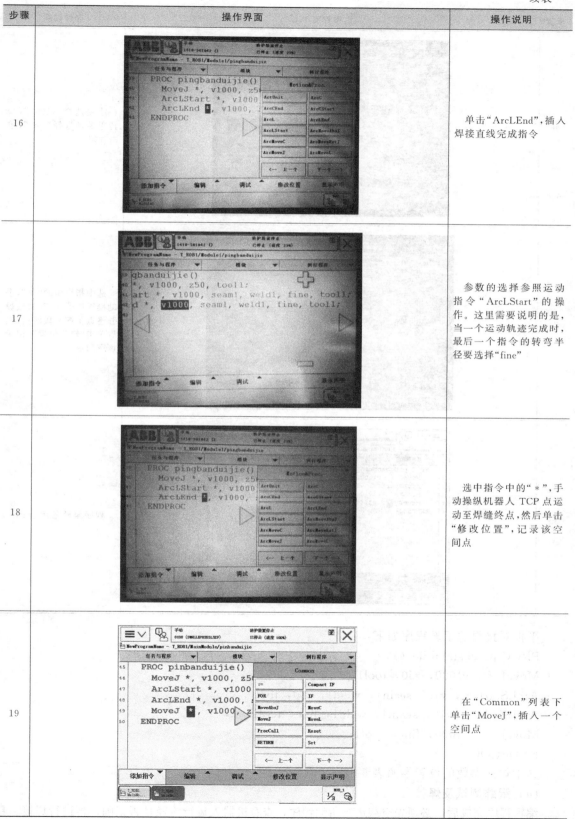

续表

步骤	操作界面	操作说明
20	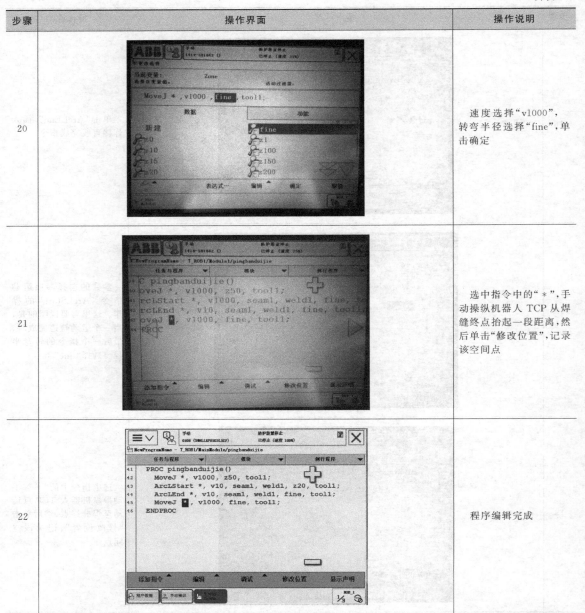	速度选择"v1000"，转弯半径选择"fine"，单击确定
21		选中指令中的"*"，手动操纵机器人 TCP 从焊缝终点抬起一段距离，然后单击"修改位置"，记录该空间点
22		程序编辑完成

平板对接焊的示教程序如下：

PROC pingbandui jie（）

MoveJ ＊，v1000，z50，tool1；

ArcLStart ＊，v10，seam1，weld1，z20，tool1；

ArcLEnd ＊，v10，seam1，weld1，fine，tool1；

MoveJ ＊，v1000，fine，tool1；

ENDPROC

其中焊接参数的设置参照表 5-32。

（4）跟踪测试及焊接

编辑程序完成后，必须先空载运行所编程序，查看机器人运行路径是否正确，再进行焊接。具体操作步骤参照表 5-26。程序验证完成后，运行程序实施焊接，具体操作步骤参照表 5-27。

（5）机器人焊接中常见的焊接缺陷及其调整

① 焊接缺陷分析及处理方法　机器人焊接采用的是富氩混合气体保护焊，焊接过程中出现的焊接缺陷一般有焊偏、咬边、气孔等几种，具体分析如下：

a. 焊偏。出现焊偏可能为焊接的位置不正确或焊枪寻找时出现问题。出现这种情况我们要考虑焊枪中心点 TCP 的标定是否准确，如不准确必须重新标定。如果频繁出现这种情况就要检查机器人各轴的零点位置是否准确，重新校零予以修正。

b. 咬边。出现咬边缺陷主要原因是焊接参数选择不当、焊枪角度或焊枪位置不对，这时需要适当调整功率的大小来改变焊接参数，调整焊枪的姿态以及焊枪与工件的相对位置。

c. 气孔。出现气孔可能为气体保护差、工件底漆太厚或者保护气不够干燥，可以根据具体情况进行相应调整即可解决。

d. 飞溅。飞溅过多可能为焊接参数选择不当、气体组分原因或焊丝外伸长度太长，可适当调整功率大小来改变焊接参数，调节气体配比仪来调整混合气体比例，调整焊枪与工件的相对位置。

e. 弧坑。焊缝结尾处冷却后形成弧坑，在编程时在工作步中添加埋弧坑功能，可以将其填满。

② 弧焊机器人示教编程技巧总结

a. 选择合理的焊接顺序。以减小焊接变形、焊枪行走路径长度来制定焊接顺序。

b. 焊枪空间过渡要求移动轨迹较短、平滑、安全。

c. 优化焊接参数。为了获得最佳的焊接参数，制作工作试件进行焊接试验和工艺评定。

d. 合理的变位机位置、焊枪姿态、焊枪相对接头的位置。工件在变位机上固定之后，若焊缝不是理想的位置与角度，就要求编程时不断调整变位机，使得焊接的焊缝按照焊接顺序逐次达到水平位置，同时，要不断调整机器人各轴位置，合理地确定焊枪相对接头的位置、角度与焊丝伸出长度。工件的位置确定之后，焊枪相对接头的位置通过编程者的双眼观察，难度较大。这就要求编程者善于总结积累经验。

e. 及时插入清枪程序。编写一定长度的焊接程序后，应及时插入清枪程序，可以防止焊接飞溅堵塞焊接喷嘴和导电嘴，保证焊枪的清洁，提高喷嘴的寿命，确保可靠引弧、减少焊接飞溅。

f. 编制程序一般不能一步到位，要在机器人焊接过程中不断检验和修改程序，调整焊接参数及焊枪姿态等，才会形成一个好程序。

5.3.3　焊接机器人的圆弧轨迹示教

（1）示教点的常用编辑操作

弧焊机器人的加工焊缝为圆弧焊缝时，主要示教点的编辑操作主要包括 MoveJ、ArcCStart、ArcC、ArcCEnd。下面以图 5-68 所示焊缝为例来介绍上述指令的编辑过程。

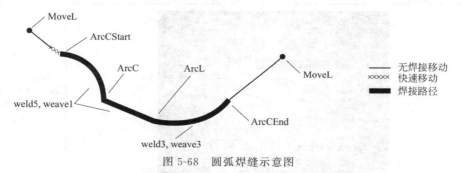

图 5-68　圆弧焊缝示意图

在图中，MoveL 是指机器人行走的空间路径，在此处并无焊接操作。整个焊缝包含两条圆弧焊缝和一条直线焊缝。具体示教编程操作如表 5-35 所示。

表 5-35　圆弧焊缝编程示教

步骤	操作界面	操作说明
1	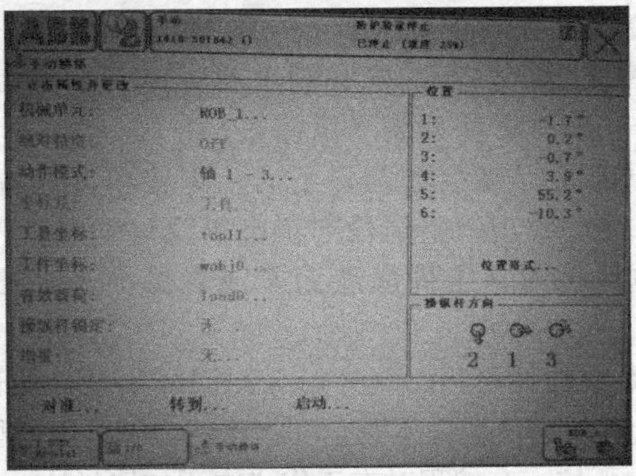	在 ABB 主菜单中选择"手动操纵",查看坐标系、工具坐标、工件坐标等是否设置正确,确认无误后关闭界面
2	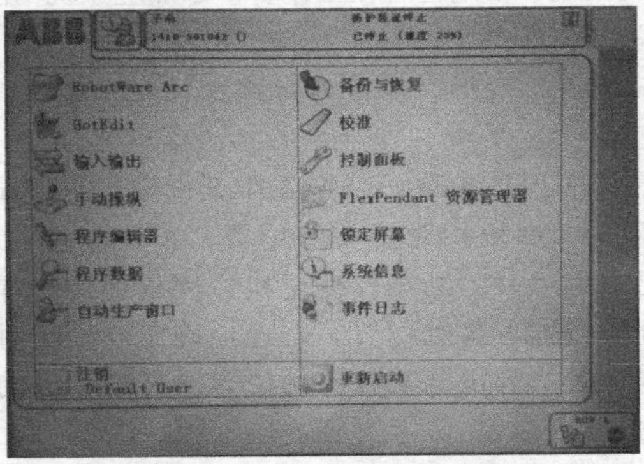	在 ABB 主菜单中单击"程序编辑器"
3	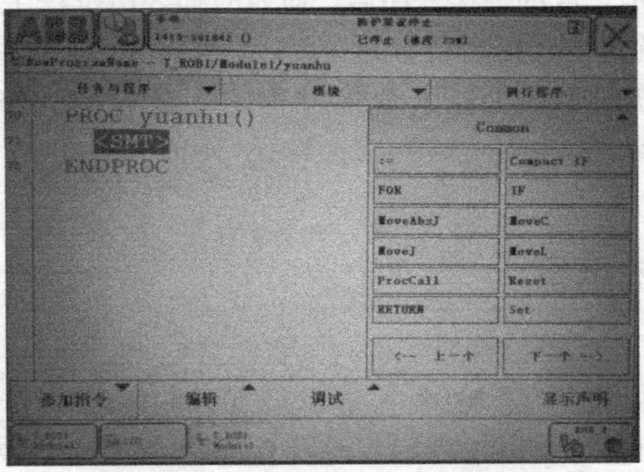	在程序编辑器中单击"添加指令",单击"MoveJ",添加空间点指令
4	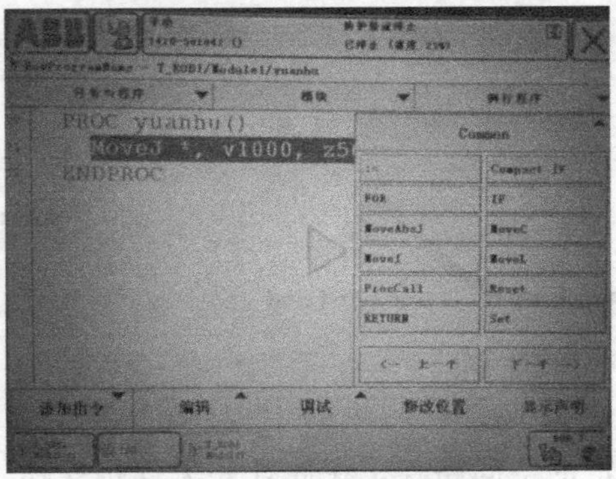	选中"*",手动操纵机器人 TCP 点运动至第一个空间点,单击"修改位置",记录该空间点

续表

步骤	操作界面	操作说明
5	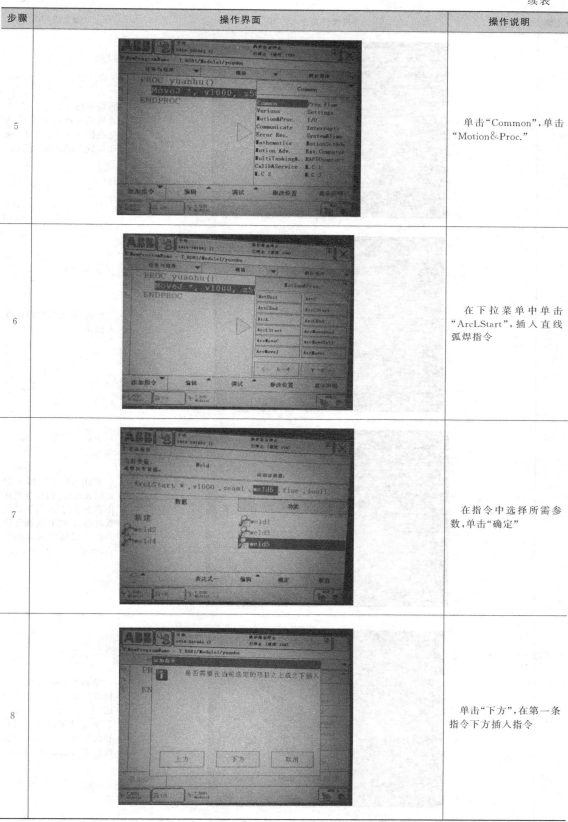	单击"Common",单击"Motion&Proc."
6		在下拉菜单中单击"ArcLStart",插入直线弧焊指令
7		在指令中选择所需参数,单击"确定"
8		单击"下方",在第一条指令下方插入指令

步骤	操作界面	操作说明
9	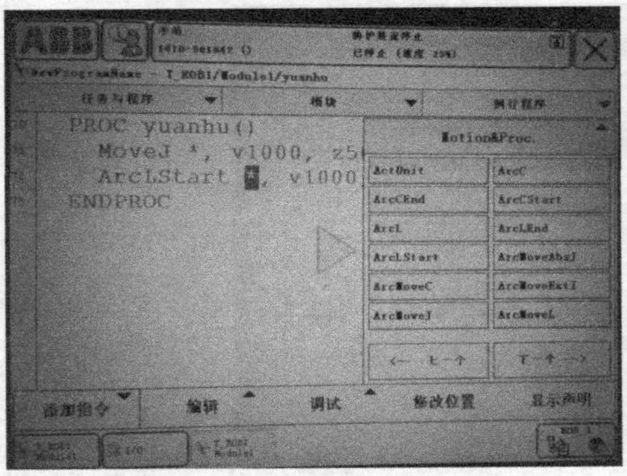	选中指令中的"＊",手动操纵机器人 TCP 运动至起始焊点然后单击"修改位置",记录该空间点
10	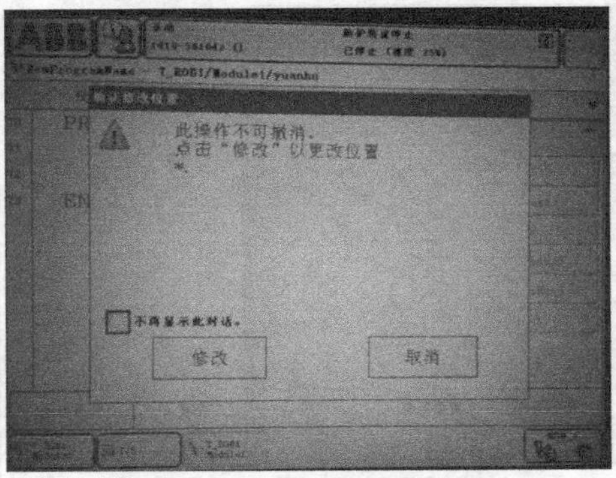	单击"修改",空间点插入成功
11	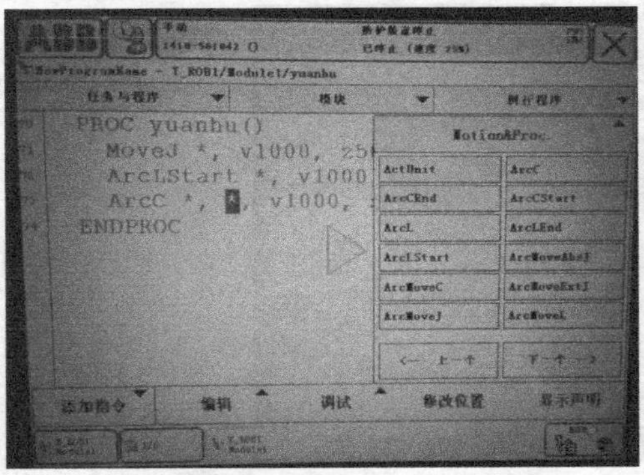	单击"ArcC",插入焊接圆弧指令,然后分别选中指令中的"＊",手动操纵机器人 TCP 运动至第一段圆弧的中间点和终点,然后单击"修改位置"
12	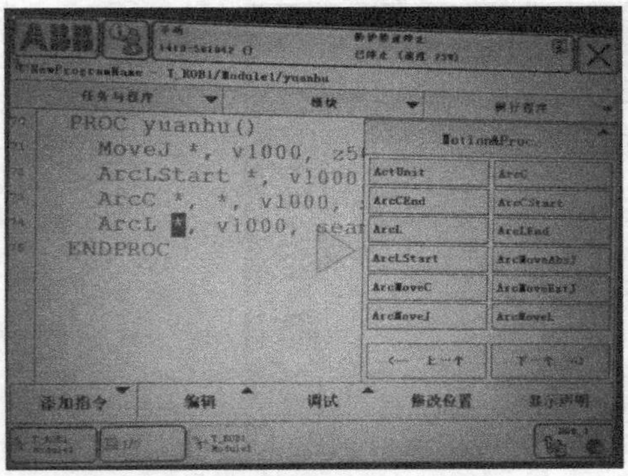	单击"ArcL",插入焊接直线指令,选中指令中的"＊",手动操纵机器人 TCP 运动至焊接直线路径的终点,然后单击"修改位置",记录该空间点

续表

步骤	操作界面	操作说明
13	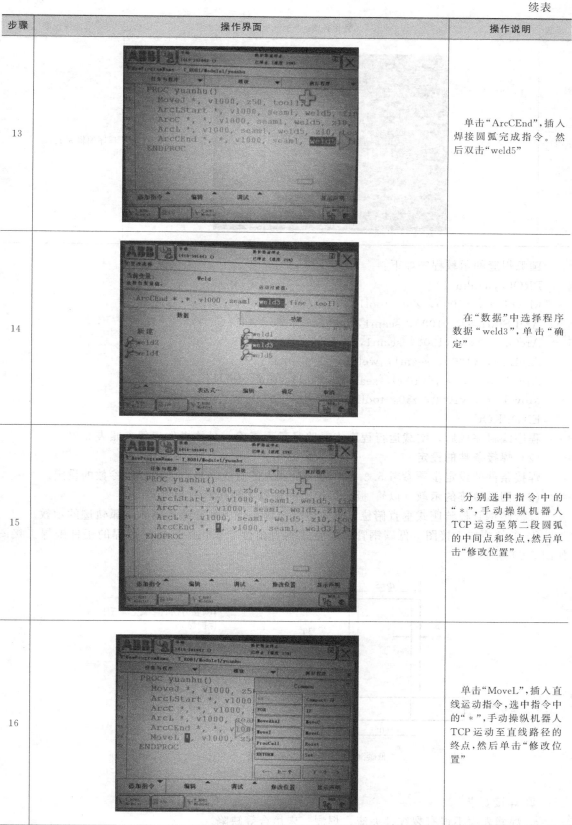	单击"ArcCEnd",插入焊接圆弧完成指令。然后双击"weld5"
14		在"数据"中选择程序数据"weld3",单击"确定"
15		分别选中指令中的"＊",手动操纵机器人TCP运动至第二段圆弧的中间点和终点,然后单击"修改位置"
16		单击"MoveL",插入直线运动指令,选中指令中的"＊",手动操纵机器人TCP运动至直线路径的终点,然后单击"修改位置"

步骤	操作界面	操作说明
17	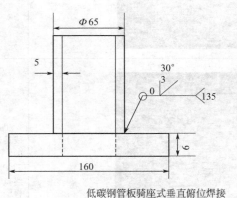	程序编辑完成

圆弧焊缝的示教程序如下：

PROC yuanhu（）

MoveJ ＊，v1000，z50，tool1；

ArcLStart ＊，v1000，seam1，weld5，fine，tool1；

ArcC ＊，＊，v1000，seam1，weld5，z10，tool1；

ArcL ＊，v1000，seam1，weld5，z10，tool1；

ArcCEnd ＊，＊，v1000，seam1，weld3，fine，tool1；

MoveL ＊，v1000，z50，tool1；

ENDPROC

程序编辑完成后，空载运行程序查看路径是否正确，具体操作步骤参照表5-26。

（2）焊接条件的设定

焊接条件的设定步骤参考5.3.2节焊接机器人的直线轨迹示教中焊接参数的设定。

（3）圆弧轨迹的示教（以管-板角接接头的机器人焊接示教为例）

以低碳钢管板骑座式垂直俯位二氧化碳气体保护焊为例介绍机器人圆弧轨迹的示教。

① 工件施焊工接图　低碳钢管板骑座式垂直俯位二氧化碳气体保护焊的工件施焊工接图如图5-69所示。

技术要求：

1.焊接方法：二氧化碳气体保护焊

2.接头形式：角接接头

3.坡口形式：V形坡口

4.焊接位置：横位置

5.材质：Q235钢，20钢

6.间隙：3mm

低碳钢管板骑座式垂直俯位焊接

图5-69　工件施焊工接图

② 焊接要求

a.焊缝表面不得有裂纹、夹渣、焊瘤、未熔合等缺陷。

b. 焊脚高度 6mm。

c. 焊缝表面波纹均匀，与母材圆滑过渡。

③ 工艺分析　Q235 钢和 20 钢均属于普通低碳钢，影响淬硬倾向的元素含量较少，根据碳当量估算，裂纹倾向不明显，焊接性良好，无需采取特殊工艺措施。

④ 焊接材料　根据母材型号，按照等强度原则选用规格 ER49-1，直径为 1.2mm 的焊丝，使用前检查焊丝是否损坏，除去污物杂锈保证其表面光滑。

⑤ 焊接设备　采用旋转-倾斜变位机＋弧焊机器人工作站完成焊接任务，该工作站的组成和设备参考图 5-30。

⑥ 焊接参数　焊接层数为三层，包括打底焊、盖面焊（上、下两道），如图 5-70 所示。

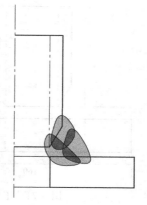

图 5-70　焊道层次

焊接参数如表 5-36 所示。

表 5-36　焊接参数

焊接层次	电流/A	电压/V	焊接速度/(mm/s)	摆动幅度/mm	焊丝直径/mm	CO_2 气流量/(L/min)	焊丝伸出长度/mm
1	125	21	3	2.5	1.2	15	12
2	140	23	4	3.5	1.2	15	12

⑦ 焊接准备

a. 检查焊机

- 冷却水、保护气、焊丝/导电嘴/送丝轮规格；
- 面板设置（保护气、焊丝、起弧收弧、焊接参数等）；
- 工件接地良好。

b. 检查信号

- 手动送丝、手动送气、焊枪开关及电流检测等信号；
- 水压开关、保护气检测等传感信号，调节气体流量；
- 电流、电压等控制的模拟信号是否匹配。

⑧ 装配与定位　由于使用机器人点焊定位较为复杂，这里选用焊条电弧焊进行点焊定位（如图 5-71 所示）。为了保证既焊透又不烧穿，必须留有合适的对接间隙和合理的钝边。焊接前先将孔板置于平台上，用两根直径 3.2mm 的焊条除去药皮，点在孔板上，再将管坡口端向下置于焊条上，使孔里皮和板孔壁对齐；在适当的位置固定焊，固定点固点一般为三处，焊点约长 5mm，厚度 3mm，以满足强度要求，错开 120°角，再固定焊另一点，两点固定后用角磨机打磨固定点使成斜坡状，以方便接头；抽出焊条，管板间隙 3.0～3.5mm，钝边 0.5～1mm，错边量≤0.5mm。

⑨ 打底焊示教编程

a. 工艺要点　将焊件固定在操作台上，使其处于俯位，清理焊枪喷嘴内污物，调整焊丝伸出长度 10～12mm，焊接电流 110～130A。三个定位点将整个焊缝分成了三个相等的圆弧（如图 5-72 所示）。点固好的试件置于适当高度，第一个固定点 P_0 口处孔板上引燃电弧，电弧指向孔板，喷嘴工作角度 60°，前进角 70°～80°，电弧斜锯齿摆动进行焊接。焊接过程密切关注电弧长度及摆动幅度，控制管侧熔孔 0.5～1mm。

b. 示教编程　由于本焊接工作站不能实现弧焊机器人与变位机的联动操作，因此设计打

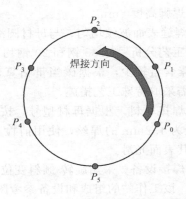

图 5-71　工件装配　　　　　　　　　　　　图 5-72　焊道轨迹示意图

底焊共分三段圆弧的焊接，具体焊接操作步骤为：首先运行程序 1 焊接第一段圆弧（P_0—P_1—P_2）；操纵变位机让工件顺时针旋转 120°，运行程序 2 焊接第二段圆弧（P_2—P_3—P_4）；操纵变位机让工件顺时针旋转 120°，运行程序 3 焊接第三段圆弧（P_4—P_5—P_0）。三个焊接程序的编程程序是相同的，这里仅以程序 1 为例介绍圆弧焊缝的示教编程。程序 1 的示教编程操作如表 5-37 所示。

表 5-37　打底焊的示教编程

步骤	操作界面	操作说明
1		在 ABB 主菜单中单击"程序数据"，建立工作所需的程序数据
2		单击"weavedata"

续表

步骤	操作界面	操作说明
3	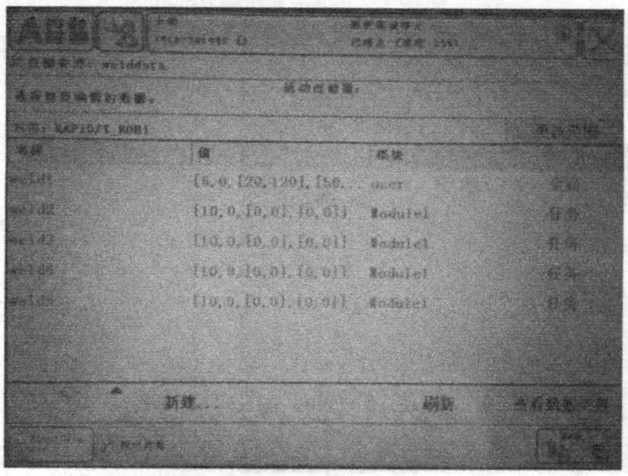	双击"weld1"
4	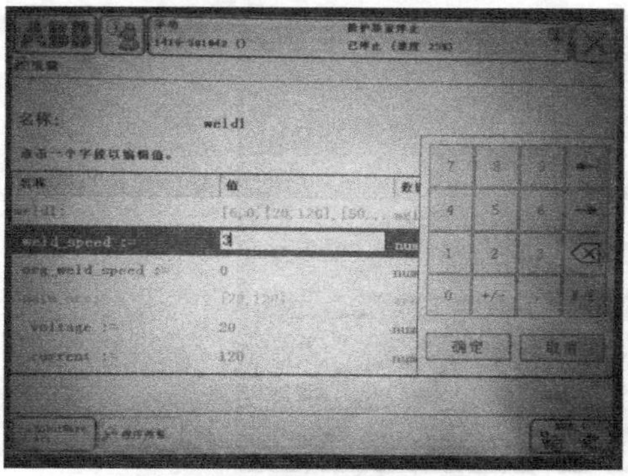	按照打底焊的参数分别给相应参数赋值
5	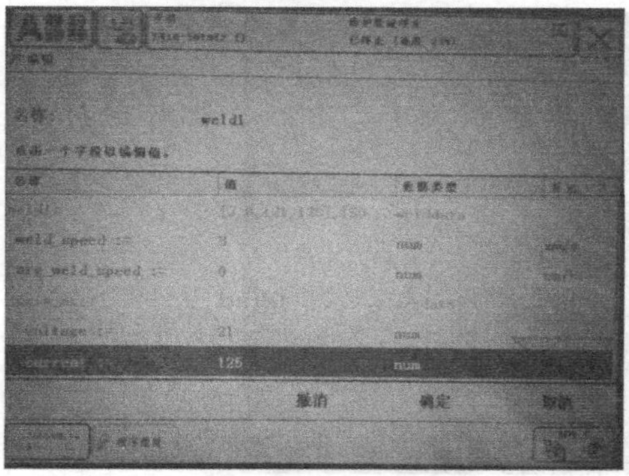	完成参数设置后,单击"确定"
6	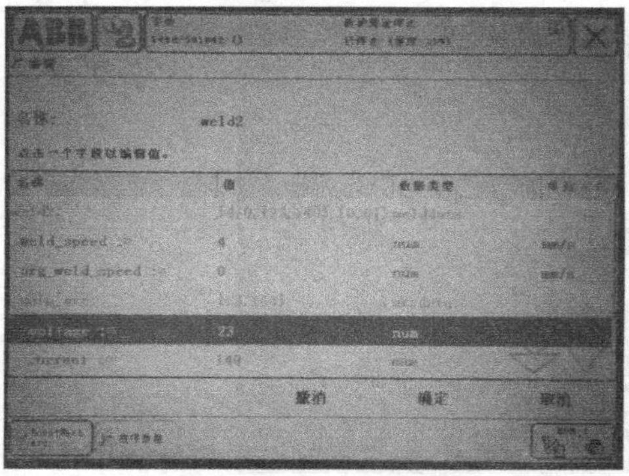	同理设置"weld2"数据并保存。"weld2"为盖面焊所要调用的焊接数据

步骤	操作界面	操作说明
7	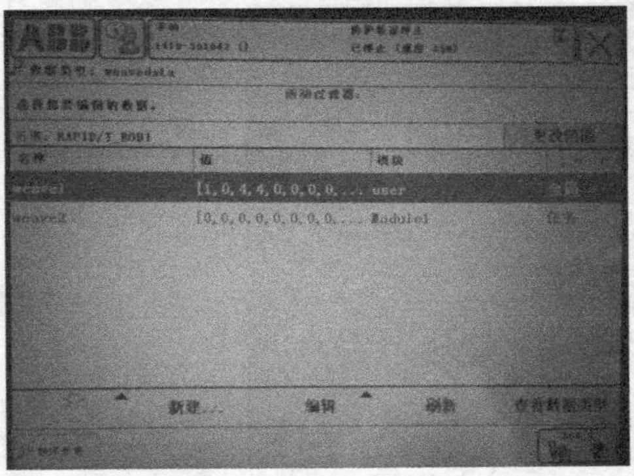	返回程序数据后，单击"weavedata"，双击"weave1"
8	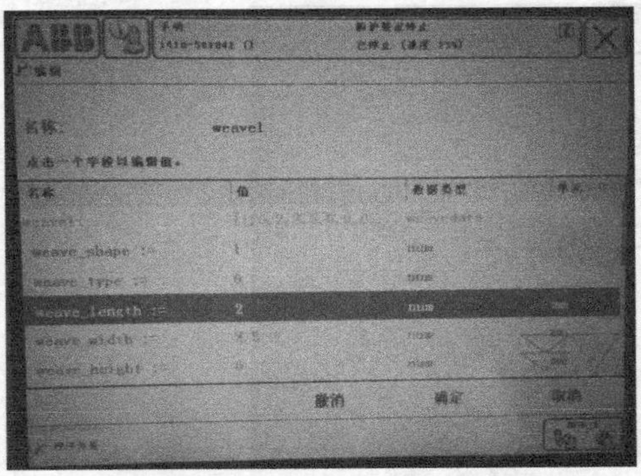	按照盖面焊的参数分别给相应参数赋值
9	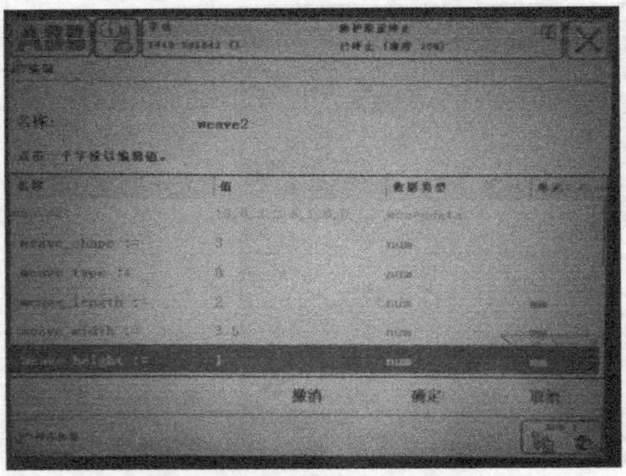	同理设置数据参数"weave2"
10	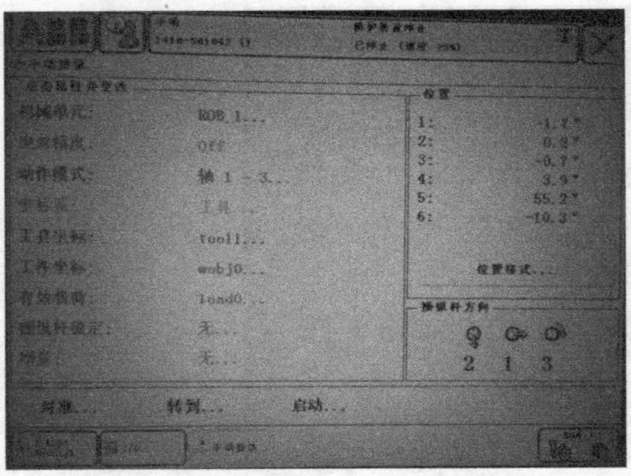	在 ABB 主菜单中选择"手动操纵"，查看坐标系、工具坐标、工件坐标等是否设置正确，确认无误后关闭界面

步骤	操作界面	操作说明
11	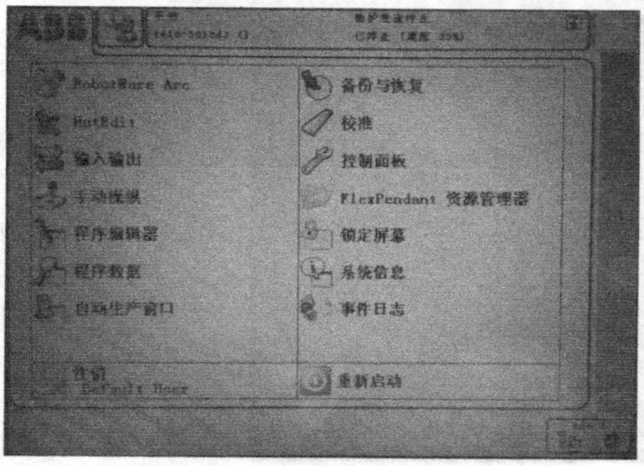	在 ABB 主菜单中选择"程序编辑器"
12	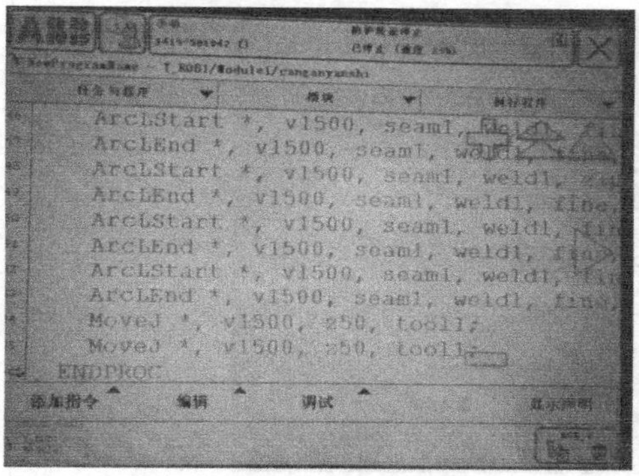	单击"例行程序"
13	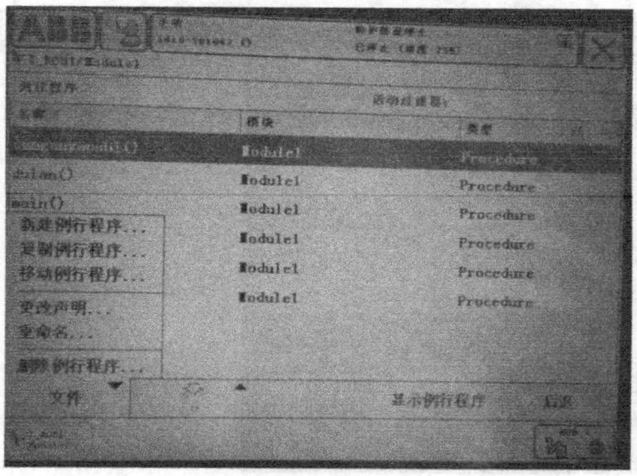	单击"文件",单击"新建例行程序"
14	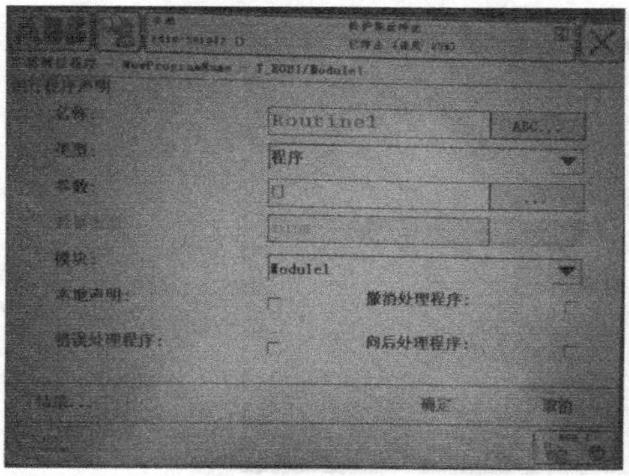	单击"ABC...",命名例行程序

续表

步骤	操作界面	操作说明
15	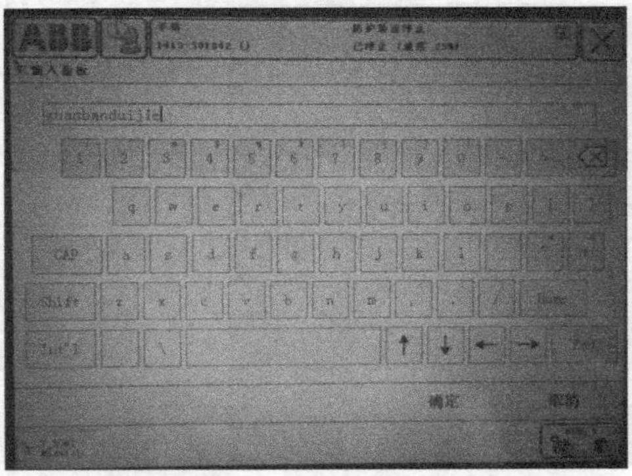	在虚拟键盘中输入例行程序名字"guanban-duijie",单击"确定"
16	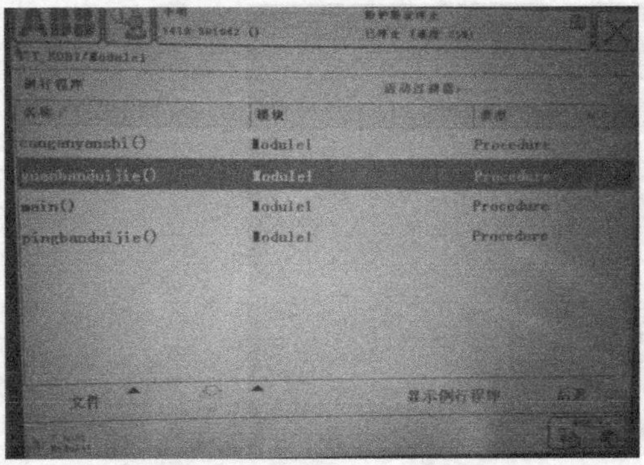	双击新建的"guanban-duijie()"程序,进入程序编辑界面
17	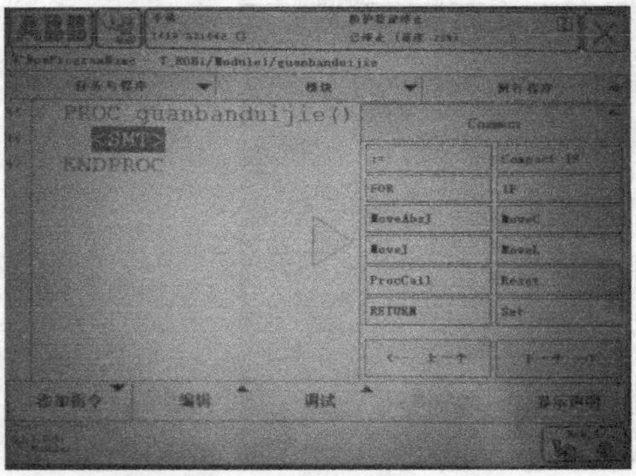	在程序编辑器中单击"添加指令",单击"MoveJ",添加空间点指令
18	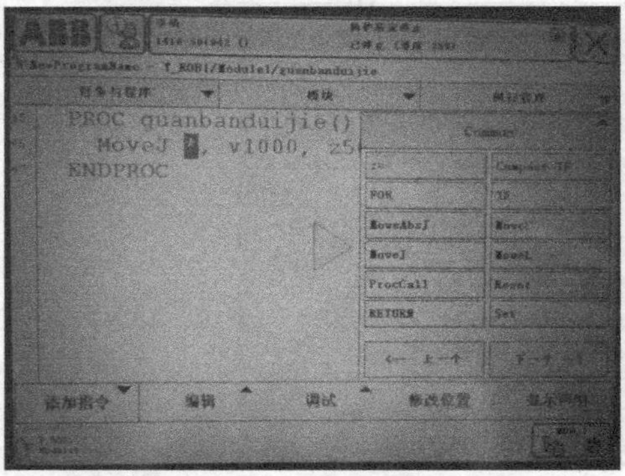	选中"*",手动操纵机器人 TCP 点运动至第一个空间点,单击"修改位置"。该空间点选在 P_0 附近

续表

步骤	操作界面	操作说明
19	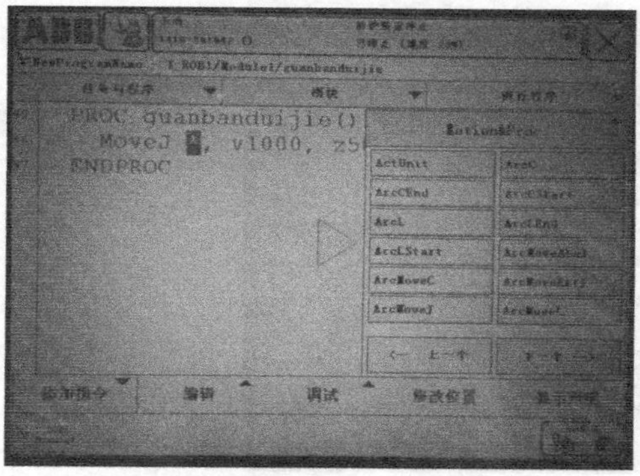	单击"ArcLStart"
20	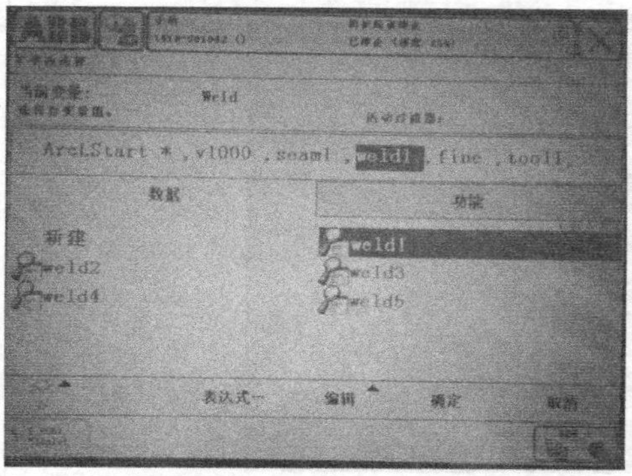	在指令中选择所需参数,单击"确定"
21	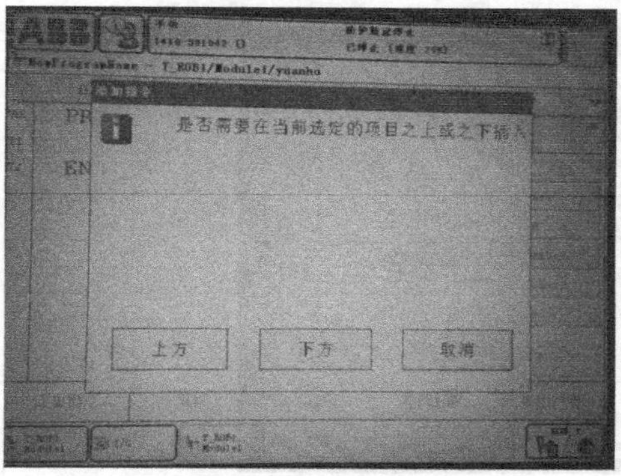	单击"下方",插入指令成功
22	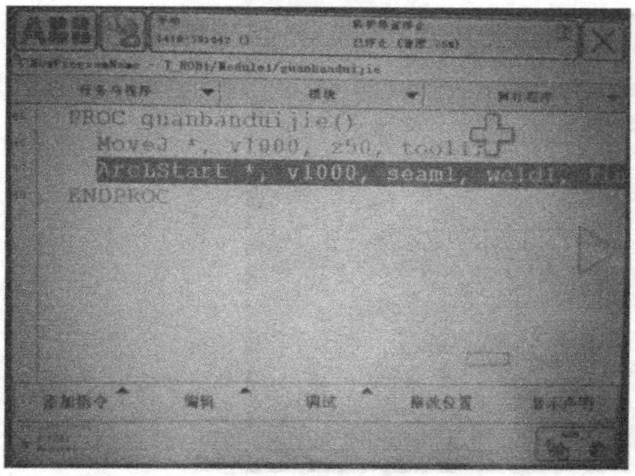	分别选中指令中的"＊",手动操纵机器人 TCP 运动至 P_0 点,同时手动单轴操作机器人调整焊枪姿态,焊枪与焊缝横向垂直,与焊缝方向成 $75°\sim80°$ 角,然后单击"修改位置",记录该空间点。双击整行"ArcLStart"指令

续表

步骤	操作界面	操作说明
23		单击"可选变量"
24		单击"[\Weave]"
25		单击"使用"
26		单击"关闭"

续表

步骤	操作界面	操作说明
27	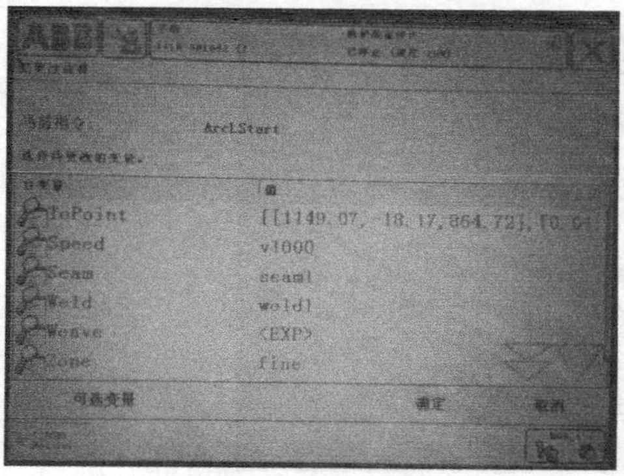	单击"<EXP>"
28	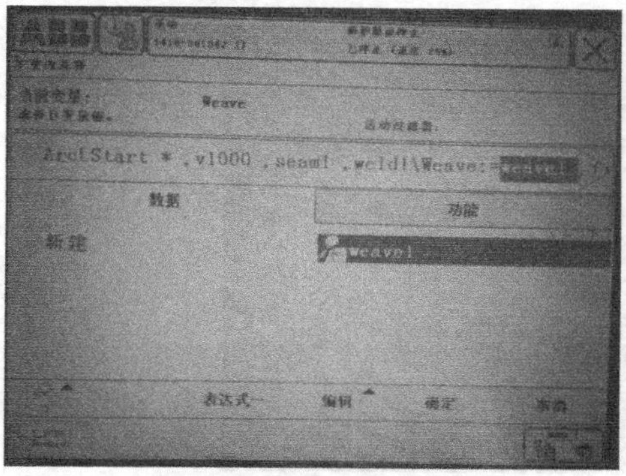	单击"weave1",单击"确定"
29	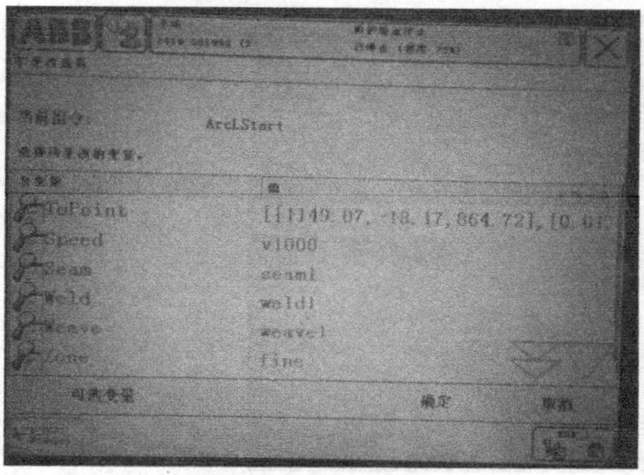	单击"确定"
30	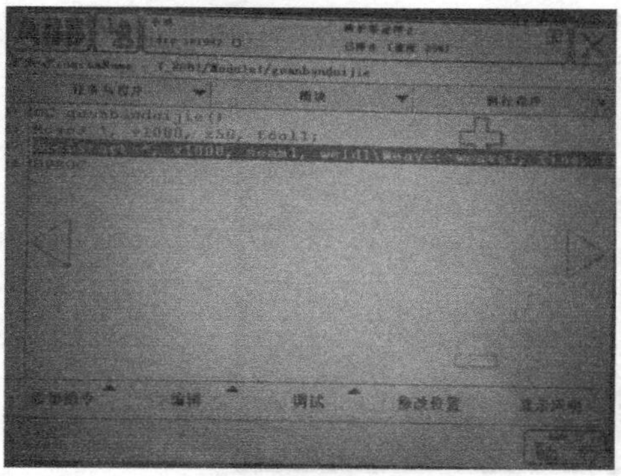	"weave1"数据插入完成

续表

步骤	操作界面	操作说明
31	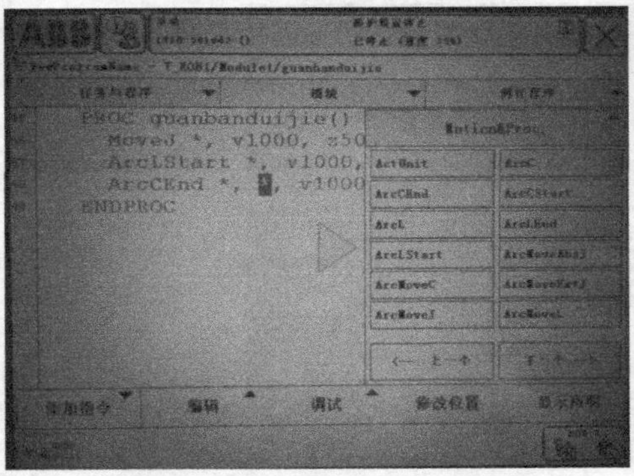	单击"ArcCEnd",插入焊接圆弧指令,然后分别选中指令中的"∗",手动操纵机器人 TCP 运动至 P_1 和 P_2 点,同时手动单轴操作机器人调整焊枪姿态,焊枪与焊缝横向垂直,与焊缝方向成 $75° \sim 80°$ 角,然后单击"修改位置",记录该空间点
32	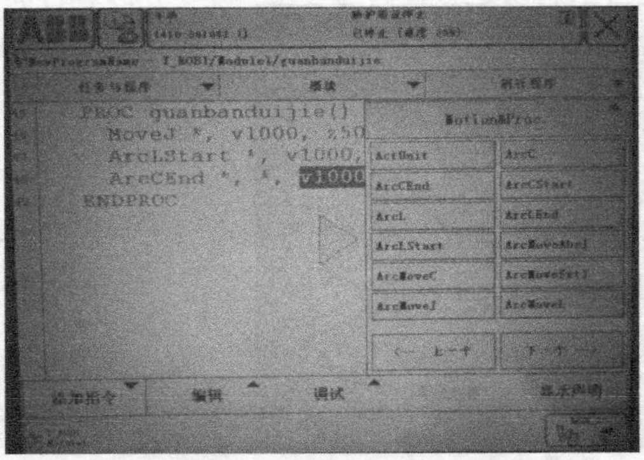	单击"v1000"
33	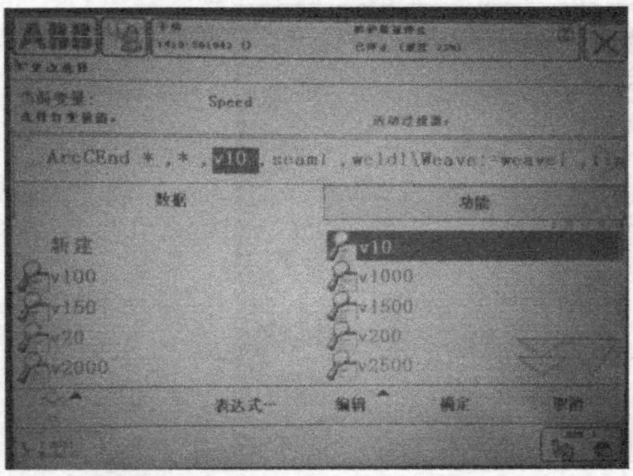	单击"v10",单击"确定"
34	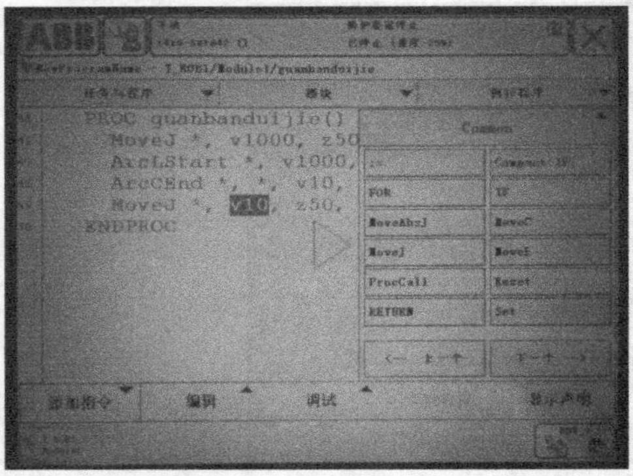	单击"添加指令",单击"MoveJ",添加空间点指令,然后分别选中指令中的"∗",手动操纵机器人 TCP 抬起一段距离,离开 P_2 点

步骤	操作界面	操作说明
35		将"v10"修改为"v1000"。程序编辑完成

打底焊的示教程序如下：

PROC guanbandui jie（）

MoveJ ＊，v1000，z50，tool1；

ArcLStart ＊，v1000，seam1，weld1 \ weave＝weave1，fine，tool1；

ArcCEnd ＊，＊，v10，seam1，weld1 \ weave＝weave1，fine，tool1；

MoveJ ＊，v1000，z50，tool1；

ENDPROC

其中焊接参数的设置参照表 5-36 第一层打底焊的参数。

程序编辑完成后，空载运行程序查看路径是否正确，具体操作步骤参照表 5-26。

⑩ 盖面焊示教编程

a. 工艺要点　盖面焊分上下两道完成，先焊下道，采用斜锯齿摆弧，保持电弧长度，喷嘴工作角 45°～50°，前进角 75°～85°。上道焊接，用三角形运弧，喷嘴工作角 35°～40°，前进角 75°～85°，运弧幅度以覆盖下道 1/2～1/3，熔合管坡口棱边 0.5mm 为宜。上下两道焊缝要熔合良好，光滑均匀，不得有明显的沟槽，避免管侧咬边。

b. 示教编程　盖面焊的焊接也是分为三段圆弧的焊接，具体示教编程参考表 5-35。在程序编辑中需要改变焊接参数的设置及空间点的定位。

打底焊的示教程序如下：

PROC guanbanduijie（）

MoveJ ＊，v1000，z50，tool1；

ArcLStart ＊，v1000，seam1，weld2 \ weave＝weave2，fine，tool1；

ArcCEnd ＊，＊，v10，seam1，weld2 \ weave＝weave2，fine，tool1；

MoveJ ＊，v1000，z50，tool1；

ENDPROC

其中焊接参数的设置参照表 5-36 第二层打底焊的参数。

（4）跟踪测试及焊接

编辑程序完成后，必须先空载运行所编程序，查看机器人运行路径是否正确，再进行焊接。具体操作步骤参照表 5-26。程序验证完成后，运行程序实施焊接，具体操作步骤参照表 5-27。

5.3.4　焊接机器人的摆动功能示教

（1）摆动示教及摆动参数的设置

摆动示教编程及摆动参数的设置参见参数 Welddata 的设置。

(2) 焊接条件的设定

焊接条件的设定步骤参见焊接机器人的直线轨迹示教中焊接参数的设定。

(3) 运动轨迹示教（以板-板对接接头的机器人单面焊双面成形示教为例）

以低碳钢板-板对接单面焊双面成形的机器人二氧化碳气体保护焊为例介绍示教编程过程。

① 工件施焊工接图　工件施焊工接图如图 5-73 所示。

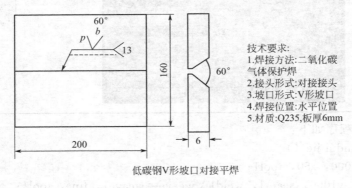

技术要求：
1. 焊接方法：二氧化碳气体保护焊
2. 接头形式：对接接头
3. 坡口形式：V形坡口
4. 焊接位置：水平位置
5. 材质：Q235，板厚6mm

低碳钢V形坡口对接平焊

图 5-73　工件施焊工接图

② 焊接要求

a. 单面焊双面成形。

b. 焊缝表面不得有裂纹、夹渣、焊瘤、未熔合等缺陷。

c. 焊缝宽度 17～20mm。

d. 焊缝表面波纹均匀，与母材圆滑过渡。

③ 工艺分析　Q235 钢属于普通低碳钢，影响淬硬倾向的元素含量较少，根据碳当量估算，裂纹倾向不明显，焊接性良好，无需采取特殊工艺措施。试件厚度 6mm，开坡口，焊接时采用直流反接左焊法，母材间距不宜太大，一般为 2～3mm，定位焊点 10mm 左右，需做反变形 3°～4°。

④ 焊接材料　根据母材型号，按照等强度原则选用规格 ER49-1，直径为 1.2mm 的焊丝，使用前检查焊丝是否损坏，除去污物杂锈保证其表面光滑。

⑤ 焊接设备　采用旋转-倾斜变位机＋弧焊机器人工作站完成焊接任务，该工作站的组成和设备参考图 5-32。

⑥ 焊接参数　焊接层数为两层，包括打底焊和盖面焊，焊接参数如表 5-38 所示。

表 5-38　焊接参数

焊接层次	电流/A	电压/V	焊接速度/(mm/s)	摆动幅度/mm	焊丝直径/mm	CO_2 气流量/(L/min)	根部间隙/mm	焊丝伸出长度/mm
1	170	21	3	2	1.2	15		12
2	230	25	4	3.5	1.2	15	2	12

⑦ 焊接准备

a. 检查焊机

- 冷却水、保护气、焊丝/导电嘴/送丝轮规格；
- 面板设置（保护气、焊丝、起弧收弧、焊接参数等）；
- 工件接地良好。

b. 检查信号

- 手动送丝、手动送气、焊枪开关及电流检测等信号；
- 水压开关、保护气检测等传感信号，调节气体流量；
- 电流、电压等控制的模拟信号是否匹配。

⑧ 定位焊示教编程

a. 工艺要求　焊接操作中装配与定位焊很重要，为了保证既焊透又不烧穿，必须留有合适的对接间隙和合理的钝边。如图 5-74 所示，选择手工电弧焊进行定位焊，根据试件板厚和焊丝直径大小，确定钝边 $p = 0 \sim 0.5\text{mm}$，间隙 $b = 3 \sim 4\text{mm}$（始端 3mm，终端 4mm），反变形 $3° \sim 4°$，错边量$\leqslant 0.5\text{mm}$。定位焊时，在试件两端坡口内侧点固，焊点长度 10～15mm，高度 5～6mm，以

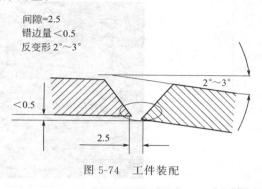

间隙=2.5
错边量<0.5
反变形2°~3°

图 5-74　工件装配

保证固定点强度，抵抗焊接变形时的收缩。点焊前，戴好头盔面罩，左手握焊帽，右手握焊枪，焊枪喷嘴接触试件端部坡口处，按动引弧按钮引燃电弧，待熔池熔化坡口两侧约 1mm 时向前进行施焊，施焊过程中注意观察熔池状态电弧是否击穿熔孔。

b. 示教编程　定位焊示教编程操作同表 5-33，在编程中仅需要改变焊接参数 Welddata 的设置。

定位焊的示教程序如下：

```
PROC pingbandingwei（）
MoveJ ＊，v1000，z50，tool1；
ArcLStart ＊，v1000，seam1；weld1，fine，tool1；
ArcLEnd ＊，v1000，seam1；weld1，fine，tool1；
MoveJ ＊，v1000，z50，tool1；
MoveJ ＊，v1000，z50，tool1；
ArcLStart ＊，v1000，seam1；weld1，fine，tool1；
ArcLEnd ＊，v1000，seam1；weld1，fine，tool1；
MoveJ ＊，v1000，z50，tool1；
ENDPROC
```

其中焊接参数的设置参照表 5-38 第一层的焊接参数。

⑨ 打底焊示教编程

a. 工艺要点　将点固好的焊件水平固定在焊接工作台上，采用左向焊法，焊枪在试件右端固定点引弧，焊枪与焊缝横向垂直，与焊缝方向成 $75° \sim 80°$ 角。焊接过程中，注意观察并控制熔孔大小保持一致在 0.5～1mm。如图 5-75 所示。

焊接方向　　90°　　85°

图 5-75　焊道轨迹示意图

b. 示教编程　打底焊的示教编程操作如表 5-39 所示。

表 5-39　　打底焊示教编程

步骤	操作界面	操作说明
1	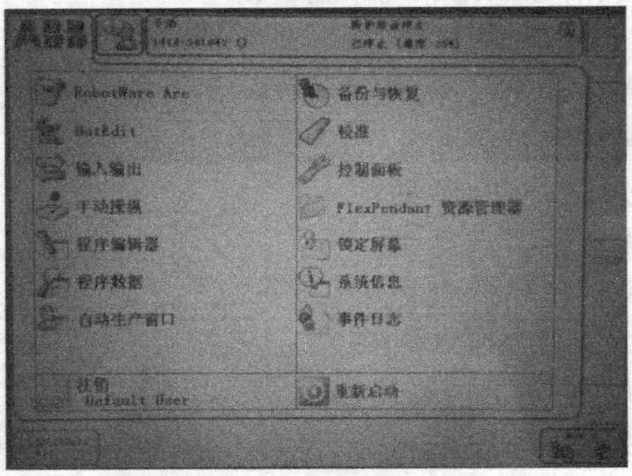	在 ABB 主菜单中单击"程序数据",建立工作所需的程序数据
2	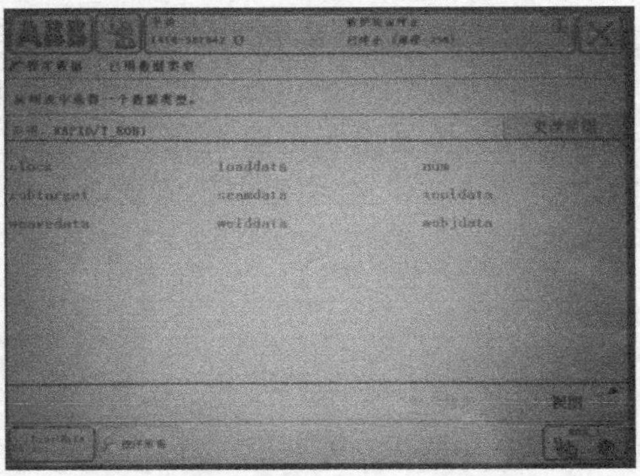	单击"weavedata"
3	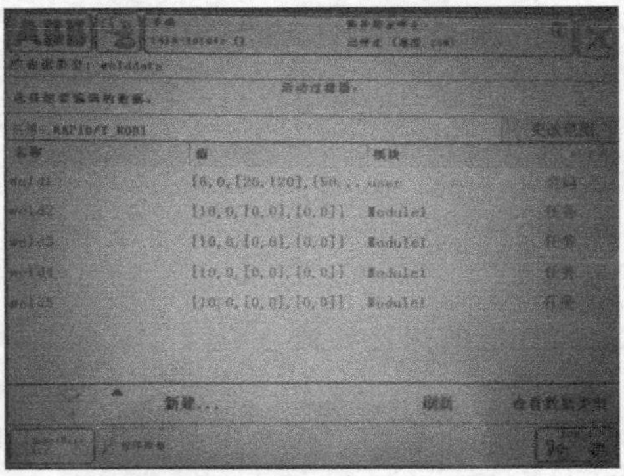	双击"weld1"
4	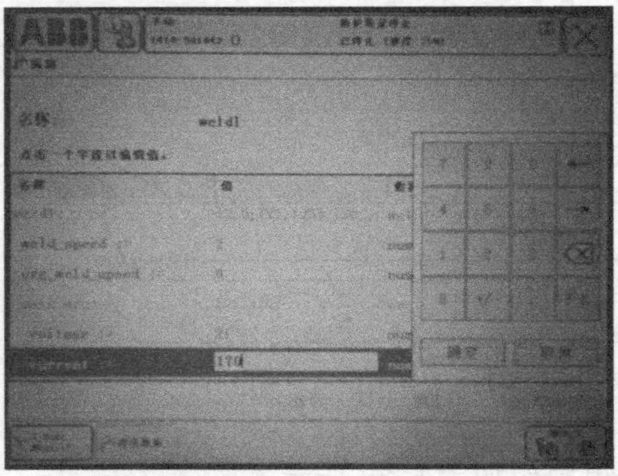	按照打底焊的参数分别给相应参数赋值

续表

步骤	操作界面	操作说明
5	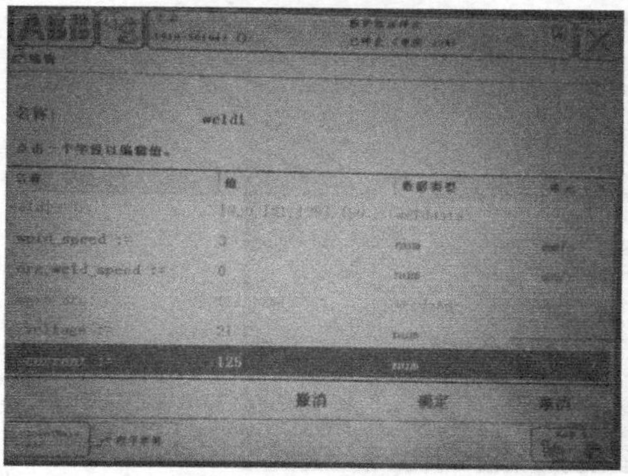	完成参数设置后,单击"确定"
6	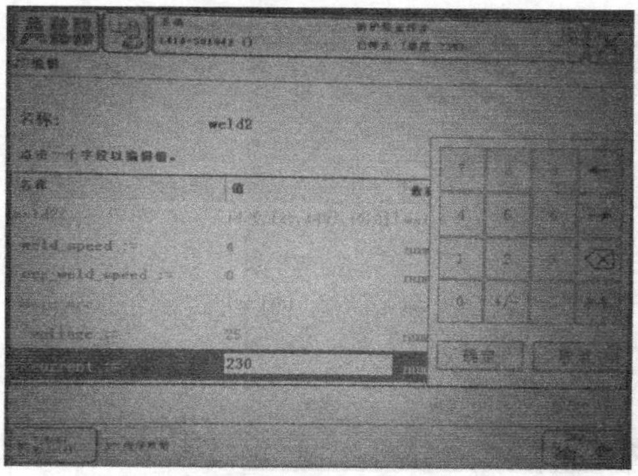	同理设置"weld2"数据并保存。"weld2"为盖面焊所要调用的焊接数据
7	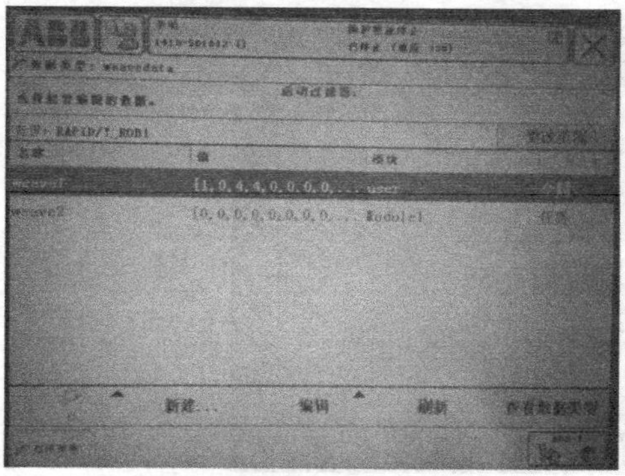	返回程序数据后,单击"weavedata",双击"weave1"
8	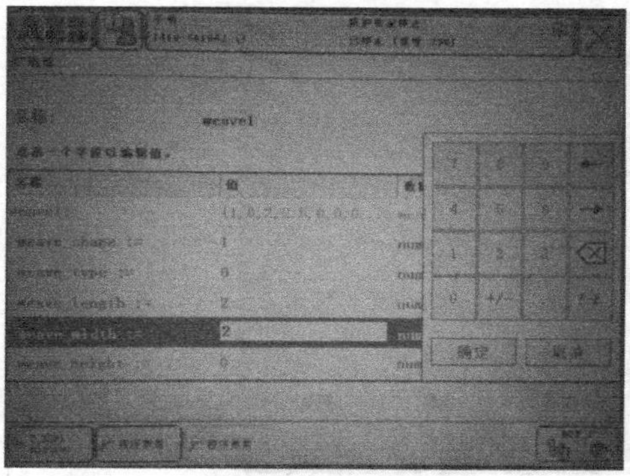	按照打底焊的参数分别给相应参数赋值

续表

步骤	操作界面	操作说明
9	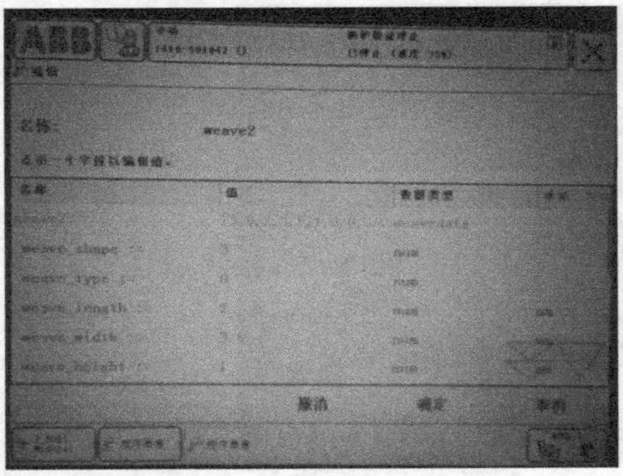	同理设置数据参数 "weave2"
10	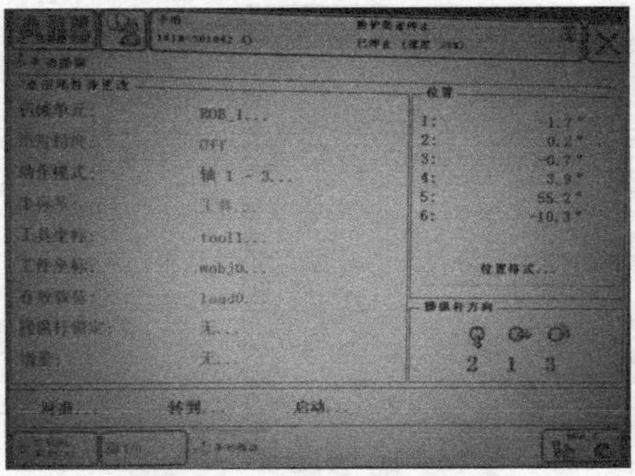	在 ABB 主菜单中选择 "手动操纵",查看坐标 系、工具坐标、工件坐标 等是否设置正确,确定无 误后关闭界面
11	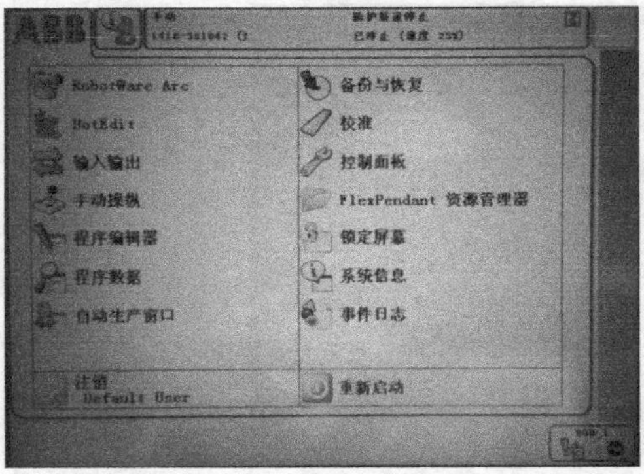	在 ABB 主菜单中单击 "程序编辑器"
12	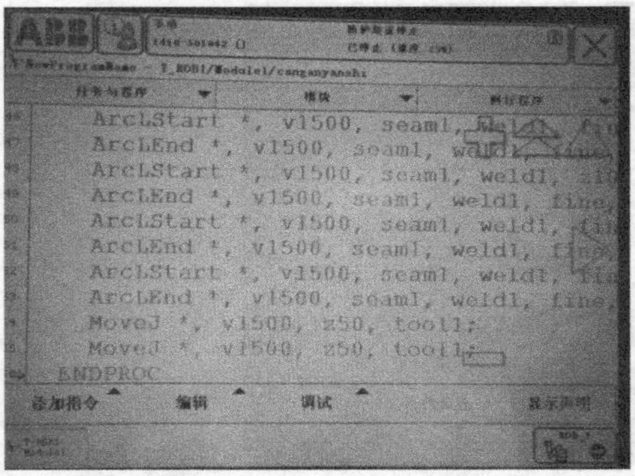	单击"例行程序"

续表

步骤	操作界面	操作说明
13	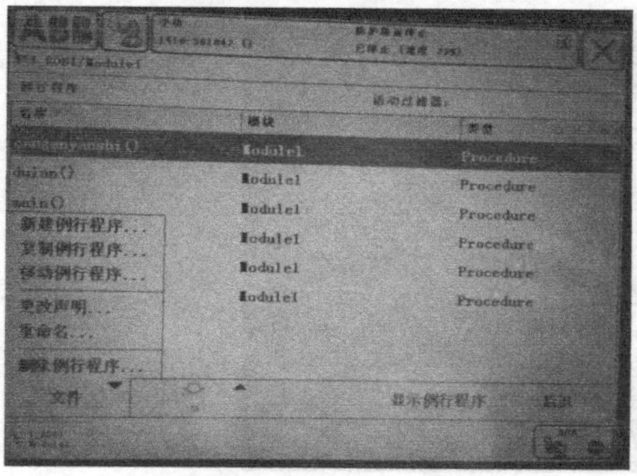	单击"文件",单击"新建例行程序"
14	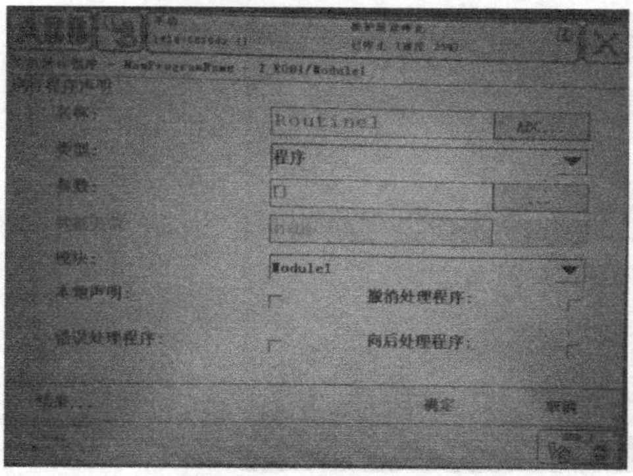	单击"ABC...",命名例行程序
15	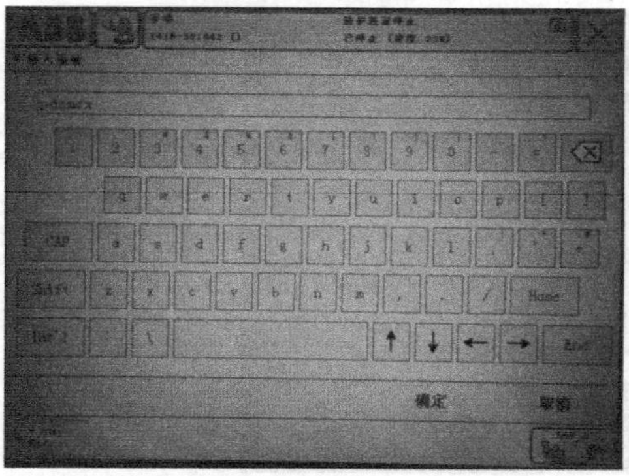	在虚拟键盘中输入例行程序名字"pdsmcx",单击"确定"
16	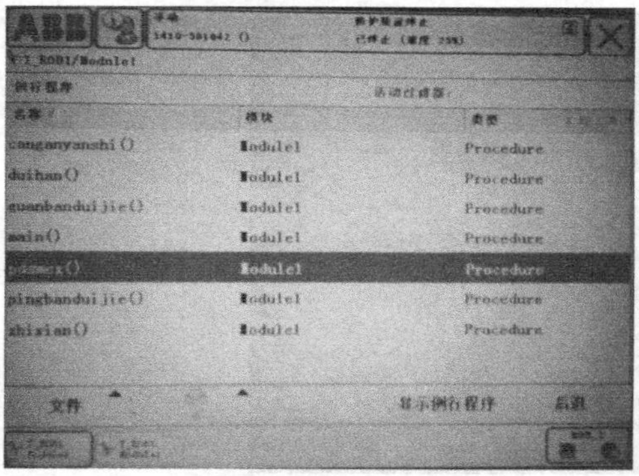	双击新建的"pdsmcx()"程序,进入程序编辑界面

续表

步骤	操作界面	操作说明
17	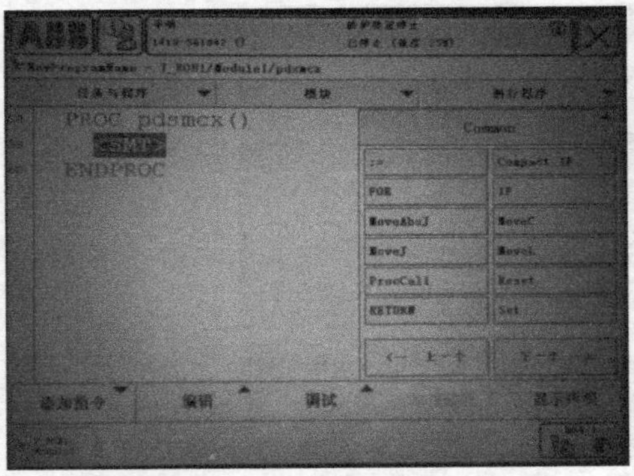	在程序编辑器中单击"添加指令",单击"MoveJ",添加空间点指令
18	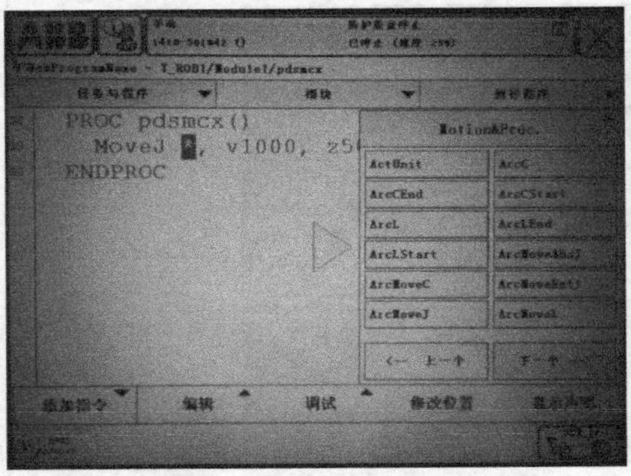	选中"＊",手动操纵机器人 TCP 点运动至第一个空间点,单击"修改位置"。该空间点选择在起始焊点上方附近
19	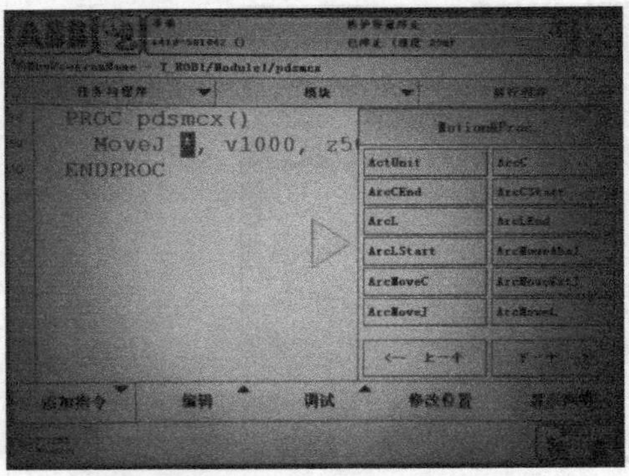	单击"ArcLStart"
20	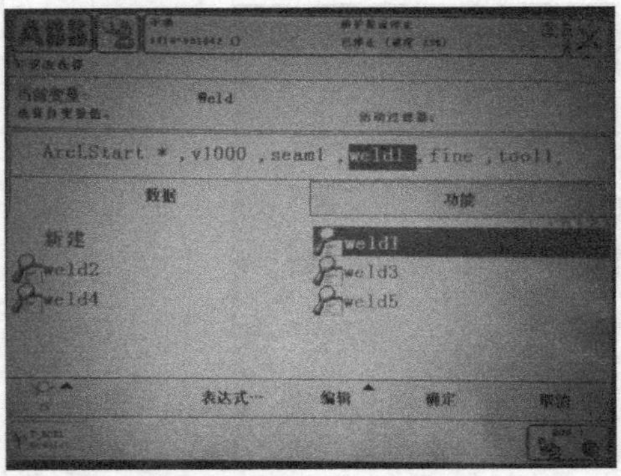	在指令中选择所需参数,单击"确定"

续表

步骤	操作界面	操作说明
21		单击"下方",插入指令成功
22		选中指令中的"＊",手动操纵机器人 TCP 运动至始焊点,同时手动单轴操作机器人调整焊枪姿态,焊枪与焊缝横向垂直,与焊缝方向成 75°~80°角,然后单击"修改位置",记录该空间点。双击整行"ArcLStart"指令
23		单击"可选变量"
24		单击"[\Weave]"

步骤	操作界面	操作说明
25	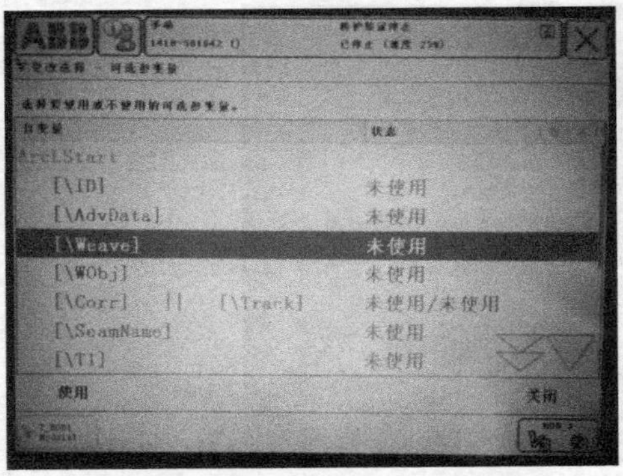	单击"使用"
26	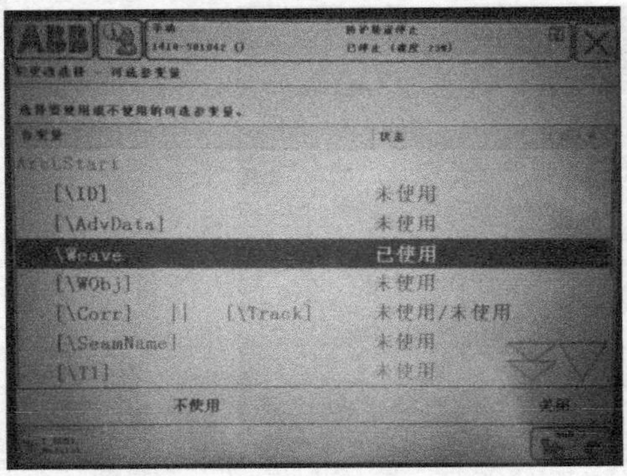	单击"关闭"
27	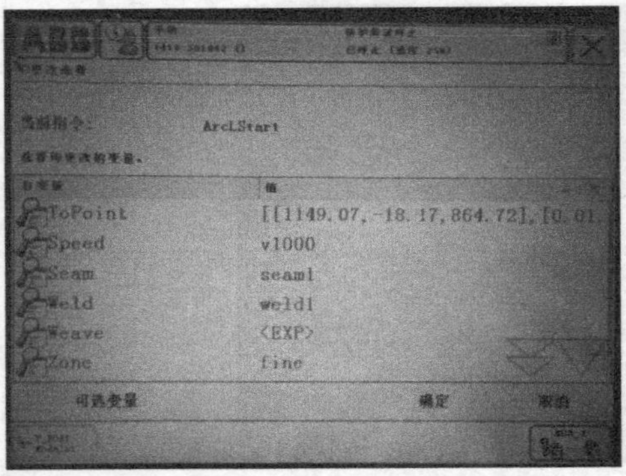	单击"<EXP>"
28	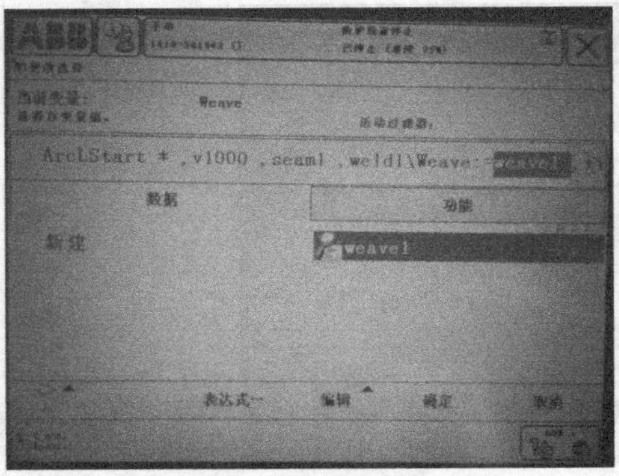	单击"weave1"，单击"确定"

续表

步骤	操作界面	操作说明
29	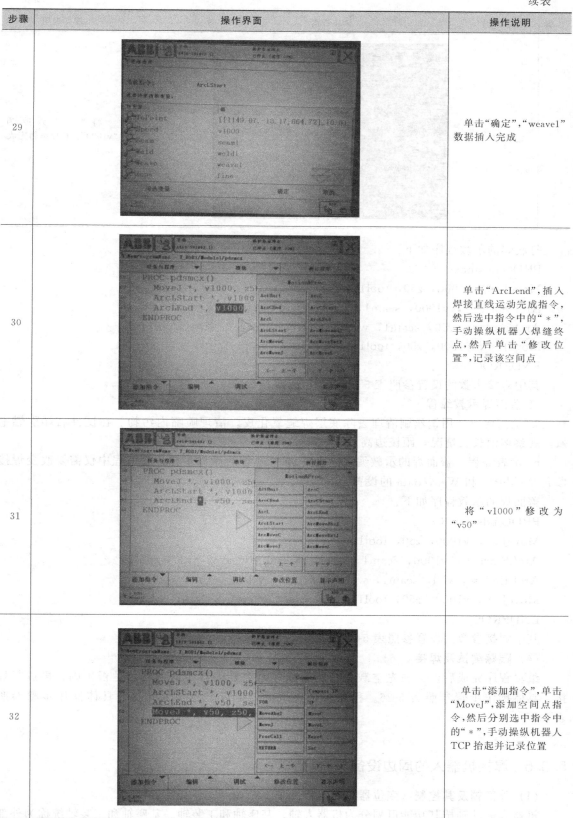	单击"确定","weave1"数据插入完成
30		单击"ArcLend",插入焊接直线运动完成指令,然后选中指令中的"＊",手动操纵机器人焊缝终点,然后单击"修改位置",记录该空间点
31		将"v1000"修改为"v50"
32		单击"添加指令",单击"MoveJ",添加空间点指令,然后分别选中指令中的"＊",手动操纵机器人 TCP 抬起并记录位置

步骤	操作界面	操作说明
33	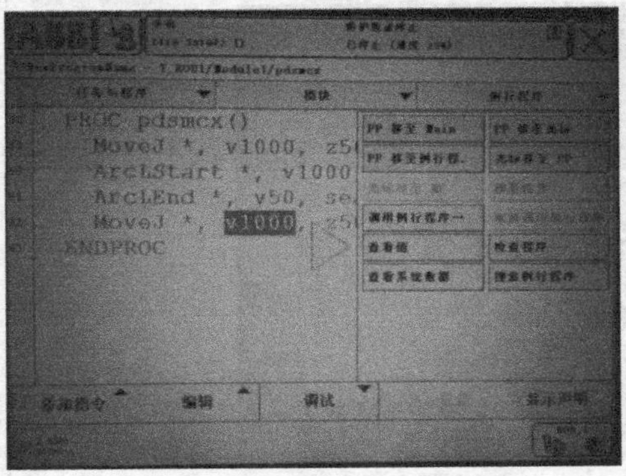	将"v50"修改为"v1000"。程序编辑完成

打底焊的示教程序如下：

PROC pdsmcx（）

MoveJ ＊，v1000，z50，tool1；

ArcLStart ＊，v1000，seam1，weld1 \ weave＝weave1，z20，tool1；

ArcLEnd ＊，v50，seam1，weld1 \ weave＝weave1，fine，tool1；

MoveJ ＊，v1000，z50，tool1；

ENDPROC

其中焊接参数的设置参照表 5-38 第一层的焊接参数。

⑩ 盖面焊示教编程

a. 工艺要点　用钢丝刷清理去除底层焊缝氧化皮。清理喷嘴内污物。在试件右端引燃电弧，观察熔池长大情况，距棱边高 1～1.5mm 为宜。

b. 示教编程　盖面焊的示教编程同表 5-39 打底焊的操作步骤，在编程中仅需要改变焊接参数 Welddata 和 Weavedata 的设置。

盖面焊的示教程序如下：

PROC pdsmcx（）

MoveJ ＊，v1000，z50，tool1；

ArcLStart ＊，v1000，seam1，weld2 \ weave＝weave2，z20，tool1；

ArcLEnd ＊，v50，seam1，weld2 \ weave＝weave2，fine，tool1；

MoveJ ＊，v1000，z50，tool1；

ENDPROC

其中焊接参数的设置参照表 5-38 第二层的焊接参数。

（4）跟踪测试及焊接

编辑程序完成后，必须先空载运行所编程序，查看机器人运行路径是否正确，再进行焊接。具体操作步骤参照表 5-26。程序验证完成后，运行程序实施焊接，具体操作步骤参照表 5-27。

5.3.5　焊接机器人的周边设备与控制

（1）外部轴及其控制（变位器）

机器人运动轴按其功能可划分为机器人轴、基座轴和工装轴。基座轴和工装轴统称为外部轴。其中，机器人轴是指机器人本体的轴，属于机器人本身；基座轴是使机器人移动的轴的总称，主要指移动滑台。工装轴是除机器人轴、基座轴以外的轴的总称，指使工装夹具翻转和回旋的轴，如变位机、翻转机等。在本节中，我们仅就弧焊机器人工作站中具有代表性的外部轴变位器来做相关介绍。

焊接变位机是辅助焊接的重要设备，适用于复杂的空间曲线焊缝的焊接，通过焊接变位机变位功能使得待焊工件获得理想的焊接位置并保证平稳的焊接速度。焊接变位机在实际应用中，可与单一的焊机配套使用，提供手工作业时的工件变位；也可用于与焊接专机配套使用组成简单焊接中心；还可作为焊接中心的辅助设备与机器人配套实现自动化、智能化焊接，同时可满足特殊用户对单一类型的工件及特定的焊接工艺要求。

① 焊接机器人变位机的结构分类　焊接变位机拥有对待焊工件回转焊接变位，使得待焊工件获得理想的焊接位置并保证焊接过程中平稳的焊接速度的特点，在现代焊接工业中得到了广泛的应用。并且焊接变位机的结构也在不断地更新换代，现在已经从传统的单自由度小容量的焊接变位机演变到双自由度、多自由度大容量的焊接变位机，从辅助通用设备的焊接到辅助专用设备的转变。焊接变位机经过多年的发展，其种类可以大概归纳为以下几种：

a. 双立柱单回转式变位机（图 5-76）　该种变位机适用于辅助焊接汽车的车骨架、吊车的悬臂梁、压路机的主架体等机械外观为长方形的箱型焊接结构件，焊接变位机提供的自由度运动方式由两部分组成，一部分是由立柱一端进行单方向旋转自由度的运动，另一部分为由立柱两端提供的移动自由度的运动，然而此种变位机还可以通过调节一端立柱轨道下端的滑动装置来适应不同规格产品。因此。该种变位机有其结构简单、容易控制的优点，在很多的焊接行业得以应用，然而，由于只能进行单一的周向的回转运动，使得该种焊接变位机只能适用于环向结构的焊缝进行变位焊接。

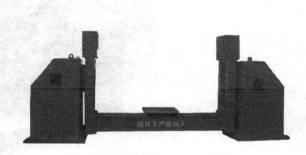

图 5-76　双立柱单回转式变位机　　　　　图 5-77　U 形双座式头尾双回转型变位机

b. U 形双座式头尾双回转型变位机（图 5-77）　U 形双座式头尾双回转型变位机与双立柱单回转式变位机结构形式大体相似，U 形双座式头尾双回转型变位机可实现绕双立柱中心轴回转运动，与双立柱单回转式变位机相比，增加了一个两立柱绕轴支座旋转的自由度，移除一个轴支座滑移的自由度。虽然缩短了被焊工件的尺寸，但增加了被焊件的移动空间和旋转的位置，可以实现全位置焊接，因此受到广大用户的青睐，已经被大量应用到焊接机器人工作站中。

c. L 形双回转焊接变位机（图 5-78）　L 形双回转焊接变位机是 U 形变位机的简化版，其结构上消减了 U 形变位机的一个立柱和支座，运行方式却与 U 形变位机相同，两者都可以实现两个方向±360°的回转。L 形双回转焊接变位机与其他同类型变位机相比，拥有结构简单、开敞性好、便于操作的特点，被大量应用到汽车行业中车架的焊接变位。

d. C 形双回转焊接变位机（图 5-79）　C 形双回转变位机属于 L 形变位机与 U 形变位机的结合版，C 形双回转变位机拥有 L 形变位机的底座和 U 形变位机的双立柱结构，该变位机可

图 5-78　L 形双回转焊接变位机　　　　　　图 5-79　C 形双回转焊接变位机

实现两个方向的旋转，并便于工件装卡。因此，此变位机被应用到复杂结构件的焊接变位，如装载机的铲斗、挖掘机的挖斗等焊接变位。

　　e. 座式通用变位机（图 5-80）　座式焊接变位机是在焊接领域中最常见的一种变位机构，变位机拥有两个自由度，一个为工作台 360°旋转自由度，对于圆形或曲线结构的工件焊接特别方便，另一个为工作台下方的箱型翻转自由度，可实现待焊工件的焊接位置翻转至理想的焊接位置进行焊接。因此，由于此种焊接变位机的结构简单、变位灵活、控制方便等特点，其在焊接机器人工作站中已经大量使用，也适用于工程机械的小型结构件的焊接和一些管类、轴类等中小型复杂结构的焊接变位。

图 5-80　座式焊接变位机

　　② 弧焊机器人与变位机的联合控制　焊接机器人工作站智能化是焊接智能化的关键技术，焊接机器人与变位机智能控制系统的关键在于系统的开发平台，系统开发平台的选择主要考虑机器人、变位机、待焊工件的几何建模的方便性和系统通信的难易程度。几何建模是实现焊接机器人离线编程的最基本要求，通常建模的方式可分为以下三种。

　　a. 在机器人离线编程控制系统基础上建模；

　　b. 基于 CAD、SolidWork 软件平台的基础上建模；

　　c. 基于 Matlable、Open CV 等软件基础上开发。

　　焊接机器人与变位机控制系统的机构如图 5-81 所示，它主要由特征造型子系统、产品资源管理子系统、运动仿真子系统、机器人自适应焊接子系统、数据转换和通信子系统等组成。

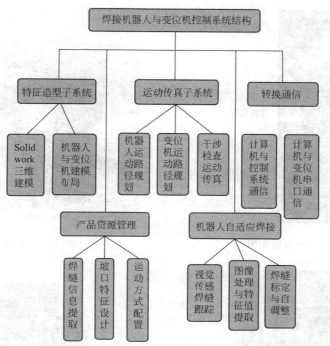

图 5-81 焊接机器人与变位机控制系统结构图

针对一条复杂的焊缝，要实现焊接机器人与变位机的联动控制，需要在离线编程软件下进行复杂的建模过程，包括路径规划、协调运动数据转换、控制算法计算等，在这里不做详细介绍。

（2）焊枪清理装置及其控制

清枪站作为焊接机器人周边设备的一个组成部分，是一个独立功能单元，执行着对焊枪维护保养职能。目前市场常规清枪站主要由以下三部分组成。

a. 焊枪清理机构，这应该是整个结构中最主要的部分；

b. 剪丝机构；

c. 防飞溅剂喷射机构，如图 5-82 所示。

① 焊枪清理机构　焊枪清理结构是清枪站的主要结构单元。焊枪清理机构主要由焊枪喷嘴清理机构、夹紧机构、动力机构等几部分组成，如图 5-83 所示。喷嘴清理结构可分为以下几种结构：

a. 铰刀式结构　铰刀式结构是大部分清枪站生产商都有的一款结构，如图 5-84 所示。特制的、适用于焊枪清理的异形铰刀是它的特点。铰刀驱动力一般是来自与之连接的电机。铰刀是刚性结构，在不同程度焊接飞溅量场合都能应用。中空铰刀，能准确插入导电嘴与喷嘴之间的间隙，将焊接飞溅清理干净，并且不会对二者造成损伤。清洁效率很高，一般只需 3～5s 即可。铰刀是机加工产品，能根据不同的焊接耗材改变其结构。因而，铰刀可以深入焊枪喷嘴内的狭小空间，能最大限度地将飞溅清理干净。

b. 弹簧式结构　弹簧式结构是一种利用弹簧作为飞溅清理工具的一种清枪结构（如图 5-85所示）。这种结构的清枪站分为弹簧主动旋转式和弹簧固定式。后者依靠机器人上下移动动作来完成焊接飞溅清理。弹簧式结构较铰刀式结构有其优势。例如，结构简单，成本低廉。但是对于大飞溅量场合不适合应用，不能有效地清理喷嘴内部细节位置，而且容易将弹簧卡死。弹簧作为柔性结构，力度相对铰刀较弱，如果应用在同样的工况下，必须选择质量更高的防飞溅液。

焊枪清理机构

剪丝机构

防飞溅剂喷射机构

图 5-82　清枪站结构图

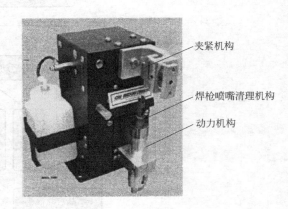

夹紧机构

焊枪喷嘴清理机构

动力机构

图 5-83　焊枪清理结构

铰刀

图 5-84　铰刀式清理结构

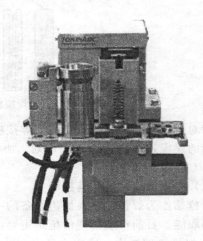

图 5-85　弹簧式铰刀结构

c. 喷砂式结构　喷砂式结构的枪站应该是目前市场上最高端的一款清枪站，如图 5-86 所示。它是利用喷砂除锈的原理对焊枪喷嘴及内部机构进行清理的一种结构。其结构较为复杂，产品成本相对较高。喷砂式清枪站不仅对焊枪内部的飞溅进行了清理，而且对喷嘴外侧飞溅也能清除得非常干净。将焊枪的导电嘴、导电嘴座以及喷嘴上的飞溅清理干净，不仅会提高各个部分的寿命，而且对焊接质量的提高起到了积极的作用。目前此类产品在国内的应用较少，大都在欧美地区使用。

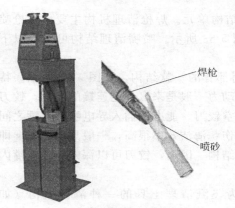

焊枪

喷砂

图 5-86　喷砂式清枪结构

d. 超声波清洗式　超声波清洗工件等在很多领域都有应用，此款焊枪清理机构也是根据这样的应用而设计制造的。超声波清洗对附着力不强的飞溅颗粒是很有效的，而对于焊接飞溅量较大的工况，此款清枪站并不适合应用。超声波清洗较铰刀等硬性接触式结构，其优势是不会改变焊枪的 TCP 点，不会触发机器人或焊枪上的安全防撞机构，而且能同时对喷嘴内外进行清理，噪声污染小。

e. 钢刷式结构　在很多应用场合，飞溅量非常少且附着力小，例如焊铝结构件时钢刷式清理结构就适合在这种工况工作，它可以将附着力很弱的飞溅颗粒从导电嘴和喷嘴上清理下来。钢刷式的清理工具在实际应用中较容易因刮擦而损坏，因此为了能保证其正常工作，应及时更换或修正。如图 5-87 所示为钢刷式清枪站的结构图。

f. 刀片式结构　刀片式焊枪清理机构（如图 5-88 所示）也是适合在飞溅量小及飞溅附着力弱的场合应用。刀片结构壁较薄，是柔性结构。工作时，其驱动力来自电机。其旋转方向是顺时针和逆时针双向的，这样能避免长时间使用后刀片扭曲变形。这种结构对于喷嘴与导电嘴之间的间隙要求要大些，而且不能清理缝隙较小的导电嘴根部。电机的双向旋转动作需要特殊的控制，结构较以上的驱动机构要复杂，或者需要机器人的特殊信号。

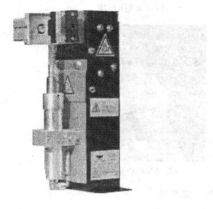

图 5-87　钢刷式清枪机构　　　　图 5-88　刀片式清枪机构

② 焊枪夹紧机构　清理焊枪之前所需的另外一个工作步骤是需要将喷嘴固定起来，便于在清理嘴时，不至于使焊接机器人发生位移，造成误报警和影响焊接精度。在清理焊枪喷嘴结构时，伴随着铰刀等清理工具的伸入，清理过程中焊枪会因受到外力作用而移动，这样会对铰刀等清理工具造成损伤，同时也会对喷嘴、导电嘴等焊枪上的结构造成刮擦和磨损。为了避免这种非预期位移，在清理焊枪之前，清枪站上大都会有一种夹持结构，将焊枪固定住，防止在清理附着力强的飞溅时，焊枪被迫移动后而带来的各种危害。焊枪夹紧机构主要有固定式夹块、可调型 V 形块夹紧方式、主动夹紧型和单 V 形块定位方式，如图 5-89 所示。

③ 剪丝机构　机器人焊接对焊枪的 TCP 点的精度要求很高，每次焊接前，必须保证焊丝的干伸长的长度一致。剪丝机构就是用来完成这项工作的设备。当焊枪完成焊接飞溅的清理工作后，转移至剪丝机构的焊丝剪断位置。此时由机控阀或电磁阀来完成对剪丝机构的控制，完成剪丝。根据目前市场存在的剪丝形式，主要分为杠杆式、平推式、摆动式和旋转式，如图 5-90所示。

④ 防飞溅剂喷射机构　按防飞溅剂喷射触发方式可分为机器人系统信号触发喷射和焊枪触发两种形式。

a. 机器人系统信号触发喷射机构　如图 5-91 所示，该触发机构是由机器人给出动作信号，启动清枪站内电磁阀，以此来触发喷射机构。这种机构对于信号端口较多的机器人焊接系统是适用的。在系统的编程中，必须增加焊枪到达防飞溅喷射位置时的指令，命令清枪站喷油。

b. 焊枪动作触发式喷射机构　如图 5-92 所示，这种结构对于机器人外部信号端口没有过多要求，只要在控制编程时增加一个触发机控阀动作，即可以实现防飞溅喷射。由于是机械触发动作，触碰阀对焊枪有作用力，在一些灵敏度较高的机器人上使用有时会造成机器人防碰撞传感器报警而停机。

⑤ 焊枪清理机构的控制

a. 安装及信号配置　不同类型的焊枪清理机构和机器人型号安装方式不同，需要参考设

固定式夹块

(a) 固定式夹块　　　(b) 可调型V形块

用于夹持的端口

(c) 主动夹紧型　　　(d) 单V形块定位方式

图 5-89　焊枪夹紧机构

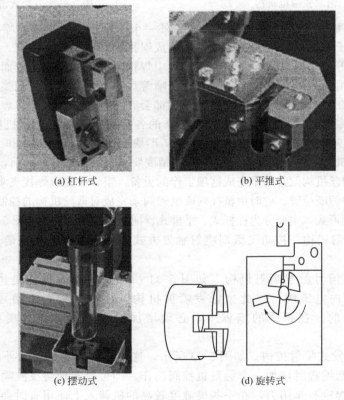

(a) 杠杆式　　　(b) 平推式

(c) 摆动式　　　(d) 旋转式

图 5-90　剪丝机构

备安装书进行安装。设备安装完成后，需要在机器人I/O板定义相关信号，以实现机器人对清枪机构的控制。在已定义的尚有备用电的I/O板上增加输出和输入点，具体配置内容根据

图 5-91　机器人信号触发喷射机构

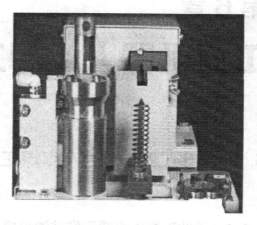

图 5-92　焊枪动作触发式喷射机构

焊枪清理装置而定。以 ABB IRB1410 配置日本 OTC 气控清枪器为例，需要在 I/O 板上增加两个输出点 Clean-Gun1、Clean-Gun2 和一个输入点 Clean-Gun。输出点 Clean-Gun1、Clean-Gun2 通过中间继电器驱动两个电磁阀达到固定夹持焊枪和清枪，输入点 Clean-Gun 检测刀具升到位。

　　b. 焊接机器人清枪程序　焊接机器人清枪流程为：当机器人焊枪运动到清枪空间点→夹紧焊枪→气动马达启动带动清枪刀具旋转→刀具升降气缸动作刀具升到位→等待检测信号后并持续 2s→刀具升降气缸动作刀具降到位→等待 1s 并收到检测信号→夹紧气缸动作松开焊枪。

　　应用 ABB 机器人 RAPID 编辑语言指令在机器人手动模式下对焊枪进行编程示教，示教的清枪程序如下：

```
PROC Clean Gun()                              （程序注释）
TP Erase;                                     清屏指令
TP Write"Clean gun";                          写屏指令
MoveJ pHome,v1000,z50,tool1;                  运动指令
MoveJ *,v1000,z50,tWeld Gun;                  运动指令
MoveJ *,v1000,fine,tWeld Gun;                 运动指令
Set cleangun1;                                置位焊枪夹紧动作
Wait Time\InPos,1;                            等待 1s
Set cleangun2;                                置位清枪动作
Wait DI clean gun 0;                          等待检测信号为 0
Wait Time\InPos,2;                            等待 2s
ReSet cleangun2;                              复位清枪动作
Wait Time\InPos,1;                            等待 1s
Wait DI clean gun 1;                          等待检测信号为 10
ReSet cleangun1;                              复位焊枪夹紧动作
MoveJ *,v1000,z50,tWeld Gun;                  运动指令
MoveJ *,v1000,z50,tWeld Gun;                  运动指令
Wait Time\InPos,0.5;                          等待焊枪加涂助焊剂时间
MoveJ *,v1000,z50,tWeld Gun;                  运动指令
MoveJ pHome,v1000,z50,tool1;                  机器人回原点
ENDPROC;                                      程序结束
```

第 6 章
工业机器人点焊工作站的现场编程

6.1　认识工业机器人点焊工作站

6.1.1　工业机器人点焊工作站的组成

工业机器人点焊工作站由机器人系统、伺服机器人焊钳、冷却水系统、电阻焊接控制装置、焊接工作台等组成，采用双面单点焊方式。整体布置如图 6-1 所示，点焊系统如图 6-2 所示。点焊机器人工作站图中各部分说明见表 6-1，图 6-2 中列出了点焊机器人工作站的完整配置，各部分的功能见表 6-2。

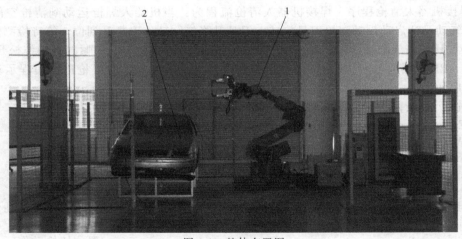

图 6-1　整体布置图

1—点焊机器人；2—工件

表 6-1　点焊机器人系统图中各部分说明

设备代号	设备名称	设备代号	设备名称
1	机器人本体（ES165D）	8	焊钳回水管
2	伺服焊钳	9	点焊控制箱冷水管
3	电极修磨机	10	冷水阀组
4	手部集合电缆（GISO）	11	点焊控制箱
5	焊钳伺服控制电缆 S1	12	机器人变压器
6	气/水管路组合体	13	焊钳供电电缆
7	焊钳冷水管	14	机器人控制柜 DX100

续表

设备代号	设备名称	设备代号	设备名称
15	点焊指令电缆(I/F)	19	焊钳进气管
16	机器人供电电缆 2BC	20	机器人示教器(PP)
17	机器人供电电缆 3BC	21	冷却水流量开关
18	机器人控制电缆 1BC	22	电源提供

表 6-2 点焊机器人系统各部分功能说明

类型	设备代号	功能及说明
机器人相关	1、4、5、13、14、15、16、17、18、20	焊接机器人系统以及与其他设备的联系
点焊系统	2、3、11	实施点焊作业
供气系统	6、19	如果使用气动焊钳时,焊钳加压气缸完成点焊加压,需要供气。当焊钳长时间不用时,须用气吹干焊钳管道中残留的水
供水系统	7、8、10	用于对设备 2、11 的冷却
供电系统	12、22	系统动力

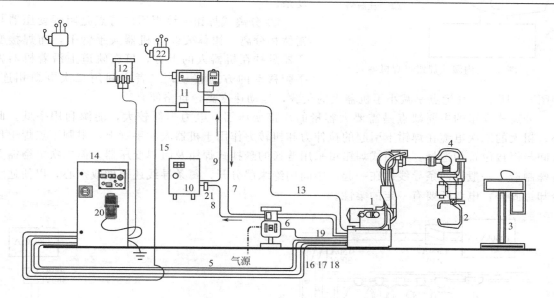

图 6-2 点焊机器人系统图

6.1.2 点焊电极

(1) 点焊电极的功能

点焊电极是保证点焊质量的重要零件,其主要功能有:向工件传导电流;向工件传递压力;迅速导散焊接区的热量。常用的点焊电极形式如图 6-3 所示。

(2) 点焊机器人焊钳

点焊机器人焊钳从用途上可分为 C 形和 X 形两种。C 形焊钳用于点焊垂直及近于垂直倾斜位置的焊缝,X 形焊钳则主要用于点焊水平及近于水平倾斜位置的焊缝。

从阻焊变压器与焊钳的结构关系上可将焊钳分为内藏式、分离式和一体式三种形式。

① 内藏式焊钳 这种结构是将阻焊变压器安放到机器人手臂内,使其尽可能地接近钳体,

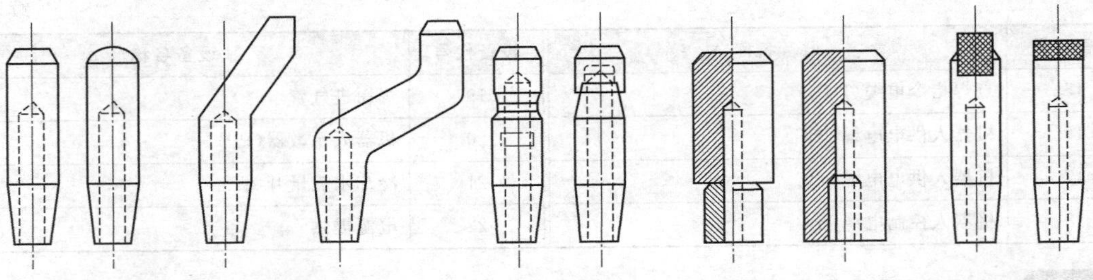

(a) 标准直电极　　　(b) 弯电极　　　(c) 帽式电极　　　(d) 螺纹电极　　　(e) 复合电极

图 6-3　常用的点焊电极形式

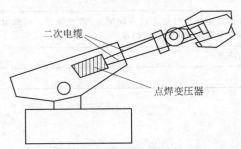

图 6-4　内藏式焊钳点焊机器人

变压器的二次电缆可以在内部移动,如图 6-4 所示。当采用这种形式的焊钳时,必须同机器人本体统一设计,如 Cartesian 机器人就采用这种结构形式。另外,极坐标或球面坐标的点焊机器人也可以采取这种结构。其优点是二次电缆较短,变压器的容量可以减小,但是使机器人本体的设计变得复杂。

② 分离式焊钳　该焊钳的特点是阻焊变压器与钳体相分离,钳体安装在机器人手臂上,而焊接变压器悬挂在机器人的上方,可在轨道上沿着机器人手腕移动的方向移动,二者之间用二次电缆相连,如图 6-5 所示。其优点是减小了机器人的负载,运动速度高,价格便宜。

分离式焊钳的主要缺点是需要大容量的焊接变压器,电力损耗较大,能源利用率低。此外,粗大的二次电缆在焊钳上引起的拉伸力和扭转力作用于机器人的手臂上,限制了点焊工作区间与焊接位置的选择。分离式焊钳可采用普通的悬挂式焊钳及阻焊变压器。但二次电缆需要特殊制造,一般将两条导线做在一起,中间用绝缘层分开,每条导线还要做成空心,以便通水冷却。此外,电缆还要有一定的柔性。

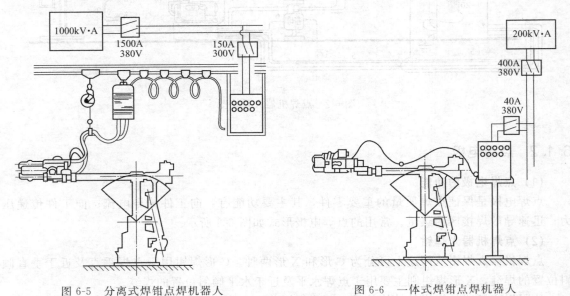

图 6-5　分离式焊钳点焊机器人　　　　　图 6-6　一体式焊钳点焊机器人

③ 一体式焊钳　所谓一体式就是将阻焊变压器和钳体安装在一起,然后共同固定在机器

人手臂末端的法兰盘上，如图 6-6 所示。其主要优点是省掉了粗大的二次电缆及悬挂变压器的工作架，直接将焊接变压器的输出端连到焊钳的上下机臂上，另一个优点是节省能量。例如，输出电流 12000A，分离式焊钳需 75kV·A 的变压器，而一体式焊钳只需 25kV·A。

一体式焊钳的缺点是焊钳重量显著增大，体积也变大，要求机器人本体的承载能力大于 60kg。此外，焊钳重量在机器人活动手腕上产生惯性力易于引起过载，这就要求在设计时，尽量减小焊钳重心与机器人手臂轴心线间的距离。

阻焊变压器的设计是一体式焊钳的主要问题。由于变压器被限制在焊钳的小空间里，外形尺寸及重量都必须比一般的小，二次线圈还要通水冷却。目前，采用真空环氧浇铸工艺，已制造出了小型集成阻焊变压器。例如 30kV·A 的变压器，体积为 $(325 \times 135 \times 125)\ mm^3$，重量只有 18kg。

6.1.3　电阻焊接控制装置

电阻焊接控制装置是合理控制时间、电流和加压力这三大焊接条件的装置，综合了焊钳的各种动作的控制、时间的控制以及电流调整的功能。通常的方式是，装置启动后就会自动进行一系列的焊接工序。工业机器人点焊工作站使用的电阻焊接控制装置型号为 IWC5-10136C，是采用微电脑控制，同时具备高性能和高稳定性的控制器。IWC5-10136C 电阻焊接控制装置具有按照指定的直流焊接电流进行定电流控制功能、步增功能、各种监控以及异常检测功能。电阻焊接控制器如图 6-7 所示。IWC5-10136C 电阻焊接控制器配套有编程器和复位器，如图 6-8、图 6-9 所示。编程器用于焊接条件的设定；复位器用于异常复位和各种监控。

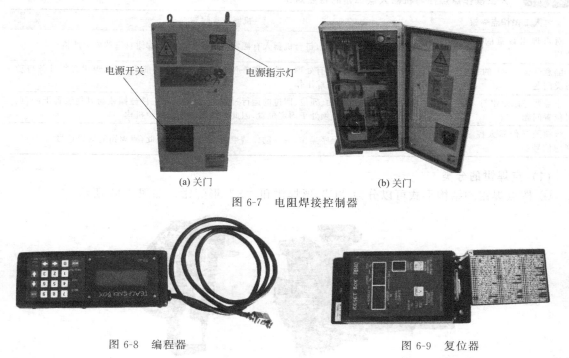

(a) 关门　　　　　　　　　　　　　　　(b) 关门

图 6-7　电阻焊接控制器

图 6-8　编程器　　　　　　　　　　　图 6-9　复位器

6.1.4　变压器

三相干式变压器为安川机器人 ES165D 提供电源，变压器参数为输入 3 相 380V，输出三相 220V，功率 12kV·A，如图 6-10 所示。

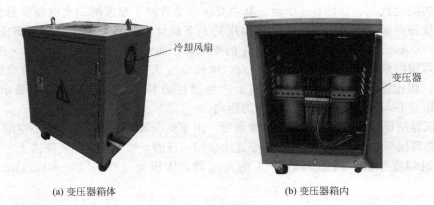

(a) 变压器箱体   (b) 变压器箱内

图 6-10 三相变压器

6.1.5 机器人点焊钳

点焊钳作为机器人的执行工具，对机器人的使用有很大的约束力，若选型不合理，将直接影响机器人的操作效率和接近性，同时对机器人运行中的安全有很大威胁。点焊机器人焊钳必须从生产需求和操作特点出发，结构上应满足生产和操作要求。因机器人操作与传统人工操作有很多不同之处，所以两者有很大差异，其特点对比见表 6-3。

表 6-3   人工操作点焊钳与机器人点焊钳的特点对比

人工操作点焊钳	机器人点焊钳
对点焊钳自重的要求不太严格	点焊钳装在机器人上，每台机器人有额定负载。因此对点焊钳自重的要求严格
随意性强，靠人的智能处理各类问题	严格按程序运行，设有处理工件与样件位置不同等问题的能力，因此焊钳必须具备自动补偿功能，实现自动跟踪工作
不需要考虑焊钳与人之间相对位置问题	机器人在移动、转动、到位、回位的运行过程中，为防止与工件碰撞或与其他装置干涉，点焊钳在随其运行中必须处于固定位置，因此点焊钳要设计限位机构
焊钳的动作靠人控制，不需考虑信号	机器人点焊钳按程序操作，每一动作结束需发出指令。因此，点焊钳需通以信号

(1) 点焊钳的分类

① 按点焊钳的结构形式可以分为 "C" 形焊钳和 "X" 形焊钳，如图 6-11 所示。

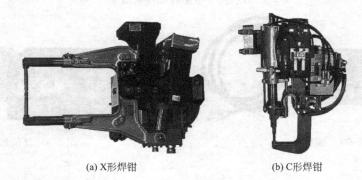

(a) X形焊钳   (b) C形焊钳

图 6-11 X 形气动焊钳和 C 形气动焊钳实物图

② 按点焊钳的行程可以分为单行程和双行程。
③ 按加压的驱动方式可以分为气动焊钳和电动焊钳。

④ 按点焊钳变压器的种类可分为工频焊钳和中频焊钳。

⑤ 按点焊钳的加压力大小可以分为轻型焊钳和重型焊钳，一般将电极加压力在 450kg 以上的点焊钳称为重型焊钳，450kg 以下的点焊钳称为轻型焊钳。

综上所述，点焊钳的分类如图 6-12 所示。

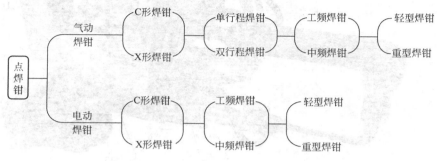

图 6-12　点焊钳的分类

伺服焊钳的基本构成如图 6-13 所示。伺服焊钳的构成部件及名称见表 6-4。

表 6-4　伺服焊钳的构成部件及名称

功能部位		零件	
一次侧	二次侧	序号	名称
加压驱动部分	转矩发生机构	1	伺服电机
	加压力转换机构	2	齿状传动带
		3	带轮
		4	滚珠螺杆
		5	活塞杆
		6	前侧直动轴承
		7	后侧直动轴承
二次供电部分	电流输出部分	8	焊接变压器
	供电接口	9	软连接
		10	端子
机器人安装部分		11	焊钳托架
冷却水回水部分		12	水冷分水器
	位置反馈部分	13	绝对编码器

（2）点焊钳的结构

机器人用的点焊钳和手工点焊钳大致相同，一般有 C 形和 X 形钳两类。应首先根据工件的结构形式、材料、焊接规范以及焊点在工件上的位置分布来选用焊钳的形式、电极直径、电极间的压紧力、两电极的最大开口度和焊钳的最大喉深等参数。图 6-14 为常用的 C 形和 X 形点焊钳的基本结构形式。

6.1.6　冷却水阀组

由于点焊是低压大电流焊接，在焊接过程中，导体会产生大量的热量，因此焊钳、焊钳变压器需要水冷。冷却水系统图如图 6-15 所示。

图 6-13　伺服焊钳的基本构成

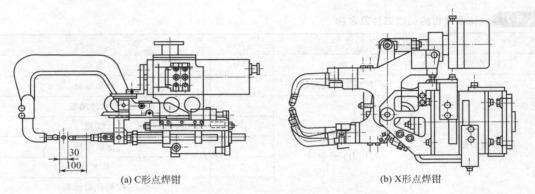

(a) C 形点焊钳

(b) X 形点焊钳

图 6-14　常用 C 形和 X 形点焊钳的基本结构形式

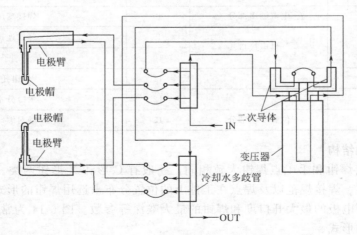

图 6-15　冷却水系统图

6.1.7　辅助设备工具

辅助设备工具主要有高速电机修磨机（CDR）、点焊机压力测试仪（SP-236N）、焊机专用电流表（MM-315B），分别如图 6-16(a)～(c) 所示。

(a) 高速电机修磨机　　　(b) 点焊机压力测试仪　　　(c) 专用电流表

图 6-16　辅助设备工具

（1）高速电机修磨机

对焊接生产中磨损的电极进行打磨。当连续进行点焊操作时，电极顶端会被加热，氧化加剧、接触电阻增大，特别是当焊接铝合金以及带镀层钢板时，容易发生镀层物质的黏着。即便保持焊接电流不变，随着顶端面积的增大，电流密度也会随之降低，造成焊接不良。因此需要在焊接过程中定期打磨电极顶端，除去电极表面的污垢，同时还需要对顶端部进行整形，使顶端的形状与初始时的形状保持一致。

（2）点焊机压力测试仪

用于焊钳的压力校正。在电阻焊接中为了保证焊接质量，电极加压力是一个重要的因素，需要对其进行定期测量。电极加压力测试仪分为三种：音叉式加压力仪、油压式加压力仪、负载传感器式加压力仪。　压力测试仪 SP-236N 为模拟型油压式加压力测量仪。

（3）焊机专用电流表

专用电流表用于设备的维护、测试焊接时二次短路电流。在电阻焊接中，焊接电流的测量对于焊接条件的设定以及焊接质量的管理起到重要的作用。由于焊接电流是短时间、高电流导通的方式，因此使用通常市场上销售的电流计是无法测量的，需要使用焊机专用焊接电流表。在测量电流时，有使用环形线圈，在焊机的二次线路侧缠绕环形线圈，利用此线圈测量出的磁力线的时间变化，并对此时间变化进行积分计算求取电流值。

图 6-17　安川 ES165D 机器人本体及焊钳
1—机器人本体；2—伺服机器人焊钳；
3—机器人安装底板

6.1.8　具体点焊机器人简介

点焊工业机器人很多，现以安川 ES165D 机器人为例介绍，包括安川 ES165D 机器人本体、DX100 控制柜以及示教器。安川 ES165D 机器人本体如图 6-17所示。

ES165D 机器人为点焊机器人，由驱动器、传动机构、机械手臂、关节以及内部传感器等组成。它的任务是精确地保证机械手末端执行器（焊钳）所要求的位置、姿态和运动轨迹。焊钳与机器人手臂可直接通过法兰连接。

6.2 点焊工业机器人工作站现场程序的编制

6.2.1 ABB 指令简介

(1) ABB 指令表

ABB 常用指令如表 6-5 所示。

表 6-5 ABB 常用指令

类 型	指 令	功 能
程序的调用	Pro Call	调用例行程序
	Call By Var	通过带变量的例行程序名称调用例行程序
	RETURN	返回原例行程序
例行程序内的逻辑控制	Compact IF	如果条件满足,就执行一条指令
	IF	当满足不同的条件时,执行对应的程序
	FOR	根据指定的次数,重复执行对应的程序
	WHILE	如果条件满足,重复执行对应的程序
	TEST	对一个变量进行判断,从而执行不同的程序
	GOTO	跳转到例行程序内标签的位置
	Label	跳转标签
停止程序执行	Stop	停止程序执行
	EXIT	停止程序执行并禁止在停止处再开始
	Break	临时停止程序的执行,用于手动调试
	System Stop Action	停止程序执行和机器人运动
	ExitCycle	中止当前程序的运行并将程序的指针 PP 复位到主程序的第一条指令。如果选择了程序连续运行模式,程序将从主程序的第一句重新执行
赋值指令	:=	对程序数据进行赋值
等待指令	Wait Time	等待一个指定的时间,程序再往下执行
	Wait Until	等待一个条件满足后,程序继续往下执行
	Wait DI	等待一个输入信号状态为设定值
	Wait DO	等待一个输出信号状态为设定值
程序注释	Comment	对程序进行注释
程序模块加载	Load	从机器人硬盘加载一个程序模块到运行内存
	UnLoad	从运行内存中卸载一个程序模块
	Start Load	在程序执行的过程中,加载一个程序模块到运行内存中
	Wait Load	当 Start Load 使用后,使用此指令将程序模块连接到任务中使用
	Cancel Load	取消加载程序模块
	Check ProgRef	检查程序引用
	Save	保存程序模块
	Erase Module	从运行内存删除程序模块

续表

类 型	指 令	功 能
变量功能	Try Int	判断数据是否是有效的整数
	Op Mode	读取当前机器人的操作模式
	Run Mode	读取当前机器人程序的运行模式
	Non Motion Mode	在程序任务中,读取当前是否为无运动的执行模式
	Dim	读取一个数组的维数
	Present	读取带参数例行程序的可选参数值
	Is Pers	判断一个参数是不是可变量
	Is Var	判断一个参数是不是变量
转换功能	Str To Byte	将字符串转换为指定格式的字节数据
	Byte To Str	将字节数据转换成字符串
速度设定	Vel Set	设定最大的速度与倍率
	Speed Refresh	更新当前运动的速度倍率
	Acc Set	定义机器人的加速度
	World Acc Lim	设定大地坐标中工具与载荷的加速度
	Path Acc Lim	设定运动路径中 TCP 的加速度
	Max Rob Speed	获取当前型号机器人可实现的最大 TCP 速度
轴配置管理	ConfJ	关节运动的轴配置控制
	ConfL	线性运动的轴配置控制
奇异点的管理	Sing Area	设定机器人运动时,在奇异点的插补方式
位置偏置功能	PDisp On	激活位置偏置
	PDosp Set	激活指定数值的位置偏置
	PDosp Off	关闭位置偏置
	EOffs On	激活外轴偏置
	EOffs Set	激活指定数值的外轴偏置
	EOffs Off	关闭外轴位置偏置
	Def DFrame	通过三个位置数据计算出位置的偏置
	Def Frame	通过六个位置数据计算出位置的偏置
	ORobT	从一个位置数据删除位置偏置
	DefAccFrame	从原始位置和替换位置定义一个框架
软伺服功能	Soft Act	激活一个或多个轴的软伺服功能
	Soft Deact	关闭软伺服功能
机器人参数调整功能	Tune Servo	伺服调整
	Tune Reset	伺服调整复位
	Path Besol	几何路径精度调整
	CirPathMode	在圆弧摆补运动时,工具姿态的变换方式
空间监管管理	WZBoxDef	定义一个方形的监控空间
	WZCylDef	定义一个圆弧形的监控空间
	WZSphDef	定义一个球形的监控空间

续表

类 型	指 令	功 能
空间监管管理	WZHomeJointDef	定义一个关节轴坐标的监控空间
	WZLimJointDef	定义一个限定为不可进入的关节轴坐标监控空间
	WZLimSup	激活一个监控空间并限定为不可进入
	WZDOSet	激活一个监控空间并与一个输出信号关联
	WZEnable	激活一个临时的监控空间
	WZFree	关闭一个临时的监控空间
机器人运动控制	MoveC	TCP 圆弧运动
	MoveJ	关节运动
	MoreL	TCP 线性运动
	MoveAbsJ	轴绝对角度位置运动
	MoveExtJ	外部直线轴和旋转轴运动
	MoveCDO	TCP 圆弧运动的同时触发一个输出信号
	MoveJDO	关节运动的同时触发一个输出信号
	MoveLDO	TCP 线性运动的同时触发一个输出信号
	MoveCSync	TCP 圆弧运动的同时执行一个例行程序
	MoveJSync	关节运动的同时执行一个例行程序
	MoveLSync	TCP 线性运动的同时执行一个例行程序
搜索功能	SearchC	TCP 圆弧搜索运动
	SearchExtJ	外轴搜索运动
指定位置触发信号与中断功能	Trigg IO	定义触发条件在一个指定的位置触发输出信号
	Trigg Int	定义触发条件在一个指定的位置触发中断程序
	Trigg Check IO	定义一个指定的位置进行 I/O 状态检查
	Trigg Equip	定义触发条件在一个指定的位置触发输出信号，并对信号响应的延迟进行补偿设定
	Trigg Ramp AO	定义触发条件在一个指定的位置触发模拟输出信号，并对信号响应的延迟进行补偿设定
	Triggc	常触发事件的圆弧运动
	TriggJ	常触发事件的关节运动
	TnggL	常触发事件的线性运动
	TriggLIOs	在一个指定的位置触发输出信号的线性运动
	StepBwdPath	在 RESTART 的事件程序中进行路径的返回
	TriggStopProc	在系统中创建一个监控处理，用于在 STOP 和 QSTOP 中需要信号复位和程序数据复位的操作
	Trigg Speed	定义模拟输出信号与时间 TCP 速度之间的配合
出错或中断时的运动控制	Stop Move	停止机器人运动
	Start Move	重新启动机器人运动
	Start Move Retry	重新启动机器人运动及相关的参数设定
	Stop Move Reset	对停止运动状态复位，但不重新启动机器人运动
	Store Path	储存已生成的最近路径
	Resto Path	重新生成之前储存的路径

续表

类 型	指 令	功 能
出错或中断时的运动控制	Clear Path	在当前的运动路径级别中,清空整个运动路径
	Path Level	获取当前路径级别
	Sync Move Suspend	在 StomPath 的路径级别中暂停同步坐标的运动
	Sync Move Resume	在 StorePath 的路径级别中重返同步坐标的运动
	Is Stop Move Act	获取当前停止运动标识符
外轴的控制	Deact Unit	关闭一个外轴单元
	Act Unit	激活一个外轴单元
	Mech Unit Load	定义外轴单元的有效载荷
	Get Next Mech Unit	检索外轴单元在机器人系统中的名字
	Is Mech Unit Active	检查一个外轴单元状态是关闭或是激活
独立轴控制	IndAMove	将一个轴设定为独立轴模式并进行绝对位置方式运动
	IndCMove	将一个轴设定为独立轴模式并进行连续方式运动
	IndDMove	将一个轴设定为独立轴模式并进行角度方式运动
	IndRMove	将一个轴设定为独立轴模式并进行相对位置方式运动
	IndReset	取消独立轴模式
	Indlnpos	检查独立轴是否已到达指定位置
	IndSpeed	检查独立轴是否已到达指定的速度
路径修正功能	CorrCon	连接一个路径修正生成器
	CorrWrite	将路径坐标系统中的修正值写到修正生成器中
	CorrDiscon	断开一个已连接的路径修正生成器
	CorrClear	取消所有已连接的路径修正生成器
	CorrRead	读取所有已连接的路径修正生成器的总修正值
路径记录功能	Path Rec Start	开始记录机器人的路径
	Path Rec Stop	停止记录机器人的路径
	Path Ree Move Bwd	机器人根据记录的路径作后退运动
	Path Rec Move Fwd	机器人运动到执行 PathRecMoveBwd 指令的位置
	Path RecValid Bwd	检查是否已激活路径记录和是否有可后退的路径
	Path Rec Valid Fwd	检查是否有可向前的记录路径
输送链跟踪功能	Wait Wobj	等待输送链上的工件坐标
	Drop Wobj	放弃输送链上的工件坐标
传感器同步功能	Wait Sensor	将一个在开始窗口的对象与传感器设备关联起来
	Sync To Sensor	开始或停止机器人与传感器设备的运动同步
	Drop Sensor	断开当前对象的连接
有效载荷与碰撞检测	Motion Sup	激活或关闭运动监控
	Load ld	工具或有效载荷的识别
	Man Load ld	外轴有效载荷的识别
对输入/输出信号的值进行设定	Invert DO	对一个数字输出信号的值置反
	Pulse DO	数字输出信号进行脉冲输出

续表

类　型	指　令	功　能
对输入/输出信号的值进行设定	Reset	将数字输出信号置为 0
	Set	将数字输出信号置为 1
	Set AO	设定模拟输出信号的值
	Set DO	设定数字输出信号的值
	Set GO	设定组输出信号的值
读取输入/输出信号值	AOut put	读取模拟输出信号的当前值
	DOut put	读取数字输出信号的当前值
	Gout put	读取组输出信号的当前值
	Test DI	检查一个数字输入信号已置 1
	Valid IO	检查 I/O 信号是否有效
	Wait DI	等待一个数字输入信号的指定状态
	Wait DO	等待一个数字输出信号的指定状态
	Wait GI	等待一个组输入信号的指定值
	Wait GO	等待一个组输出信号的指定值
	Wait AI	等待一个模拟输入信号的指定值
	Wait AO	等待一个模拟输出信号的指定值
I/O 模块的控制	IO Disable	关闭一个 I/O 模块
	IO Enable	开启一个 I/O 模块
示教器上人机界面的功能	TPErase	清屏
	TPWrite	在示教器操作界面上写信息
	ErrWrite	在示教器事件日志中写报警信息并储存
	TPRendFK	互动的功能键操作
	TPRendNum	互动的数字键盘操作
	TPShow	通过 RAPID 程序打开指定的窗口
通过串口进行读写	Open	打开串口
	Write	对串口进行写文本操作
	Close	关闭串口
	Write Bin	写一个二进制数的操作
	Write Any Bin	写任意二进制数的操作
	Write Str Bin	写字符的操作
	Rewind	设定文件开始的位置
	Clear IO Buff	清空串口的输入缓冲
	Read Any Bin	从串口读取任意的二进制数
	Read Num	读取数字量
	Read Str	读取字符串
	Read Bin	从二进制串口读取数据
	Read Str Bin	从二进制串口读取字符串

续表

类　型	指　令	功　能
Sockets 通信	Socket Create	创建新的 Socket
	Socket Connect	连接远程计算机
	Socket Send	发送数据到远程计算机
	Socket Receive	从远程计算机接收数据
	Socket Close	关闭 Socket
	Socket Get Status	获取当前 Socket 状态
中断设定	CONNECT	连接一个中断符号到中断程序
	ISignalDI	使用一个数字输入信号触发中断
	ISignalDO	使用一个数字输出信号触发中断
	ISignalGI	使用一个组输入信号触发中断
	ISignalGO	使用一个组输出信号触发中断
	ISignalAI	使用一个模拟输入信号触发中断
	ISignalAO	使用一个模拟输出信号触发中断
	ITimer	计时中断
	TriggInt	在一个指定的位置触发中断
	IPers	使用一个可变量触发中断
	IError	当一个错误发生时触发中断
	IDelete	取消中断
中断的控制	ISleep	关闭一个中断
	IWatch	激括一个中断
	IDisable	关闭所有中断
	IEnable	激活所有中断
时间控制	Clk Reset	计时器复位
	Clk Start	计时器开始计时
	Clk Stop	计时器停止计时
	ClkRead	读取计时器数值
	CDate	读取当前日期
	C Time	读取当前时间
	Get Time	读取当前时间为数字型数据
简单运算	Clear	清空计时
	Add	加或减操作
	Incr	加 1 操作
	Decr	减 1 操作
算术功能	Abs	取绝对值
	Round	四舍五入
	Trunc	舍位操作
	Sqrt	计算二次根
	Exp	计算指数值 r

续表

类　　型	指　　令	功　　能
算术功能	Pow	计算指数值
	ACos	计算圆弧余弦值
	ASin	计算圆弧正弦值
	ATan	计算圆弧正切值[−90,90]
	ATan2	计算圆弧正切值[−180,180]
	Cos	计算余弦值
	Sin	计算正弦值
	Tan	计算正切值
	Euler ZYX	从姿势计算欧拉角
	Orient ZYX	从欧拉角计算姿态
关于位置的功能	Offs	对机器人位置进行偏移
	RelTool	对工具的位置和姿态进行偏移
	CalcRobT	从 jointtarget 计算出 mytarget
	CPos	读取机器人当前的 x、y、z
	CRobT	读取机器人当前的 mytarget
	CjointT	读取机器人当前的关节轴角度
	ReadMotor	读取轴电动机当前的角度
	CTool	读取工具坐标当前的数据
	CWObj	读取工件坐标当前的数据
	MirPos	镜像一个位置
	CalcJointT	从 mytarget 计算出 jointtarget
	Diatance	计算两个位置的距离
	PF Restart	当路径因电源关闭而中断的时候检查位置
	C Speed Override	读取当前使用的速度倍率

（2）参数设置

不同的点焊系统，其参数设置也是不一样的，现以 ABB 点焊工业机器人为例来介绍其参数设置。

① 点焊的 I/O 配置与使用方法　ABB 点焊的 I/O 配置与使用方法如图 6-18 所示，其 I/O 板的功能见表 6-6。

表 6-6　I/O 板功能

I/O 板名称	说　　明	I/O 板名称	说　　明
SW_BOARD1	点焊设备 1 对应基本 I/O	SW_BOARD4	点焊设备 4 对应基本 I/O
SW_BOARD2	点焊设备 2 对应基本 I/O	SW_SIM_BOARD	机器人内部中间信号
SW_BOARD3	点焊设备 3 对应基本 I/O		

一台机器人最多可以连接 4 套点焊设备。下面以一个机器人配置一套点焊设备为例，说明最常用的 I/O 配置的情况。I/O 板 SW_BOARD1 的信号分配见表 6-7。I/O 板 SW_SIM_BOARD 的常用信号分配见表 6-8。

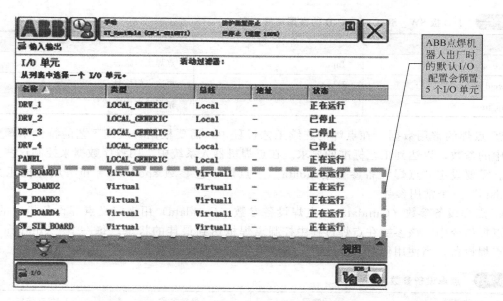

图 6-18　ABB 点焊的 I/O 配置与使用方法

表 6-7　I/O 板 SW_BOARD1 的信号分配

信　号	类　型	说　明
g1_start_weld	Output	点焊控制器启动信号
g1_weld_prog	Output group	调用点焊参数组
g1_weld_power	Output	焊接电源控制
g1_reset_fault	Output	复位信号
g1_enable_curr	Output	焊接仿真信号
g1_weld_complete	Input	点焊控制器准备完成信号
g1_weld_fault	Input	点焊控制器故障信号
g1_timer_ready	Input	点焊控制器焊接准备完成
g1_new_program	Output	点焊参数组更新信号
g1_equalize	Output	点焊枪补偿信号
g1_close_gun	Output	点焊枪关闭信号（气动枪）
g1_open_hilift	Output	打开点焊枪到 hilift 的位置（气动枪）
g1_close_hilift	Output	从 hilift 位置关闭点焊枪（气动枪）
g1_gun_open	Input	点焊枪打开到位（气动枪）
g1_hilift_open	Input	点焊枪已打开到 hilift 位置（气动枪）
g1_pressure_ok	Input	点焊枪压力没问题（气动枪）
g1_start_water	Output	打开水冷系统
g1_temp_ok	Input	过热报警信号
g1_flow1_ok	Input	管道 1 水流信号
g1_flow2_ok	Input	管道 2 水流信号
g1_air_ok	Input	补偿气缸压缩空气信号
g1_weld_contact	Input	焊接接触器状态
g1_equipment_ok	Input	点焊枪状态信号
g1_press_group	Output roup	点焊枪压力输出
g1_process_run	Output	点焊状态信号
g1_rocess_fault	Output	点焊故障信号

表 6-8 I/O 板 SW_SIM_BOARD 的常用信号分配

信 号	类 型	说 明
force_complete	Input	点焊压力状态
reweld_proc	Input	再次点焊信号
skip_proc	Input	错误状态应答信号

② 点焊的常用数据 在点焊的连续工艺过程中，需要根据材质或工艺的特性来调整点焊过程中的参数，以达到工艺标准的要求。在点焊机器人系统中，用程序数据来控制这些变化的因素。需要设定"点焊设备参数 gundata""点焊工艺参数 spotdata"和"点焊枪压力参数 forcedata"三个常用参数。

a. 点焊设备参数（Gundata） 点焊设备参数（Gundata）用来定义点焊设备指定的参数，用在点焊指令中。该参数在点焊过程中控制点焊枪达到最佳的状态。每一个"gundata"对应一个点焊设备。当使用伺服点焊枪时，需要设定的点焊设备参数见表 6-9。

表 6-9 点焊设备参数

参数名称	参数注释	参数名称	参数注释
gun_name	点焊枪名字	max_nof_welds	最大点焊数
pre_close_time	预关闭时间	curr_tip_wear	当前点焊枪磨损值
pre_equ_time	预补偿时间	Max_tip_wear	点焊枪磨损值
weld_counter	已点焊计数	weld_timeout	点焊完成信号延迟时间

b. 点焊工艺参数（Spotdata） 点焊工艺参数（Spotdata）是用于定义点焊过程中的工艺参数。点焊工艺参数是与点焊指令 SpotL/J 和 SpotML/J 配合使用的。当使用伺服点焊枪时，需要设定的点焊工艺参数见表 6-10。

表 6-10 点焊工艺参数

参数名称	参数注释	参数名称	参数注释
Prog_no	点焊控制器参数组编号	plate_thickness	定义点焊钢板的厚度
tip_force	定义点焊枪压力	plate_tolerance	钢板厚度的偏差

c. 点焊枪压力参数（Forcedata） 点焊枪压力参数（Forcedata）用于定义在点焊时的关闭压力。点焊枪压力参数与点焊指令 setForce 配合使用。当使用伺服点焊枪时需要设定的点焊枪压力参数见表 6-11。

表 6-11 点焊枪压力参数

参数名称	参数注释	参数名称	参数注释
tip_force	点焊枪关闭压力	plate_mickness	定义点焊钢板的厚度
force_time	关闭时间	plate_tolerance	钢板厚度的偏差

(3) 点焊的常用指令

① 线性/关节点焊指令 SpotL/SpotJ

a. 指令作用。

用于点焊工艺过程中机器人的运动控制，包括机器人的移动、点焊枪的开关控制和点焊参数的调用。SpotL 用于在点焊位置的 TCP 线性移动，SpotJ 用于在点焊之前的 TCP 关节运动。

b. 应用举例。

SpotL p100，vmax，gun1，spot10，tool1；

c. 指令说明。

当前点焊枪 tool1 以速度 vmax 线性运动到点焊位置点 P_{100}。

点焊枪在机器人运动的过程中会预关闭。

点焊工艺参数 spot10 包含了在点焊位置 P_{100} 的点焊参数。

点焊设备参数 gun1 用于指定点焊的控制器。

② 点焊枪关闭压力设定指令 SetForce

a. 指令作用。

点焊枪关闭压力设定指令 SetForce 用于点焊枪关闭压力的控制。

b. 应用举例。

SetForce gun1，force10；

c. 指令说明。

点焊枪关闭压力设定指令指定使用点焊枪参数压力，点焊设备参数 gun1 是一个 num 类型的数据，用于指定点焊的控制器。

③ 校准点焊枪指令 Calibrate

a. 指令作用。

用于在点焊中校准点焊枪电极的距离。在更换了点焊枪或枪嘴后，需要进行一次校准。

b. 应用举例。

Calibrate gun1 \ TipChg；

6.2.2　ABB 工业机器人仿真软件的应用

(1) 工作站的建立

① 软件下载如图 6-19 所示。

② 安装 RobotStudio　安装 RobotStudio 的操作步骤如图 6-20 所示。

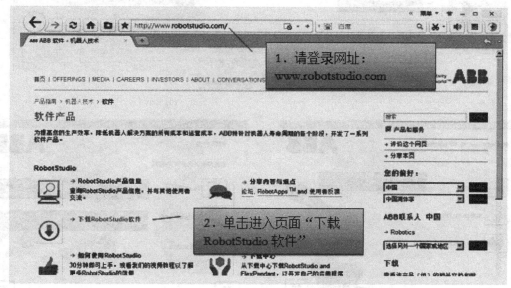

(a) 进入网址

图 6-19

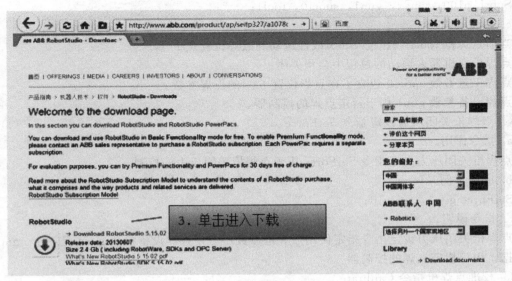

(b) 进行下载

图 6-19 软件下载

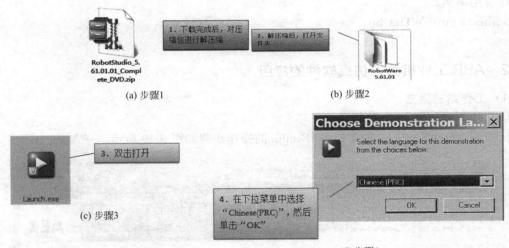

(a) 步骤1　　　　　　　　　　　　　　　　(b) 步骤2

(c) 步骤3

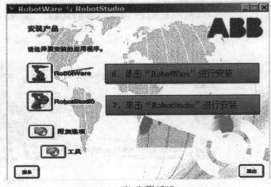

(d) 步骤4

(e) 步骤5　　　　　　　　　　　　　　　　(f) 步骤6和7

图 6-20 安装 RobotStudio

③ 创建工作站　如图 6-21 所示。

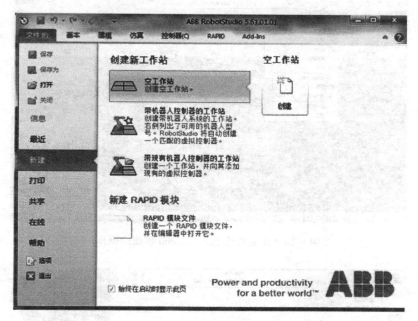

图 6-21　创建工作站

④ 恢复默认 RobotStudio 界面　如图 6-22 所示，若意外关闭工作站，可通过图 6-23 所示的操作步骤进行恢复默认 RobotStudio 界面。

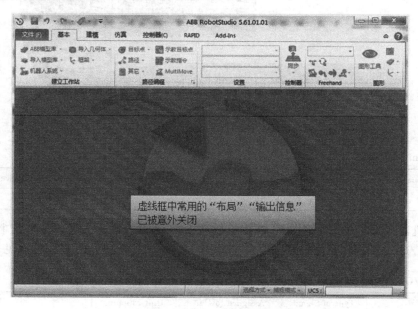

图 6-22　意外关闭

（2）点焊工作站的仿真

① 解压并初始化　如图 6-24 所示。

② I/O 配置　打开虚拟示教器以后，先将界面语言改为中文，之后依次单击"ABB 菜单"→"控制面板"→"配置"，进入"I/O 主题"，配置 I/O 信号。在此工作站中，配置了 1 个 DSQC652 通信板卡（数字量 16 进 16 出）。unit 信号中设置此 I/O 单元的相关参数，见表 6-12。

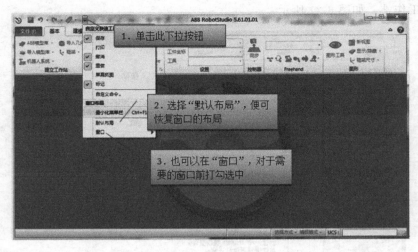

图 6-23　恢复默认 RobotStudio 界面的操作

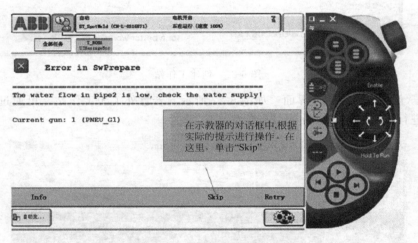

图 6-24　解压并初始化

表 6-12　unit 单元参数

Name	Type of Unit	Connected to Bus	Device Net Address
SW_BOARD1	D652	DeviceNet1	10

在点焊机器人系统中，已设定了相关的标准 I/O 设置。除此之外，根据控制的需要，在预留的空白 I/O 中设定相关的控制信号。在此工作站中，需要配置的 I/O 信号见表 6-13。

表 6-13　I/O 信号参数

Name	Type of Signal	Assigned to Unit	Unit Mapping	说　明
di_StanPro	DI	SW_BOARD1	11	点焊启动信号
gl_air_ok	DI	SW_BOARD1	6	补偿气缸压缩空气信号
gl_weld_contact	DI	SW_BOARD1	3	焊接接触器状态
gl_weld_complete	DI	SW_BOARD1	0	点焊控制器准备完成信号
gl_timer_ready	DI	SW_BOARD1	1	点焊控制器焊接准备完成
gl_temp_ok	DI	SW_BOARD1	7	过热报警信号

续表

Name	Type of Signal	Assigned to Unit	Unit Mapping	说　明
gl_fowl_ok	DI	SW_BOARD1	4	管道 1 水流信号
gl_fow2_ok	DI	SW_BOARD1	5	管道 2 水流信号
gl_gun_close	DI	SW_BOARD1	12	点焊枪关闭
gl_gun_open	DI	SW_BOARD1	9	点焊枪打开
gl_hilift_open	DI	SW_BOARD1	10	点焊枪已打开到 hilift 位置
gl_pressure_ok	DI	SW_BOARD1	8	点焊枪压力没问题
gl_start_weld	DO	SW_BOARD1	1	点焊控制器启动信号
gl_start_water	DO	SW_BOARD1	6	打开水冷系统
gl_open_gun	DO	SW_BOARD1	13	点焊枪打开信号
gl_open_hilift	DO	SW_BOARD1	8	打开点焊枪到 hilift 的位置
gl_weld_power	DO	SW_BOARD1	5	焊接电源控制
gl_equalize	DO	SW_BOARD1	0	点焊枪补偿信号
gl_enable_curr	DO	SW_BOARD1	2	焊接仿真信号
gl_close_hilift	DO	SW_BOARD1	9	从 hilift 位置关闭点焊枪
gl_close_gun	DO	SW_BOARD1	7	点焊枪关闭信号
do_TipDress	DO	SW_BOARD1	14	点焊枪修整
gl_reset_fault	DO	SW_BOARD1	3	复位信号
gl_weld_prog	GO	SW_BOARD1	10～12	调用点焊参数组

③ 坐标系设定　如图 6-25 所示。

工具坐标
tServoGun

图 6-25　坐标系设定

④ 示教目标点

a. 第 1 个点焊位置点的程序（图 6-26）和位置（图 6-27）。

b. 第 2 个点焊位置点的程序（图 6-28）和位置（图 6-29）。

c. 第 3 个点焊位置点的程序（图 6-30）和位置（图 6-31）。

d. 第 4 个点焊位置点的程序（图 6-32）和位置（图 6-33）。

e. 修整点焊枪嘴（图 6-34）。

f. 更换点焊枪嘴（图 6-35）。

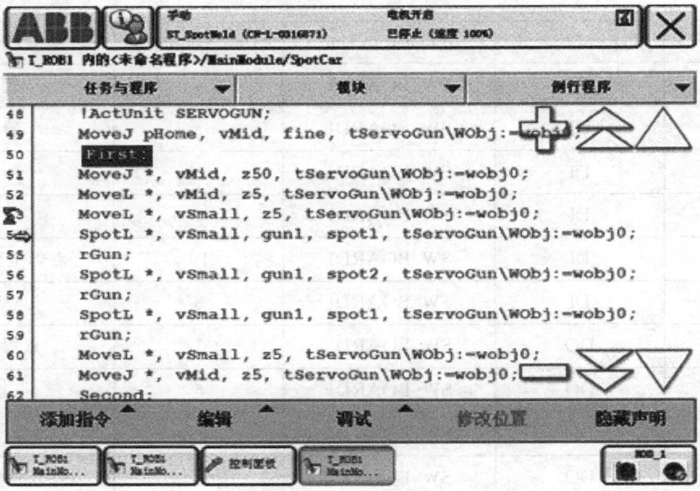

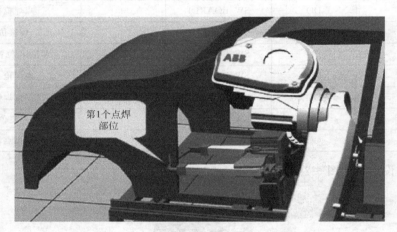

图 6-26　程序

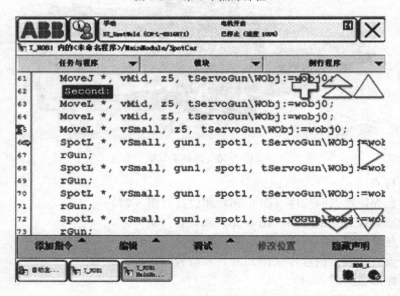

图 6-27　第 1 个点焊部位

图 6-28　程序

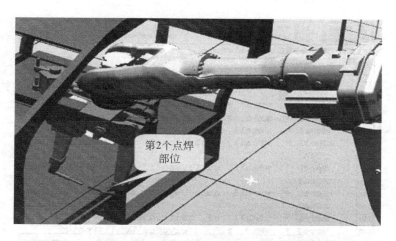

图 6-29　第 2 个点焊部位

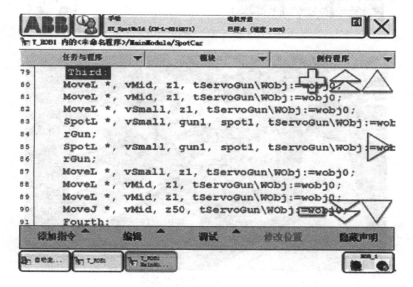

图 6-30　程序

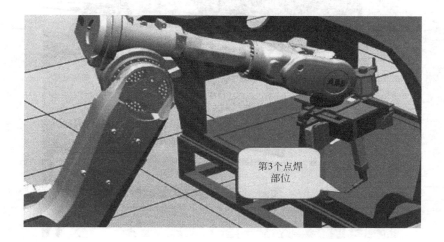

图 6-31　第 3 个点焊部位

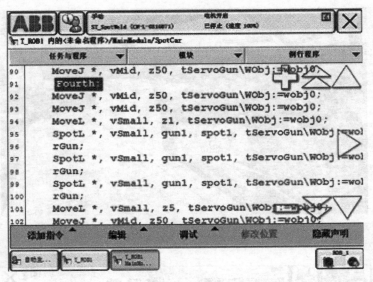

图 6-32　程序

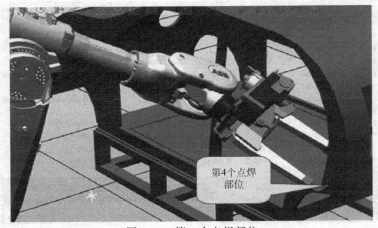

图 6-33　第 4 个点焊部位

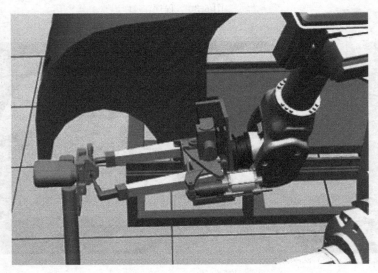

图 6-34　修整点焊枪嘴

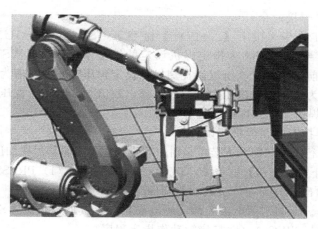

图 6-35　更换点焊枪嘴

6.2.3　安川点焊工业机器人工作站的编程

(1) 工具坐标的标定

焊钳工具坐标的标定如图 6-36 所示，工具坐标的旋转应与焊钳吻合，应在标准轴周围旋转（设定 R_x、R_y、R_z）并登录在"工具文件设定表"中。

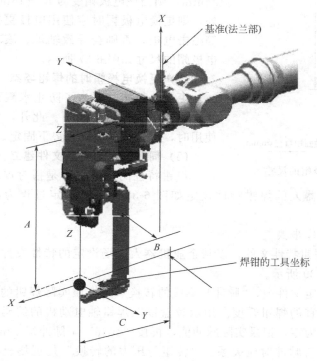

图 6-36　焊钳工具坐标的标定

(2) 伺服焊钳示教的登录与设定

① 示教状态按下【外部轴切换】，按下【S＋】或【S－】，焊钳进行打开和关闭。

② 建立新程序，选择【R1＋S1】。

③ 示教焊接位置点时，不要接触工件，保持工件与电极距离 5～10mm，在焊接位置点程

序下面登录 SVSPOT 焊接命令。

④ 登录 SVSPOT 命令。按下【./SPOT】键登录，SVSPOT　GUN ＃（1）PRESS ＃（1）WTM＝1　WST＝1。WTM 为指定焊机设定的焊接条件序号，WST 为指定焊机的启动时间。因为要在加压前启动焊机，所以需在焊机处设定预压时间。数值为 0 时，执行焊接命令同时启动焊机；数值为 1 时，一次压力执行时启动，数值为 2 时，二次压力执行时启动。

⑤ 压力设定："焊钳"→"焊钳压力"。

⑥ 焊接电流、焊接时间在焊机侧设定。

⑦ 空打动作。进行电极研磨和安装电极时，不进行焊接也要给焊钳加压的动作，SVGUNCL（空打动作指令），按下【2/空打】键登录，SVGUNCL GUN ＃（1）PRESSCL ＃（1）。

⑧ 电极的磨损检出，分为空打接触动作和传感器检出动作两方面。

a. 空打接触动作。使固定侧电极和移动侧电极接触，读取该位置，SVGUNCL　GUN ＃（1）PRESSCL ＃（1）TWC-A（空打接触动作指定程序）。

b. 传感器检出动作。使移动侧电极在传感器的检出范围移动，根据该位置的读取数据，计算移动侧电极的磨损量，SVGUNCL　GUN ＃（1）PRESSCL ＃（1）TWC-B（传感器检出动作指定程序）。

（3）焊钳电极帽的更换基准

焊钳电极帽上标有使用极限界限，如果打磨电极时触及使用极限界限，应更换电极帽。电极帽的消耗量为 7～8mm，例如新电极帽全长为 23～25mm，则当该电极帽变为 15～16mm 时，需要更换。此外，则更换电极帽时应使用电极更换工具，切勿用锤子等敲击电极，否则会导致轴承、滚珠螺杆等的损坏。新电极帽的尺寸如图 6-37 所示。

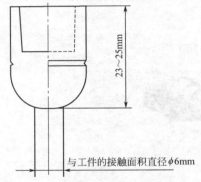

图 6-37　新电极帽的尺寸

（4）更换电极帽时的焊钳姿态

更换电极帽时，为了防止水溅到驱动单元主体，需将焊钳的姿势设定为朝下。此外，当需要固定焊钳进行使用时，也要在朝下的姿势下固定。

（5）伺服焊钳的特性文件建立

焊钳特性的特性文件是指对焊钳固有的物理特性进行描述。安川点焊机器人的焊钳特性设定如图 6-38 所示。设定过程为："主菜单"→"点焊"→"焊钳特性"。

（6）特性文件制作步骤

① 制作假设的焊钳特性文件。以某企业机器人现场设定的特性文件数据为例，先设定一个假设的值，如图 6-39 所示。

在制作假设的特定文件中，"脉冲与形成的转换"是按照实际焊钳的开度设定的，通过示教盒的操作，设定适宜的焊钳开度。用示教盒读取焊钳轴电动机的编码器脉冲值。具体做法是：闭合焊钳，开度为零，记录实际脉冲值，再按"4096"个脉冲每 10mm（实际的焊钳丝杠节距）计算其他行程与脉冲对应关系。"转矩与压力的转换"是现场机器人中的抄录值，如图 6-40所示。

注：如果没有对焊钳特性进行描述，伺服焊钳不能够执行空打、焊接等命令。

闭合焊钳时，外部轴的当前脉冲值是 90037，按照"4096"个脉冲为每 10mm 实际的丝杠节距）计算，得出实际的 10mm、20mm、50mm、100mm 和 200mm 的对应脉冲值。制作假设的焊钳特性文件时需要注意的是，最大转矩的压力要足够大，否则在测量实际转矩压力过程中会出现报警。

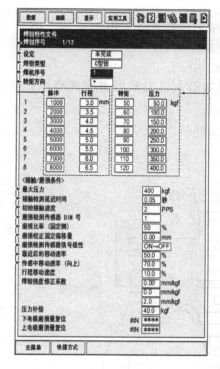

图 6-38　焊钳特性设定菜单界面

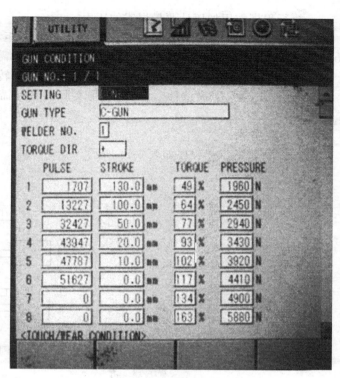

图 6-39　生产现场的焊钳特性文件

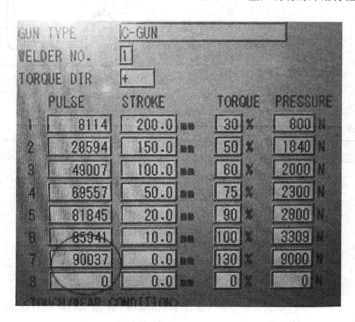

图 6-40　"转矩与压力的转换"特定文件

　　② 测量焊钳的转矩与压力转换的数据。制作完假设的特性图后，就可以执行空打和焊接命令，然后制作输入转矩与压力转换的数据。要通过 kgf（1kgf＝9.8N）数值指定压力，需要把焊钳轴电动机的转矩（%）与压力（kgf）的关系进行数据输入。

　　a. 在"空打压力文件"中设定压力，此时的压力单位用转矩（%）指定。

　　b. 在程序中登录 SVGUNCL 命令，用步骤 a. 指定设定的空打加压文件。

c. 执行程序，用加压计测量焊钳的压力。

d. 对不同的压力重复以上 3 个步骤，得出 8 组转矩和压力的数据（转矩为 40%、60%、70%、90%、100%、110%、120% 和 130%，根据实际需要确定转矩）。

e. 将 8 组数据输入到焊钳特性文件的"转矩与压力转换"中。

③ 设定"接触/磨损条件"，按照现场实际测量和需要的最大压力和焊钳物理特性资料填写。

(7) 编程实例

图 6-41 所示的点焊程序如表 6-14 所示。

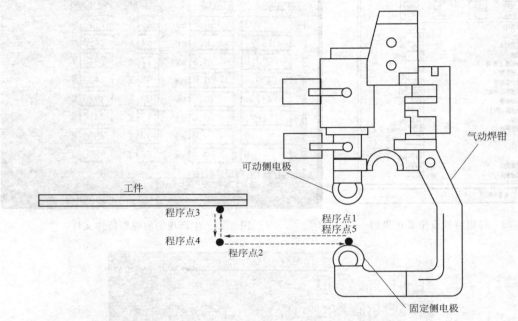

图 6-41　焊钳的移动及焊接位置示意

表 6-14　点焊程序

行	命令		内容说明	
0000	NOP		开始	
0001	MOVJ	VJ=25.00	移到待机位置	（程序点 1）
0002	MOVJ	VJ=25.00	移到焊接开始位置附近（接近点）	（程序点 2）
0003	MOVJ	VJ=25.00	移到焊接开始位置（焊接点）	（程序点 3）
0004	SPOT	GUN#（1）	焊接开始	
		MODE=0	指定焊钳 No.1	
		WTM=1	指定单行程点焊钳	
			指定焊接条件 1	
0005	MOVJ	VJ=25.00	移到不碰撞工件、夹具的地方（退避点）	（程序点 4）
0006	MOVJ	VJ=25.00	移到待机位置	（程序点 5）
0007	END		结束	

第7章
喷涂工业机器人工作站的现场编程

7.1　喷涂工业机器人工作站

　　计算机控制的喷涂机器人早在 1975 年就投入使用，它可以避免人体的健康受到危害，提高经济效益（如节省油漆）和喷涂质量。由于具有可编程能力，因此喷涂机器人能适应于各种应用场合。例如，在汽车工业上，可利用喷涂机器人对下车架和前灯区域、轮孔、窗口、下承板、发动机部件、门面以及行李厢等部分进行喷漆。由于能够代替人在危险和恶劣环境下进行喷涂作业，因此喷涂机器人得到了日益广泛的应用。

　　由于喷涂工序中雾状漆料对人体有危害，喷涂环境中照明、通风等条件很差，而且不易从根本上改进，因此在这个领域中大量地使用了喷涂机器人。使用喷涂机器人不仅可以改善劳动条件，还可以提高产品的产量和质量，降低成本。

　　杜尔公司的第二代涂装机器人 EcoRP E32/33 的首次亮相是在 2005 年 9 月，此后不久，该机器人就在正式生产中显示了它非凡的实力。德国乌尔姆（Ulm）市的艾瓦客车作为首位客户购买了两台 EcoRP E33 型机器人用于改造后的中涂线巴士汽车涂装，该涂装设备于 2006 年 1 月启用，取得了不错的效果。与此同时，还有其他项目分别在美国、墨西哥、西班牙、英国和韩国等地进行。在墨西哥的戴姆勒克莱斯勒汽车公司，两个面漆涂装机站在改造前总共需要 20 只雾化器，而在改造后只需 8 台 EcoRP E33 机器人。单纯从雾化器数量的减少看，就已经节省了可观的油漆和能源；而且该机器人布置在 1.9m 高的轨道上，有利于皮卡车厢的涂装生产，同时还提高了该涂装区域（对新车型）的适应性，如图 7-1 所示。

图 7-1　汽车涂装线

7.1.1 涂装机器人的分类

目前，国内外的涂装机器人从结构上大多数仍采取与通用工业机器人相似的 5 或 6 自由度串联关节式机器人，在其末端加装自动喷枪。按照手腕结构划分，涂装机器人应用中较为普遍的主要有两种：球型手腕涂装机器人和非球型手腕涂装机器人，如图 7-2 所示。

(a) 球型手腕涂装机器人　　　　　　　(b) 非球型手腕涂装机器人

图 7-2　涂装机器人分类

(1) 球型手腕涂装机器人

球型手腕涂装机器人与通用工业机器人手腕结构类似，手腕三个关节轴线相交于一点，即目前绝大多数商用机器人所采用的 Bendix 手腕，如图 7-3 所示。该手腕结构能够保证机器人运动学逆解具有解析解，便于离线编程的控制，但是由于其腕部第二关节不能实现 360°周转，故工作空间相对较小。采用球型手腕的涂装机器人多为紧凑型结构，其工作半径多在 0.7～1.2m，多用于小型工件的涂装。

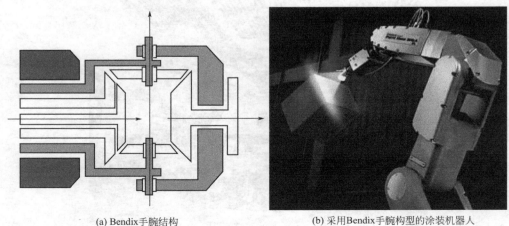

(a) Bendix手腕结构　　　　　　　　　(b) 采用Bendix手腕构型的涂装机器人

图 7-3　Bendix 手腕结构及涂装机器人

(2) 非球型手腕涂装机器人

非球型手腕涂装机器人,其手腕的 3 个轴线并非如球型手腕机器人一样相交于一点,而是相交于两点。非球型手腕机器人相对于球型手腕机器人来说更适合于涂装作业。该型涂装机器人每个腕关节转动角度都能达到 360°以上,手腕灵活性强,机器人工作空间较大,特别适用复杂曲面及狭小空间内的涂装作业,但由于非球型手腕运动学逆解没有解析解,增大了机器人控制的难度,难以实现离线编程控制。

非球型手腕涂装机器人根据相邻轴线的位置关系又可分为正交非球型手腕和斜交非球型手腕两种形式,如图 7-4 所示。图 7-4(a) 所示 Comau SMART-3 S 型机器人所采用的即为正交非球型手腕,其相邻轴线夹角为 90°;而 FANUC P-250iA 型机器人的手腕相邻两轴线不垂直,而是呈一定的角度,即斜交非球型手腕,如图 7-4(b) 所示。

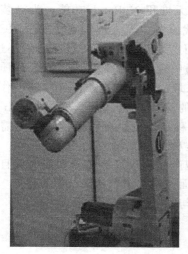 

(a) 正交非球型手腕   (b) 斜交非球型手腕

图 7-4 非球型手腕涂装机器人

现今应用的涂装机器人中很少采用正交非球型手腕,主要是其在结构上相邻腕关节彼此垂直,容易造成从手腕中穿过的管路出现较大的弯折、堵塞甚至折断管路。相反,斜交非球型手腕若做成中空的,各管线从中穿过,直接连接到末端高转速旋杯喷枪上,在作业过程中内部管线较为柔顺,故被各大厂商所采用。

7.1.2 涂装机器人的组成

现代涂装机器人是集机械、电子、计算机、传感器、人工智能等多学科先进技术于一体的现代制造业重要的自动化装备,在涂装生产过程中已经得到了广泛的应用,柔性化、节省投资和能耗、高度集成化成为研发新一代机器人关注的重点,以下将从机器人及涂装设备两方面介绍涂装机器人技术的新进展。

(1) 机器人系统

涂装机器人早已不是人们简单理解的一种产品或技术工具,其已带来制造业在涂装生产模式、理念、技术多个层面的深层次变革,各大机器人厂商也针对不同的工业应用推出深度定制的最新型涂装机器人。

① 操作机 瑞士 ABB 机器人公司推出的为汽车工业量身定制的最新型涂装机器人——Flex Painter IRB5500 (图 7-5),它在涂装范围、涂装效率、集成性和综合性价比等方面具有

图 7-5　ABB Flex Painter
IRB5500 涂装机器人

较为突出的优势。IRB5500 型涂装机器人凭借其独特的设计和结构，依托 QuickMove 和 TrueMove 功能，可以实现高加速度的运动和灵活精准快速的涂装作业。其中，QuickMove 功能可以确保机器人能够快速从静止加速到设定速度，最大加速度可达 $24m/s^2$，而 TrueMove 功能则可以确保机器人在不同速度下，运动轨迹与编程设计轨迹保持一致，如图 7-6 所示。

　　② 控制器　在环保意识日益增强的今天，为了营造环保效果好的"绿色工厂"，同时也为了降低运营成本，ABB 公司推出了融合集成过程系统（IPS）技术、连续涂装 StayOn 功能和无堆积 NoPatch 功能，为涂装车间应用量身定制的新一代涂装机器人控制系统——IRC5P。ABB 独有的 IPS 技术可实现高速度和高精度的闭环过程控制，最大限度消除了过喷现象，显著提高了涂装品质。连续涂装 StayOn 功能如图 7-7 所示，它在涂装作业过程中采取一致的涂装条件连续完成作业，不需要通过频繁开关来减少涂料的消耗，同时能保证高的涂装质量。无堆积 NoPatch 功能配合 IRB5500 机器人可以平行于纵向和横向车身表面自如移动手臂，可以一次涂装无需重叠拼接（图 7-8）。这些技术的应用可显著节省循环时间和涂装材料。

　　③ 示教器　示教器作为人机交互的桥梁，其新型产品不仅具有防爆功能，而且多集成了一体化的工艺控制模块，辅以超人性化设计的示教界面，使得示教越来越简单快速。加之各大厂商对离线编程软件的不断深入开发，使其可以完成与实际机器人相同的运动规划，进一步简化了示教。

（2）涂装设备

　　针对小批量涂装和多色涂装，ABB 推出了 FlexBell 弹匣式旋杯系统（CBS），该系统可对直接施于水性涂料的高压电提供有效绝缘；同时确保每只弹匣精确填充必要用量的涂料，从而将换色过程中的涂料损耗降低至近乎为零。图 7-9 所示为 CBS 系统在阿斯顿·马丁汽车面漆涂装线中的应用。

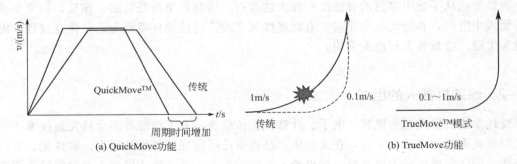

图 7-6　QuickMove 和 TrueMove 功能示意图

　　对于汽车车身外表面的涂装，目前采用的最先进的涂装工艺为旋杯涂装，但当车身内表面采用旋杯静电涂装工艺时却提出了新的要求，即旋杯式静电喷枪要结构紧凑，以保证对内表面边角部位进行涂装，同时喷枪形成的喷幅宽度要具有较大的调整范围。针对这一课题，杜尔公司开发出了 EcoBell3 旋杯式静电喷枪。EcoBell3 喷枪在工作时，雾化器在旋杯周围形成两种相互独立的成形空气，能非常灵活地调整漆雾扇面的宽度，同时利用外加电方案将喷枪尺寸进一步缩小。EcoBell3 喷枪不仅结构更加简单，而且效率超过了普通的旋杯式静电喷枪，也明显

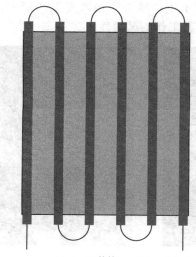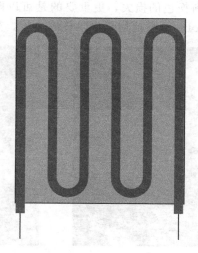

(a) 传统
通过指令频繁开关旋杯

(b) StayOn™
连续喷涂

图 7-7　StayOn 连续涂装功能

(a) 传统

(b) NoPatch™功能

图 7-8　NoPatch 无堆积涂装功能

图 7-9　FlexBell 弹匣式旋杯系统

减少了涂料换色的损失，更重要的是可以配合并行盒子生产线灵活地改变生产能力。图 7-10 所示为 EcoBell3 喷枪用于保险杠的涂装，充分体现出其工作的灵活性。

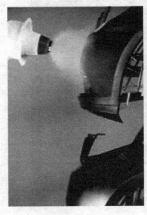  

(a) 宽的漆雾喷涂大面积表面   (b) 窄柱状漆雾喷涂细小表面   (c) 在狭窄空间内工作

图 7-10   EcoBell3 旋杯式静电喷枪用于保险杠的涂装

7.1.3 涂装机器人工作站的组成

典型的涂装机器人工作站主要由操作机、机器人控制系统、供漆系统、自动喷枪/旋杯、喷房、防爆吹扫系统等组成，如图 7-11 所示。

图 7-11   涂装机器人系统组成

1—机器人控制柜；2—示教器；3—供漆系统；4—防爆吹扫系统；

5—操作机；6—自动喷枪/旋杯

涂装机器人与普通工业机器人相比，操作机在结构方面的差别除了球型手腕与非球型手腕外，主要是防爆、油漆及空气管路和喷枪的布置所导致的差异，归纳起来主要特点如下：

① 一般手臂工作范围宽大，进行涂装作业时可以灵活避障。

② 手腕一般有 2~3 个自由度，轻巧快速，适合内部、狭窄的空间及复杂工件的涂装。

③ 较先进的涂装机器人采用中空手臂和柔性中空手腕，如图 7-12 所示。采用中空手臂和柔性中空手腕使得软管、线缆可内置，从而避免软管与工件间发生干涉，减少管道黏着薄雾、飞沫，最大程度降低灰尘粘到工件的可能性，缩短生产节拍。

④ 一般在水平手臂搭载涂装工艺系统，从而缩短清洗、换色时间，提高生产效率，节约涂料及清洗液，如图 7-13 所示。

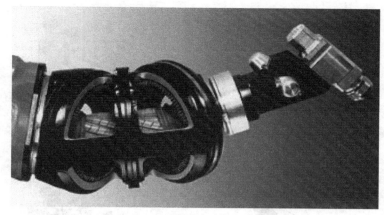

(a)柔性中空手腕

(b)柔性中空手腕内部结构

图 7-12　柔性中空手腕及其结构

　　涂装机器人控制系统主要完成本体和涂装工艺控制。本体控制在控制原理、功能及组成上与通用工业机器人基本相同；涂装工艺的控制则是对供漆系统的控制，即负责对涂料单元控制盘、喷枪/旋杯单元进行控制，发出喷枪/旋杯开关指令，自动控制和调整涂装的参数（如流量、雾化气压、喷幅气压以及静电电压），控制换色阀及涂料混合器完成清洗、换色、混色作业。

　　供漆系统主要由涂料单元控制盘、气源、流量调节器、齿轮泵、涂料混合器、换色阀、供漆供气管路及监控管线组成。涂料单元控制盘简称气动盘，它接收机器人控制系统发出的涂装工艺的控制指令，精准控制调节器、齿轮泵、喷枪/旋杯完成流量、空气雾化和空气成形的调整；同时控制涂料混合器、换色阀等以实现自动化的颜色切换和指定的自动清洗等功

图 7-13　集成于手臂上的涂装工艺系统

能，实现高质量和高效率的涂装。著名涂装机器人生产商 ABB、FANUC 等均有其自主生产的成熟供漆系统模块配套，图 7-14 所示为 ABB 生产的采用模块化设计、可实现闭环控制的流量调节器、齿轮泵、涂料混合器及换色阀模块。

　　对于涂装机器人，根据所采用的涂装工艺不同，机器人"手持"的喷枪及配备的涂装系统也存在差异。传统涂装工艺中空气涂装与高压无气涂装仍在广泛使用，但近年来静电涂装，特别是旋杯式静电涂装工艺凭借其高质量、高效率、节能环保等优点已成为现代汽车车身涂装的主要手段之一，并且被广泛应用于其他工业领域。

(a) 流量调节器　　　　　　　　　　(b) 齿轮泵

(c) 涂料混合器　　　　　　　　　　(d) 换色阀

图 7-14　涂装系统主要部件

(1) 空气涂装

所谓空气涂装，就是利用压缩空气的气流，流过喷枪喷嘴孔形成负压，在负压的作用下涂料从吸管吸入，经过喷嘴喷出，通过压缩空气对涂料进行吹散，以达到均匀雾化的效果。空气涂装一般用于家具、3C 产品外壳、汽车等产品的涂装，如图 7-15 所示是较为常见的自动空气喷枪。

(a) 日本 明治 FA100H-P　　　(b) 美国 DEVILBISS T-AGHV　　　(c) 德国 PILOT WA500

图 7-15　自动空气喷枪

(2) 高压无气涂装

高压无气涂装是一种较先进的涂装方法，其采用增压泵将涂料增至 6～30MPa 的高压，通过很细的喷孔喷出，使涂料形成扇形雾状，具有较高的涂料传递效率和生产效率，表面质量明显优于空气涂装。

(3) 静电涂装

静电涂装一般是以接地的被涂物为阳极，接电源负高压的雾化涂料为阴极，使得涂料雾化颗粒上带电荷，通过静电作用，吸附在工件表面。通常应用于金属表面或导电性良好且结构复杂的表面，或是球面、圆柱面等的涂装，其中高速旋杯式静电喷枪已成为应用最广的工业涂装设备，如图 7-16 所示。它在工作时利用旋杯的高速（一般为 30000～60000r/min）旋转运动产生离心作用，将涂料在旋杯内表面伸展成为薄膜，并通过巨大的加速度使其向旋杯边缘运动，在离心力及强电场的双重作用下涂料破碎为极细的且带电的雾滴，向极性相反的被涂工件运动，沉积于被涂工件表面，形成均匀、平整、光滑、丰满的涂膜，其工作原理如图 7-17 所示。

(a) ABB溶剂性涂料高速旋杯式静电喷枪

(b) ABB水性涂料高速旋杯式静电喷枪

图 7-16　高速旋杯式静电喷枪

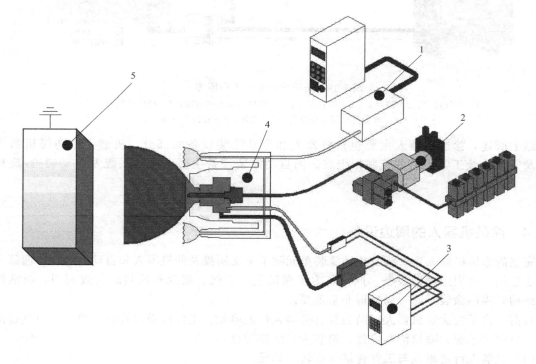

图 7-17　高速旋杯式静电喷枪工作原理
1—供气系统；2—供漆系统；3—高压静电发生系统；4—旋杯；5—工件

在进行涂装作业时，为了获得高质量的涂膜，除对机器人动作的柔性和精度、供漆系统及自动喷枪/旋杯的精准控制有所要求外，对涂装环境的最佳状态也提出了一定要求，如：无尘、恒温、恒湿、工作环境内恒定的供风及对有害挥发性有机物含量的控制等，喷房由此应运而生。一般来说，喷房由涂装作业的工作室、收集有害挥发性有机物的废气舱、排气扇以及可将废气排放到建筑外的排气管等组成。

涂装机器人多在封闭的喷房内涂装工件的内外表面，由于涂装的薄雾是易燃易爆的，如果机器人的某个部件产生火花或温度过高，就会引起大火甚至引起爆炸，因此防爆吹扫系统对于涂装机器人是极其重要的一部分。防爆吹扫系统主要由危险区域之外的吹扫单元、操作机内部的吹扫传感器、控制柜内的吹扫控制单元三部分组成。其防爆工作原理如图 7-18 所示，吹扫单元通过柔性软管向包含有电气元件的操作机内部施加压力，阻止爆燃性气体进入操作机内；同时由吹扫控制单元监视操作机内压、喷房气压，当异常状况发生时立即切断操作机伺服电源。

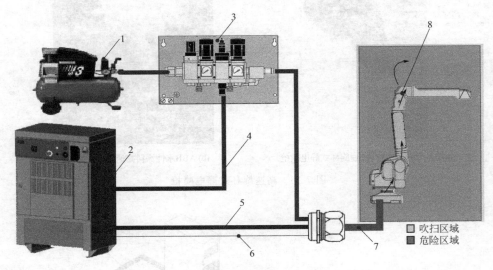

图 7-18　防爆吹扫系统工作原理
1—空气接口；2—控制柜；3—吹扫单元；4—吹扫单元控制电缆；5—操作机控制电缆；
6—吹扫传感器控制电缆；7—软管；8—吹扫传感器

综上所述，涂装机器人主要包括机器人和自动涂装设备两部分。机器人由防爆机器人本体及完成涂装工艺控制的控制柜组成。而自动涂装设备主要由供漆系统及自动喷枪/旋杯组成。

7.1.4　涂装机器人的周边设备

完整的涂装机器人生产线及柔性涂装单元除了上文所提及的机器人和自动涂装设备两部分外，还包括一些周边辅助设备。同时，为了保证生产空间、能源和原料的高效利用，灵活性高、结构紧凑的涂装车间布局显得非常重要。

目前，常见的涂装机器人辅助装置有机器人行走单元、工件传送（旋转）单元、空气过滤系统、输调漆系统、喷枪清理装置、涂装生产线控制盘等。

（1）机器人行走单元与工件传送（旋转）单元

主要包括完成工件的传送及旋转动作的伺服转台、伺服穿梭机及输送系统，以及完成机器人上下左右滑移的行走单元，但是涂装机器人所配备的行走单元与工件传送和旋转单元的防爆性能有着较高的要求。一般来讲配备行走单元和工件传送与旋转单元的涂装机器人生产线及柔性涂装单元的工作方式有三种：动/静模式、流动模式及跟踪模式。

① 动/静模式　在动/静模式下，工件先由伺服穿梭机或输送系统传送到涂装室中，由伺服转台完成工件旋转，之后由涂装机器人单体或者配备行走单元的机器人对其完成涂装作业。在涂装过程中工件可以是静止地做独立运动，也可与机器人做协调运动，如图 7-19 所示。

② 流动模式　在流动模式下，工件由输送链承载匀速通过涂装室，由固定不动的涂装机器人对工件完成涂装作业，如图 7-20 所示。

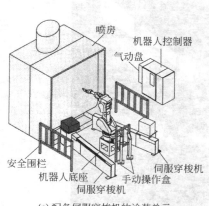

(a) 配备伺服穿梭机的涂装单元

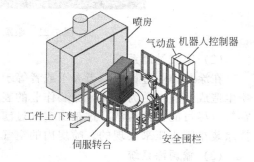

(b) 配备输送系统的涂装单元

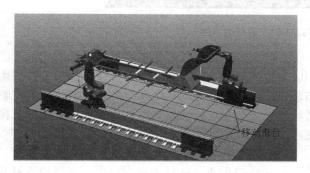

(c) 配备行走单元的涂装单元

(d) 机器人与伺服转台协调运动的涂装单元

图 7-19　动/静模式的涂装单元

图 7-20　流动模式下的涂装单元

　　③ 跟踪模式　在跟踪模式下，工件由输送链承载匀速通过涂装室，机器人不仅要跟踪随输送链运动的涂装物，而且要根据涂装面而改变喷枪的方向和角度，如图 7-21 所示。

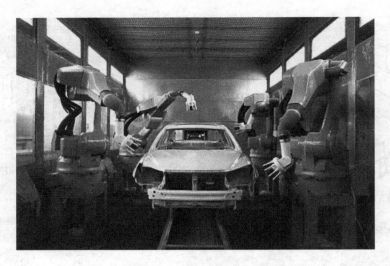

图 7-21　跟踪模式下的涂装机器人生产线

（2）空气过滤系统

在涂装作业过程中，当大于或者等于 $10\mu m$ 的粉尘混入漆层时，用肉眼就可以明显看到由粉尘造成的瑕点。为了保证涂装作业的表面质量，涂装线所处的环境及空气涂装所使用的压缩空气应尽可能保持清洁，这是由空气过滤系统使用大量空气过滤器对空气质量进行处理以及保持涂装车间正压来实现的。喷房内的空气纯净度要求最高，一般来说要求经过三道过滤。

（3）输调漆系统

涂装机器人生产线一般由多个涂装机器人单元协同作业，这时需要有稳定、可靠的涂料及溶剂的供应，而输调漆系统则是保证这一问题的重要装置。一般来说，输调漆系统由以下几部分组成：油漆和溶剂混合的调漆系统、为涂装机器人提供油漆和溶剂的输送系统，液压泵系统、油漆温度控制系统、溶剂回收系统、辅助输调漆设备及输调漆管网等，如图 7-22 所示。

图 7-22　艾森曼公司设计制造的输调漆系统

图 7-23　Uni-ram UG4000 自动
喷枪清理机

（4）喷枪清理装置

涂装机器人的设备利用率高达 $90\%\sim95\%$，在进行涂装作业中难免发生污物堵塞喷枪气路，同时在对不同工件进行涂装时也需要进行换色作业，此时需要对喷枪进行清理。自动化的喷枪清洗装置能够快速、干净、安全地完成喷枪的清洗和颜色更换，彻底清除喷枪通道内及喷枪上飞溅的涂料残渣，同时对喷枪完成干燥，减少喷枪清理所耗用的时间、溶剂及空气，如图 7-23 所示。喷枪清洗装置在对喷枪清理时一般经过四个步骤：空气自动冲洗、自动清洗、自动溶剂冲洗、自动通风排气。

7.2　ABB 工业机器人仿真软件在玻璃涂胶现场编程上的应用

7.2.1　指令简介

（1）计时指令的应用

① 时钟数据　"Clock" 必须定义为变量类型，最小计时单位为 1ms。

② 计时指令　ClkStart：开始计时；ClkStop：停止计时；ClkReset：时钟复位；ClkRead：读取时钟数值。

③ 应用举例

VAR clock clock1；

PERS num CycleTime；

PROC rMove ()

MoveL p1，v100，fine，tool0；

ClkReset clock1；

ClkStart clock1；

MoveL p2，v100，fine，tool0；

ClkStop clock1；

CycleTime：=ClkRead (clock1)；

ENDPROC

④ 执行结果　机器人到达 P_1 点后开始计时，到达 P_2 点后停止计时，之后利用 ClkRead 读取当前时钟数值，并将其赋值给数值型变量 CycleTime，则当前 CycleTime 的值即为机器人从 P_1 点到 P_2 点的运动时间。

（2）人机交互指令

在机器人程序运行过程中，经常需要添加人机交互，实时显示当前信息或者人工选择确认等。人机交互指令的作用是显示当前信息或者人工选择确认。

① 写屏指令 "TPWrite"

a. 指令作用：将字符串显示在示教器屏幕上。

b. 应用举例：TPWrite "The last cycle time is" \ Num：=cycletime；

c. 执行结果：若对应数值型数据 cycletime 的数值为 5，运行该指令，则示教器屏幕上会显示 "The last cycle time is 5"。

② 示教器端人工输入数值指令 "TPReadNum"

a. 指令作用：通过键盘输入的方式对指定变量进行赋值。

b. 应用举例：TPReadNum reg1，"how many products should be produced?"；

c. 执行结果：运行该指令，示教器屏幕上会出现数值输入键盘，假设人工输入 5，则对应的 reg1 被赋值为 5。

③ 屏幕上显示不同选项供用户选择指令"TPReadFK"

a. 指令作用：支持最多 5 个选项供用户选择。

b. 应用举例：TPReadFK reg1, "More?", stEmpty, stEmpty, "Yes", "No";

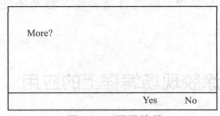

图 7-24 写屏效果

c. 执行结果：运行该指令，屏幕上的显示效果如图 7-24 所示。若人工选择为 Yes，则对应 reg1 被赋值为选项的编号 4；则后续可以根据 reg1 的不同数值执行不同的指令。

④ 清屏指令"TPErase" 运行该指令，则屏幕上的显示全部清空。

⑤ 等待类指令

a. WaitDI 指令

• 指令作用：等待数字输入信号达到指定状态，并可设置最大等待时间以及超时标识。

• 应用举例：WaitDI di1, 1 \ MaxTime：=3 \ TimeFlag：=bool1;

• 执行结果：等待数字输入信号 di1 变为 1，最大等待时间为 3s，若超时则 bool1 被赋值为 TRUE，程序继续执行下一条指令；若不设最大等待时间，则指令一直等待直至信号变为指定数值。

类似的指令有：WaitGI、WaitAI、WaitDO、WaitGO、WaitAO 等

b. WaitUntil 指令

• 指令作用：等待条件成立，并可设置最大等待时间以及超时标识。

• 应用举例：WaitUntil reg1=5 \ MaxTime：=3 \ TimeFlag：=bool1;

• 执行结果：等待数值型数据 reg1 变为 5，最大等待时间为 3s，若超时则 bool1 被赋值为 TRUE，程序继续执行下一条指令；若不设最大等待时间，则指令一直等待直至条件成立。

c. Waittime 指令

• 指令作用：等待固定的时间。

• 应用举例：Waittime 0.3;

• 执行结果：机器人程序执行到该指令时，指针会在此处等待 0.3s。

7.2.2 玻璃涂胶现场仿真编程

虚拟仿真工作站如图 7-25 所示，初始化步骤见表 7-1。

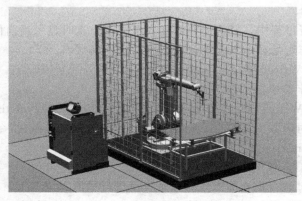

图 7-25 虚拟仿真工作站

表 7-1　解压并初始化

步骤	说明	图　　示
1	解压	
2	解压完成后运行	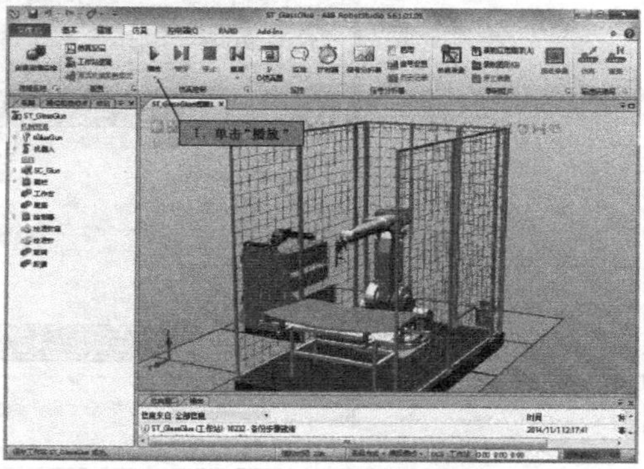
3	置位仿真涂胶启动信号	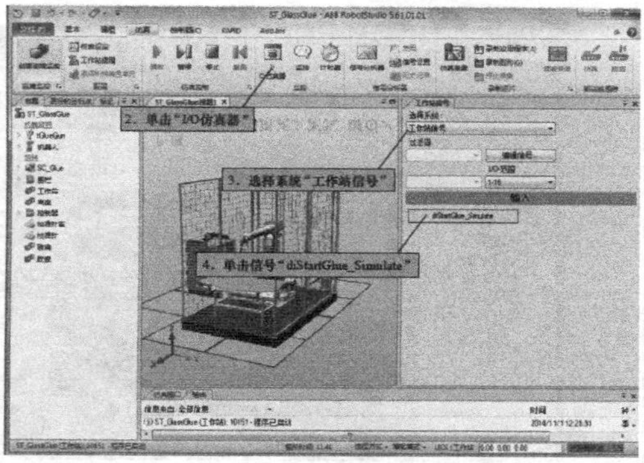
4	仿真确认后可停止仿真过程	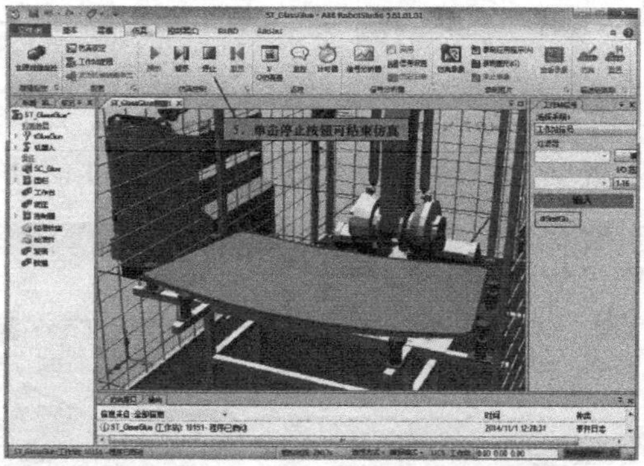
5	备份和机器人恢复出厂设置	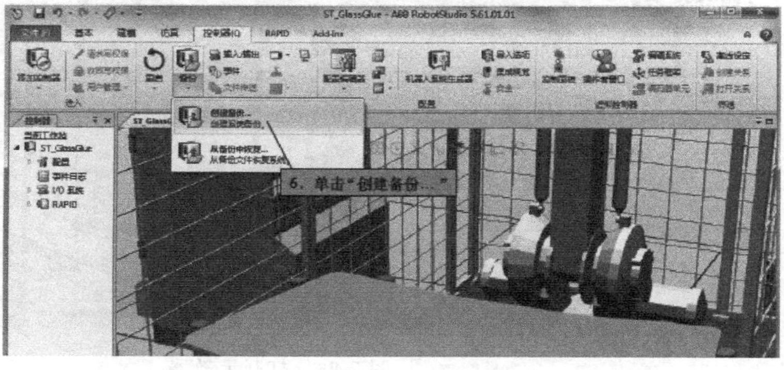

步骤	说明	图 示
5	备份和机器人恢复出厂设置	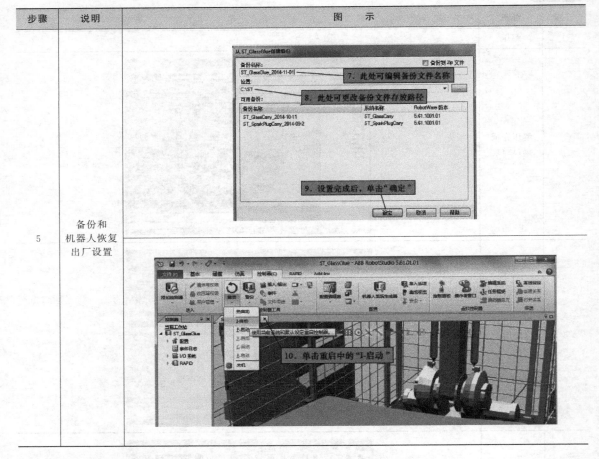

（1）I/O 配置

如图 7-26 所示打开示教器，首先将界面语言改选为中文，之后依次单击"ABB 菜单"→"控制面板"→"配置"，进入"I/O 主题"，配置 I/O 信号。

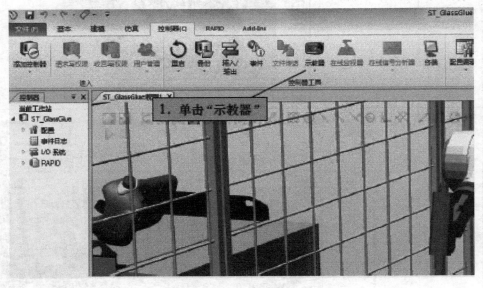

图 7-26　打开示教器

在此工作站中，配置 1 个 DSQC652 通信板卡（数字量 16 进 16 出），需要在 unit 中设置此 I/O 单元的相关参数，配置见表 7-2 和表 7-3。

表 7-2　unit 单元参数

Name	Type of Unit	Connected to Bus	Device Net Address
Board10	D652	DeviceNet1	10

表 7-3　I/O 信号参数

Name	Type of Signal	Assigned to Unit	Unit Mapping
do Glue	Digital Output	Board10	0
di Glue Start	Digital Input	Board10	0

在此工作站中，需要配置 1 个数字输出信号 do Glue，用于控制涂胶枪动作；1 个数字输入信号 di Glue Start，用于涂胶启动信号。

（2）坐标系标定

① 工具坐标系标定方法　工具坐标系标定有 4 点法、6 点法、9 点法等。形状不规则的工具，可使用 4 个点来标定新工具坐标系的工具中心点（TCP）。如图 7-27 所示，若需改变坐标系方向，再加两个方向延伸点标定坐标系方向，即 6 点标定法。若对 TCP 精度要求较高，标定坐标系原点时可以采用更多的点位（最多 9 个点）。如本实例中，需要标定的工具坐标系如图 7-28 所示。

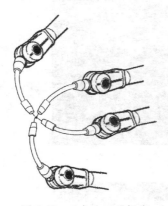

图 7-27　4 点法工具标定

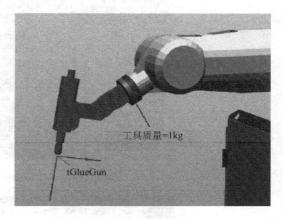

图 7-28　工具示意图

在进行标定之前，需要先估算该工具的重量以及重心偏移，在示教器中编辑工具数据 tGripper，确认关于 load 方向的各项数值，如表 7-4 所示。

表 7-4　工具数据参数

序号	参数名称		参数数值
1	robothold		TRUE
2	trans		
		X	29.09
		Y	3.4589
		Z	158.396
3	rot		

续表

序号	参数名称	参数数值
	q1	0.907705
	q2	0
	q3	0.419609
	q4	0
	mass	1
4	cog	
	X	1
	Y	0
	Z	1
5	其余参数均为默认值	

此处，工具负载的参数为一个估算数值，例如重量为 1kg、重心 x 偏移为 1；在实际应用过程中，工具重心及偏移的设置通常采用系统例行程序 LoadIdentify 来自动标定。

隐藏玻璃，显示标定针以及标定针座。在布局窗口，右击目标可设置可见属性，如图 7-29 所示。

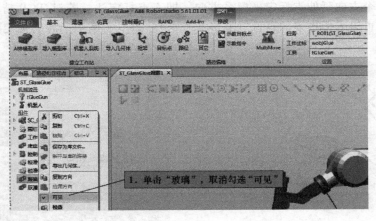

图 7-29　设定可见

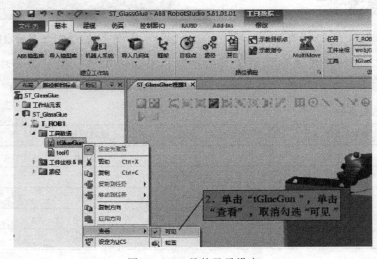

图 7-30　工具的显示设定

　　按照此方法，将校准针、校准针座设为可见。之后为避免之前工作站已存在的工具坐标系干扰视线，将其隐藏，可在"路径与目标点"中在对应工作站下拉列表中找到该工具坐标系，如图 7-30 所示。

　　接下来，采用 6 点标定法，即 TCP 和 X/Z，依次示教 6 个标定点，前 4 个点为 TCP 标定点，后 2 个点为方向延伸点，可自由选取目标点，示例过程如图 7-31～图 7-36 所示。

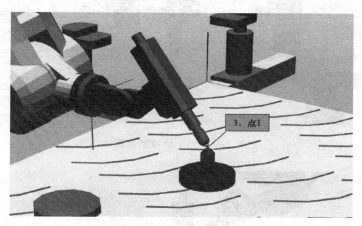

图 7-31　点 1 的设定位置

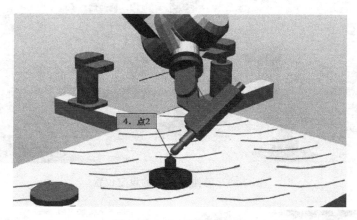

图 7-32　点 2 的设定位置

图 7-33　点 3 的设定位置

图 7-34　点 4 的设定位置

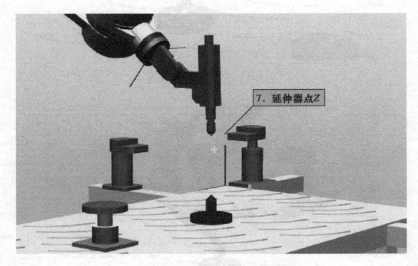

图 7-35　延伸器点 Z 的设定位置

图 7-36　延伸器点 X 的设定位置

② 工件坐标系的标定　在轨迹类应用中，由于需要示教大量的目标点，因此工件坐标系尤为重要。这样当发现工件整体偏移以后，只需重新标定一下工件坐标系即可完成调整。在此案例中，所需创建的工件坐标系如图 7-37 所示。

在图 7-36 所示的图中，依次移动机器人至 X_1、X_2、Y_1 点，并记录，则可生成工件坐标系 WobjGlue；在标定工件坐标系时，要合理选取 XY 方向，以保证 Z 轴方向便于编程使用；X、Y、Z 轴方向符合笛卡儿坐标系，即可使用右手来判定。标定完成之后，将玻璃设为"可见"。

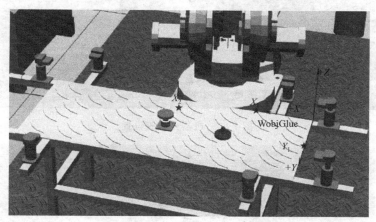

图 7-37　工件坐标系的标定位置

（3）示教目标点

接下来需要示教目标点，此工作站中需要示教大量的目标点，而且在示教目标点的过程中需要尽量调整工具姿态，使得工具 Z 轴方向与工件表面保持垂直关系。在"程序编辑器"菜单找到涂胶过程程序 tGlueProcess，如图 7-38 所示。

图 7-38　程序画面

在本工作站中，起始点位置如图 7-39 所示。俯视来看，则是绕着逆时针运行，涂胶过程中的所有目标点均使用工具坐标系 tGlueGun、工件坐标系 WobjGlue。根据要求，依次完成轨迹中各个目标点的示教。起始点的接近位置示教为起始点的正上方即可。终点的离开位置示教为终点的正上方即可，此案例中起点和终点其实为同一点，则离开位置可同接近位置示教为同一点。

最后示教工作原位 pHome，可自由选取位置示教，工具为 tGlueGun，工件为 Wobj0，如图 7-40 所示。

图 7-39 机器人涂胶位置

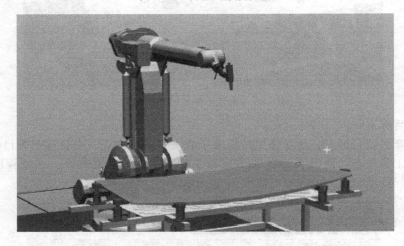

图 7-40 pHome 的设定位置

(4) 注意事项

① 在示教过程中，可以不严格按照模板程序中所选取的目标点数量，大家可自由进行选取，并添加或删除对应的运动指令。

② 待完成所有目标点示教之后，将校准针、校准针座取消勾选"可见"。

③ 执行仿真开始按钮，查看工作站运行情况，若运行正常，则保存该工作站。

7.3 ABB工业机器人仿真软件在车灯涂胶现场编程上的应用

7.3.1 指令简介

(1) 中断程序的用法

① 中断程序的作用 在程序执行过程中，如果发生需要紧急处理的情况，这就要中断当前程序的执行，马上跳转到专门的程序中对紧急情况进行相应处理，处理结束后返回中断的地方继续往下执行程序。专门用来处理紧急情况的专门程序称作中断程序（TRAP）。

② 中断程序应用举例

VAR intnum intno1；（定义中断数据 intno1）

IDelete intno1；（取消当前中断符 intno1 的连接，预防误触发）

CONNECT intno1 WITH tTrap；（将中断符与中断程序 tTrap 连接）

ISignalDI di1，1，intno1；（当输入信号 di1 为 1 时，触发该中断程序）

TRAP tTrap

reg1：＝reg1＋1；

ENDTRAP

③ 执行结果　中断被触发时执行中断程序，然后返回原断点。

④ 指令说明

- ISleep　使中断监控失效，在失效期间，该中断程序不会被触发。例如：ISleepintno1；
- IWatch　激活中断监控。系统启动后默认为激活状态，只要中断条件满足，即会触发中断。例如：IWatchintno1；
- ISignalDI \ Single，di1，1，intno1；若在 ISignalDI 后面加上可选参变量 \ Single，则该中断只会在 di1 信号第一次置 1 时触发相应的中断程序，后续则不再继续触发，直至再次重新定义该触发条件。

（2）机器人速度相关设置

① 速度数据 speeddata

a. 举例。

PERS speeddata speed1：＝［100，2000，5000，1000］；

b. 参数说明。

第 1 个参数为 v_tcp：机器人线性运行速度，单位为 mm/s；

第 2 个参数为 v_ori：机器人重定位速度，单位为（°）/s；

第 3 个参数为 v_leax：外轴线性移动速度，单位为 mm/s；

第 4 个参数为 v_reax：外轴关节旋转速度，单位为（°）/s。

在机器人运行过程中，无外轴情况下，速度数据中的前两个参数起作用，并且两者相互制约，保证机器人 TCP 移动至目标位置时，TCP 的姿态也恰好旋转到位，所以在调整速度数据时，需要同时考虑两个参数。每条运动指令中都需要指定速度数据。也可以通过速度指令对整体运行进行速度设置。

② 速度设置指令 VelSet

a. 举例。

VelSet 60，2000；

b. 参数说明。

第 1 个参数：速度百分比，针对各运动指令中的速度数据；

第 2 个参数：线速度最高限值，不能超过 2000mm/s。

c. 指令功能。

此条指令运行之后，速度的设置直至下一条 VelSet 指令执行；此速度设置与示教器端速度百分比设置相互叠加。例如示教器端机器人运行速度百分比为 50，VelSet 设置的百分比为 50，则机器人实际运行速度为两者的叠加，即 25％。

③ 加速度设置指令 AccSet

a. 举例

AccSet 70，70；

b. 参数说明。

机器人加速度默认为最大值，最大坡度值，通过 AccSet 可以减小加速度。

第 1 个参数：加速度最大值百分比；

第 2 个参数：加速度坡度值。

上述两个参数对加速度的影响可参照图 7-41 所示的说明。

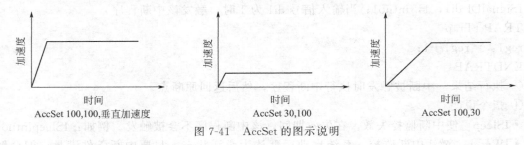

图 7-41　AccSet 的图示说明

7.3.2　车灯涂胶现场仿真编程

虚拟仿真工作站如图 7-42 所示，初始化步骤见表 7-5。

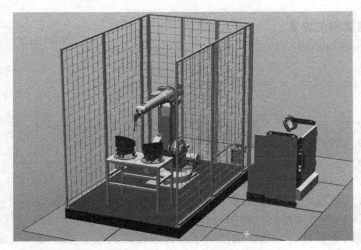

图 7-42　机器人工作站布局

表 7-5　车灯涂胶现场仿真解压并初始化

步骤	说明	图示
1	解压	
2	启动（开启工位 A 的启动信号并仿真）	1.单击"播放"

续表

步骤	操作界面	操作说明
3	开启工位A的启动信号并仿真	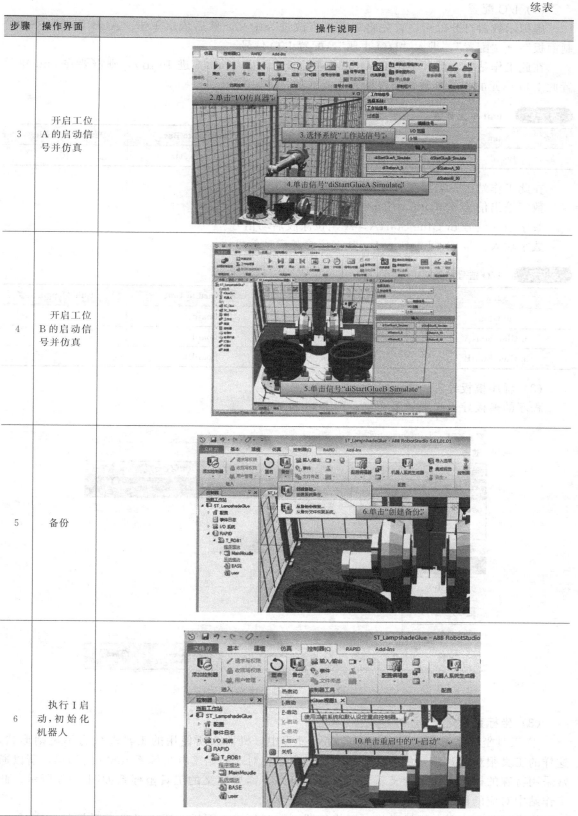 2.单击"I/O仿真器" 3.选择系统"工作站信号" 4.单击信号"diStartGlueA Simulate"
4	开启工位B的启动信号并仿真	5.单击信号"diStartGlueB Simulate"
5	备份	6.单击"创建备份"
6	执行I启动,初始化机器人	10.单击重启中的"I-启动"

（1）I/O 配置

虚拟示教器打开以后，首先将界面语言改选为中文，然后依次单击"ABB 菜单"→"控制面板"→"配置"，进入"I/O 主题"，配置 I/O 信号。

在此工作站中，配置 1 个 DSQC652 通信板卡（数字量 16 进 16 出），则需要在 unit 中设置此 I/O 单元的相关参数，配置见表 7-6 和表 7-7。

表 7-6　unit 单元参数

Name	Type of Unit	Connected to Bus	Device Net Address
Board10	D652	Device Net1	10

在此工作站中，需要配置如下信号：

数字输出信号 do Glue，用于控制胶枪涂胶。

数字输入信号 di Glue StartA，A 工位涂胶启动信号。

数字输入信号 di Glue StartB，B 工位涂胶启动信号。

表 7-7　I/O 信号参数

Name	Type of Signal	Assigned to Unit	Unit Mapping
do Glue	Digital Output	Board10	0
di Glue StartA	Digital Input	Board10	0
di Glue StartB	Digital Input	Board10	1

（2）程序模板导入

程序的模板导入步骤如图 7-43、图 7-44 所示。

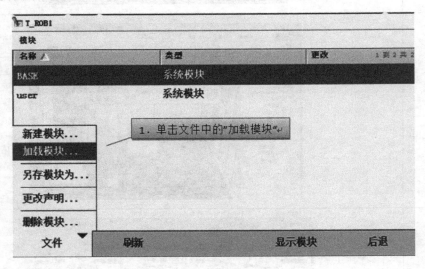

图 7-43　加载模块操作

（3）坐标系设定

① 工具坐标系的标定　在轨迹类应用过程中，机器人所使用的工具多数为不规则形状，这样的工具很难通过测量的方法计算出工具尖点相对于初始工具坐标系 tool0 的偏移，所以通常采用特殊的标定方法来定义新建的工具坐标系。需要定义的工具坐标系如图 7-45 所示。此工作站中对应的校准针、校准针座如图 7-46 所示。

校准之前，为避免视线干扰，可将灯罩 A、灯罩 B、围栏、原工具坐标系框架 tGlueGun

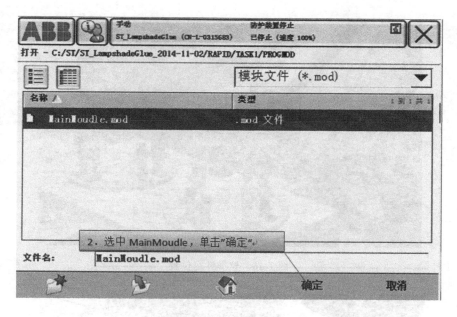

图 7-44 选择模块操作

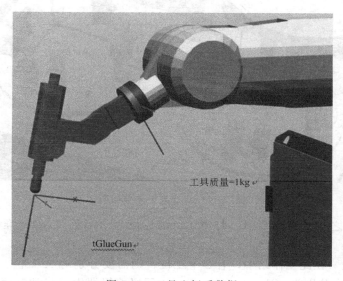

图 7-45 工具坐标系数据

取消"可见";将校准针、校准针座设为"可见"。

　　② 工件坐标系的标定　在轨迹类应用中,由于需要示教大量的目标点,故工件坐标系尤为重要。这样当发现工件整体偏移以后,只需重新标定工件坐标系即可完成调整。在此案例中有 A、B 两个工位,所以需要标定两个工件坐标系 WobiA、WobiB。

　　在选取工件坐标系位置时,应尽量选取工装夹具上的定位针、定位孔进行三点法标定。在此案例中,工位 A、工位 B 均为转台,选取转台上面的定位孔作为标定坐标系的基准点,这样能够较好地定位工件位置。在此案例中,可使用校准针插入定位孔作为示教基准点的依据。

　　如图 7-47 所示,分别记录 A、B 工位对应的 X_1、X_2、Y_1 点,进行对应的工件坐标系的标定;在标定工件坐标系时,要合理选取 X、Y 方向,以保证 Z 轴方向便于编程使用:X、Y、Z 轴方向符合笛卡儿坐标系,即可使用右手来判定。

图 7-46　校准针座位置

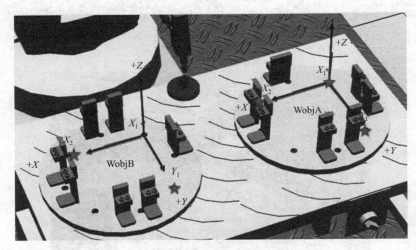

图 7-47　机器人工件坐标系

完成所有标定之后，将灯罩 A、灯罩 B、围栏设为"可见"，将校准针、校准针座取消"可见"。

③ 示教目标点　在此工作站中，有 2 个工位，则需要分别对 A 工位、B 工位进行目标点示教，对应的子程序分别为 rGlueA、rGlueB，在程序编辑器中可找到这两个程序，如图 7-48 和图 7-49 所示。

需要注意的是：示教目标点时，手动操纵画面当前所使用的工具和工件坐标系要与指令里面的参考工具和工件坐标系保持一致，否则会出现"错误的活动工件、工具"等警告。示教 A 工位目标点时，统一使用工具坐标系"tGlue"、工件坐标系"WobjA"；示教 B 工位目标点时，统一使用工具坐标系"tGlue"、工件坐标系"WobjB"；示教 pHome 点时，统一使用工具坐标系"tGlue"、工件坐标系"Wobj0"。对 A 工位和 B 工位进行目标点示教的起始位置如图 7-50 和图 7-51 所示。

机器人工作原位 pHome（图 7-52）：在示教过程中，可以不严格按照模板程序中所选取的目标点位置的数量，可自由进行选取，并添加或删除对应的运动指令。

完成所有目标点的示教后，执行"仿真开始"按钮，查看工作站运行情况，若运行正常，则保存该工作站。

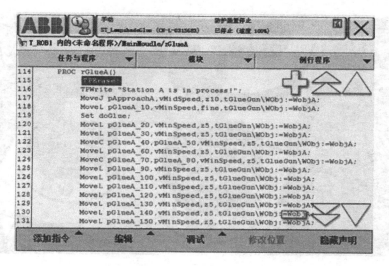

图 7-48　程序指令 1

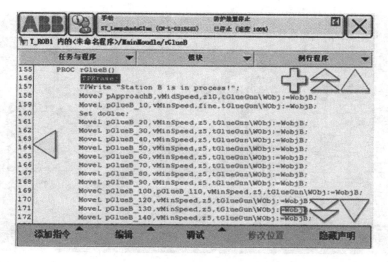

图 7-49　程序指令 2

图 7-50　A 工位起始点

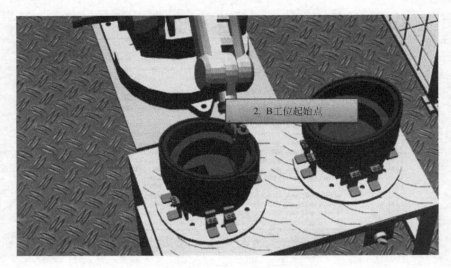

图 7-51　B工位起始点

图 7-52　机器人工作原位 pHome

第8章
工业机器人装配工作站的现场编程

8.1 工业机器人装配工作站

8.1.1 装配机器人的组成

(1) 机器人系统

尽管某些场合的装配难以用装配机器人实现"自动化"，但是装配机器人的出现大幅度提升了装配生产线吞吐量，使得整个装配生产线逐渐向"无人化"发展，各大机器人生产厂家不断研发创新，不断推出新机型、多功能的装配机器人。

① 操作机　日本川田工业株式会社推出的 NEXTAGE 装配机器人，打破机器人定点安装的局限，在底部配有移动导向轮，可适应装配不同结构形式生产线，如图 8-1 所示。NEXTAGE 装配机器人具有 15 个轴，每个手臂 6 轴、颈部 2 轴、腰部 1 轴，且"头部"类似于人头部配有 2 个立体视觉传感器，每只手爪也配有立体视觉传感器，极大程度地保证装配任务的顺利进行；YASKAWA（安川）机器人公司也推出双臂机器人 SDA10F，如图 8-2 所示。该系列机器人有两个手臂和一个旋转躯干，每个手臂负载 10kg 并具有 7 个旋转轴，整体机器人具有 15 个轴，具有较大灵活性，并配备 VGACCD 摄像头，极大地提高了装配准确性。

图 8-1　NEXTAGE 装配机器人

图 8-2　YASKAWA SDA10F 装配机器人

② 控制器　随着装配生产线产品结构的不断升级，新型机器人不断涌现且控制器处理能力不断增强。2013 年安川机器人正式推出更加适合取放动作的控制器 FS100L，如图 8-3 所示。该控制器主要针对负载在 20kg 以上的中大型取放机器人，控制器内部单元与基板均高密度实装，节省空间，与之前同容量机种相比体积减小近 22%；处理能力提高，具有 4 倍高速生产能力，缩短 I/O 应答时间。

(2) 末端执行装置

装配机器人的末端执行器是夹持工件移动的一种夹具，类似于搬运、码垛机器人的末端执

图 8-3 FS100L 控制器

行器，常见的装配执行器有吸附式、夹钳式、专用式和组合式。

① 吸附式 吸附式末端执行器在装配中仅占一小部分，广泛应用于电视、录音机、鼠标等轻小工件的装配场合。

② 夹钳式 夹钳式手爪是装配过程中最常用的一类手爪，多采用气动或伺服电动机驱动，闭环控制配备传感器可实现准确控制手爪启动、停止及其转速，并对外部信号做出准确反应。夹钳式装配手爪具有重量轻、出力大、速度高、惯性小、灵敏度高、转动平滑、力矩稳定等特点，其结构类似于搬运作业夹钳式手爪，但又比搬运作业夹钳式手爪精度高、柔顺性高，如图 8-4 所示。

③ 专用式 专用式手爪是在装配中针对某一类装配场合单独设计的末端执行器，且部分带有磁力，常见的主要是螺钉、螺栓的装配，同样也多采用气动或伺服电动机驱动，如图 8-5 所示。

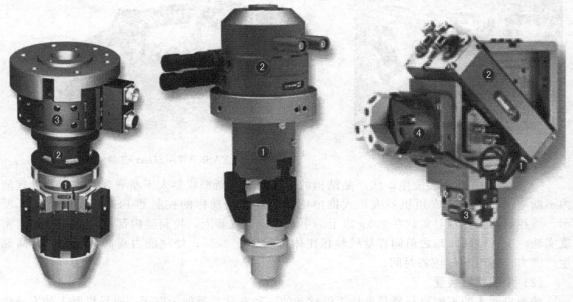

图 8-4 夹钳式手爪   图 8-5 专用式手爪   图 8-6 组合式手爪

④ 组合式　组合式末端执行器在装配作业中是通过组合获得各单组手爪优势的一类手爪，灵活性较大，多用于机器人需要相互配合装配的场合，可节约时间、提高效率，如图 8-6 所示。

（3）传感技术

作为装配机器人重要组成部分，传感技术也不断改革更新，从自然信源准确获取信息，并对之进行处理（变换）和识别成为各类装配机器人的"眼睛"和"皮肤"。

① 接触传感器　机器人触觉可分成接触觉、接近觉、压觉、滑觉和力觉五种，如图 8-7 所示。接触觉是通过与对象物体彼此接触而产生的，所以最好使用手指表面高密度分布的触觉传感器阵列，它柔软、易于变形，可增大接触面积，并且有一定的强度，便于抓握。接触觉传感器可检测机器人是否接触目标或环境，用于寻找物体或感知碰撞，触头可装配在机器人的手指上，用来判断工作中各种状况。

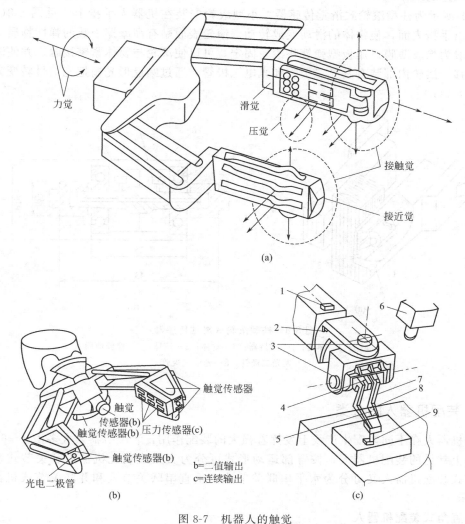

图 8-7　机器人的触觉

1—声波安全传感器；2—安全传感器（拉线形状）；3—位置、速度、加速度传感器；
4—超声波测距传感器；5—多方向接触传感器；6—电视摄像头；
7—多角度力传感器；8—握力传感器；9—触头

机器人依靠接近觉来感知对象物体在附近，然后手臂减速慢慢接近物体；依靠接触觉可知已接触到物体，控制手臂让物体位于手指中间，合上手指握住物体；用压觉控制握力；如果物体较重，则靠滑觉来检测滑动，修正设定的握力来防止滑动；力觉控制与被测物体自重和转矩相应的力，或举起或移动物体，另外，力觉在旋紧螺母、轴与孔的嵌入等装配工作中也有广泛的应用。

② 机器人的滑觉　机器人在抓取不知属性的物体时，其自身应能确定最佳握紧力的给定值。当握紧力不够时，要能检测被握紧物体的滑动，利用该检测信号，在不损害物体的前提下，考虑最可靠的夹持方法，实现此功能的传感器称为滑觉传感器。滑觉传感器可以检测垂直于握持方向物体的位移、旋转、由重力引起的变形等，以便修正夹紧力，防止抓取物的滑动。滑觉传感器主要用于检测物体接触面之间相对运动的大小和方向，判断是否握住物体以及应该用多大的夹紧力等。当机器人的手指夹住物体时，物体在垂直于夹紧力方向的平面内移动，需要进行的操作有：抓住物体并将其举起时的动作；夹住物体并将其交给对方的动作；手臂移动时加速或减速的动作。

图 8-8 所示为柱型滚轮式滑觉传感器。小型滚轮安装在机器人手指上 [见图 8-8(a)]，其表面稍突出手指表面，使物体的滑动变成转动。滚轮表面贴有高摩擦因数的弹性物质，这种弹性物质一般为橡胶薄膜。用板型弹簧将滚轮固定，可以使滚轮与物体紧密接触，并使滚轮不产生纵向位移。滚轮内部装有发光二极管和光电三极管，通过圆盘形光栅把光信号转变为脉冲信号 [见图 8-8(b)]。

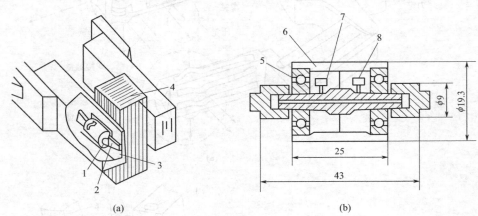

(a)   (b)

图 8-8　柱型滚轮式滑觉传感器
1—滑轮；2—弹簧；3—夹持器；4—物体；5—滚球；6—橡胶薄膜；
7—发光二极管；8—光电三极管

8.1.2　装配机器人的分类

装配机器人在不同装配生产线上发挥着强大的装配作用，装配机器人大多由 4～6 轴组成，目前市场上常见的装配机器人，按臂部运动形式可分为直角式装配机器人和关节式装配机器人，关节式装配机器人又可分为水平串联关节式、垂直串联关节式和并联关节式机器人，如图 8-9 所示。

(1) 直角式装配机器人

直角式装配机器人又称单轴机械手，以 *XYZ* 直角坐标系统为基本数学模型，整体结构模块化设计。直角式是目前工业机器人中最简单的一类，具有操作、编程简单等优点，可用于零部件移送、简单插入、旋拧等作业，机构上多装备球形螺钉和伺服电动机，具有速度快、精度高等特点，装配机器人多为龙门式和悬臂式（可参考搬运机器人相应部分）。现已广泛应用于节能灯装配、电子类产品装配和液晶屏装配等场合，如图 8-10 所示。

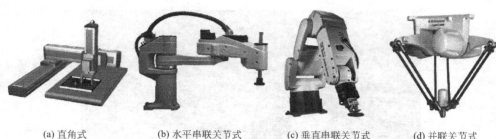

(a) 直角式　　　(b) 水平串联关节式　　　(c) 垂直串联关节式　　　(d) 并联关节式

图 8-9　装配机器人分类

图 8-10　直角式装配机器人装配缸体

(2) 关节式装配机器人

　　关节式装配机器人是目前装配生产线上应用最广泛的一类机器人，具有结构紧凑、占地空间小、相对工作空间大、自由度高、适合几乎任何轨迹或角度工作、编程自由、动作灵活、易实现自动化生产等特点。

　　① 水平串联式装配机器人　也称为平面关节型装配机器人或 SCARA 机器人，是目前装配生产线上应用数量最多的一类装配机器人，它属于精密型装配机器人，具有速度快、精度高、柔性好等特点，驱动多为交流伺服电动机，保证其较高的重复定位精度，可广泛应用于电子、机械和轻工业等产品的装配，适合工厂柔性化生产需求，如图 8-11 所示。

　　大量的装配作业是垂直向下的，它要求手爪的水平（X，Y）移动有较大的柔顺性，以补偿位置误差。而垂直（Z）移动以及绕水平轴转动则有较大的刚性，以便准确有力地装配。另外，还要求绕 Z 轴转动有较大的柔顺性，以便于键或花键配合。SCARA 机器人的结构特点满足了上述要求（如图 8-12 所示）。其控制系统也比较简单，如 SR-3000 机器人采用微处理机对 θ_1、θ_2、Z 三轴（直流伺服电动机）实现半闭环控制，对 S 轴（步进电动机）进行开环控制。编程语言采用与 BASIC 相近的 SERF。SCARA 机器人是目前应用较多的机器人类型之一。

　　② 垂直串联式装配机器人　垂直串联式装配机器人多为 6 个自由度，可在空间任意位置确定任意位姿，面向对象多为三维空间的任意位置和姿势的作业。图 8-13 所示是采用 FANUC LR Mate200iC 垂直串联式装配机器人进行读卡器的装配作业。

　　PUMA 机器人是美国 Unimation 公司 1977 年研制的，PUMA 是一种计算机控制的多关节装配机器人。一般有 5 或 6 个自由度，即腰、肩、肘的回转以及手腕的弯曲、旋转和扭转等

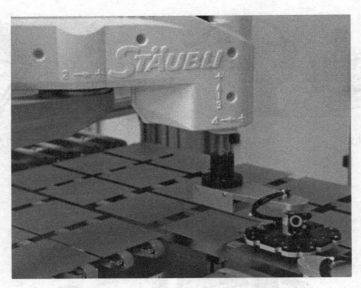

图 8-11　水平串联式装配机器人拾放超薄硅片

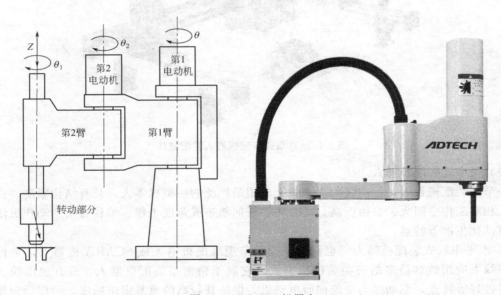

图 8-12　SCARA 机器人

功能（如图 8-14）。其控制系统由微型计算机、伺服系统、输入/输出系统和外部设备组成。采用 VALⅡ作为编程语言，例如语句"APPROPART，50"表示手部运动到 PART 上方 50mm 处。PART 的位置可以键入也可示教。VAL 具有连续轨迹运动和矩阵变换的功能。

(3) 并联式装配机器人

也称拳头机器人、蜘蛛机器人或 Delta 机器人，是一种轻型、结构紧凑的高速装配机器人，可安装在任意倾斜角度上，独特的并联机构可实现快速、敏捷动作且减少了非累积定位误差。目前在装配领域，并联式装配机器人有两种形式可供选择，即三轴手腕（合计六轴）和一轴手腕（合计四轴），具有小巧高效、安装方便、精准灵敏等优点，广泛应用于 IT、电子装配等领域。图 8-15 所示是采用两套 FANUCM-liA 并联式装配机器人进行键盘装配作业的场景。

通常装配机器人本体与搬运、焊接、涂装机器人本体精度制造上有一定的差别，原因在于机器人在完成焊接、涂装作业时，没有与作业对象接触，只需示教机器人运动轨迹即可，而装

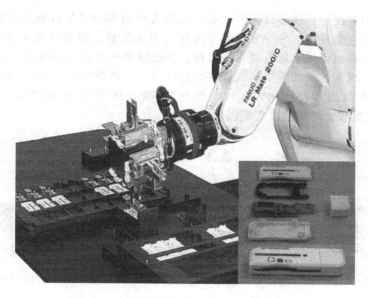

图 8-13　垂直串联式装配机器人组装读卡器

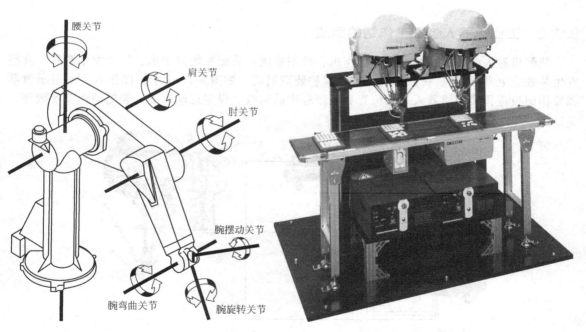

图 8-14　PUMA 机器人　　　　　图 8-15　并联式装配机器人组装键盘

配机器人需与作业对象直接接触，并进行相应动作；搬运、码垛机器人在移动物料时运动轨迹多为开放性，而装配作业是一种约束运动类操作，即装配机器人精度要高于搬运、码垛、焊接和涂装机器人。尽管装配机器人在本体上较其他类型机器人有所区别，但在实际应用中无论是直角式装配机器人还是关节式装配机器人都有如下特性：

　　① 能够实时调节生产节拍和末端执行器动作状态。

　　② 可更换不同末端执行器以适应装配任务的变化，方便、快捷。

　　③ 能够与零件供给器、输送装置等辅助设备集成，实现柔性化生产。

　　④ 多带有传感器，如视觉传感器、触觉传感器、力传感器等，以保证装配任务的精准性。

目前市场上的装配生产线多以关节式装配机器人中的 SCARA 机器人和并联机器人为主，在小型、精密、垂直装配上，SCARA 机器人具有很大优势。随着社会需求增大和技术的进步，装配机器人行业也得到迅速发展，多品种、少批量生产方式和为提高产品质量及生产效率的生产工艺需求，成为推动装配机器人发展的直接动力，各个机器人生产厂家也不断推出新机型以适应装配生产线的"自动化"和"柔性化"，图 8-16 所示为 KUKA、FANUC、ABB、YASKAWA 四巨头所生产的主流装配机器人本体。

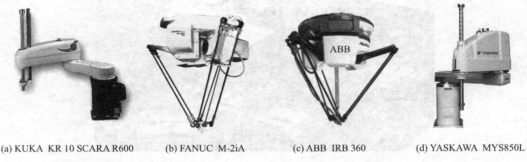

(a) KUKA KR 10 SCARA R600　　(b) FANUC M-2iA　　(c) ABB IRB 360　　(d) YASKAWA MYS850L

图 8-16 "四巨头"装配机器人本体

8.1.3 工业机器人装配工作站的组成

装配机器人的装配系统主要由操作机、控制系统、装配系统（手爪、气体发生装置、真空发生装置或电动装置）、传感系统和安全保护装置组成，如图 8-17 所示。操作者可通过示教器和操作面板进行装配机器人运动位置和动作程序的示教，设定运动速度、装配动作及参数等。

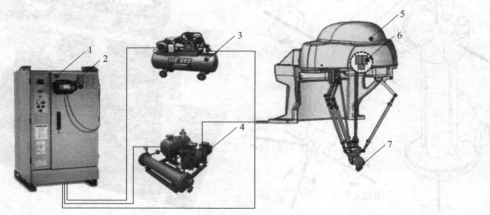

图 8-17 装配机器人系统组成
1—机器人控制柜；2—示教器；3—气体发生装置；4—真空发生装置；5—机器人本体；
6—视觉传感器；7—气动手爪

（1）装配机器人及控制柜

装配机器人的工作任务是对正品进行零件装配，并存储到仓库单元，把废品直接搬运到废品箱。与上下料机器人系统相同，其选用的也是安川 MH6 机器人和 DX100 控制柜。装配机器人所夹取的工件与零件都是圆柱体，所以末端执行器与上下料机器人的末端执行器也相同。

（2）PLC 控制柜

PLC 控制柜用来安装断路器、PLC、开关电源、中间继电器和变压器等元器件，其中 PLC 是机器人装配工作站的控制核心。装配机器人的启动与停止、输送线的运行等均由 PLC 控制。

(3) 装配输送线

装配输送线的功能是将上下料工作站输送过来的工件输送到装配工位，以便机器人进行装配与分拣。装配输送线如图 8-18 所示。

图 8-18　装配输送线

① 装配输送线的组成　装配输送线由 3 节输送线拼接而成，分别由 3 台伺服电动机驱动，如图 8-19 所示。

(a) 第一节装配输送线　　　　(b) 第二节装配输送线　　　　(c) 第三节装配输送线

图 8-19　装配输送线组成

② 装配输送线工作过程　装配工作站系统启动后，伺服电动机 1、2、3 启动，3 节输送线同时运行，输送装有工件的托盘。在第一节输送线的正上方装有机器视觉系统，托盘上的工件经过视觉检测区域时进行拍照、分析，判断工件的加工尺寸是否符合要求，并把检测的结果通过通信的方式反馈给 PLC，PLC 再将结果反馈给机器人。

当托盘输送到第二节输送线的工件装配处时被电磁铁阻挡定位，光敏传感器检测到托盘，伺服电动机 2 停止。

若工件是正品，则机器人去零件库将零件搬运到托盘处，与工件进行装配。装配完成后，再将装配完成的成品搬运到成品仓库中。

若工件是废品，则机器人直接去托盘处把废品搬运到废品区。

机器人搬运完成后，阻挡电磁铁得电，解除对托盘的阻挡，伺服电动机 2 启动，托盘离开后电磁铁复位。

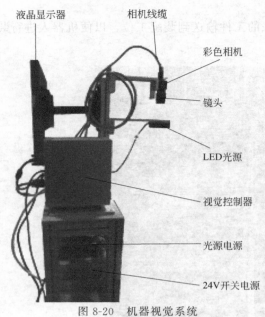

图 8-20　机器视觉系统

当空托盘输送到第三节输送线的末端时，被阻挡块阻挡，同时光敏传感器检测到托盘，伺服电动机 3 停止。取走托盘，伺服电动机 3 重新启动。

③ 机器视觉系统　机器视觉系统用于工件尺寸的在线检测，机器人根据检测结果，对工件进行处理。

机器视觉系统选用欧姆龙机器视觉系统，由视觉控制器、彩色相机、镜头、LED 光源、光源电源、相机电缆、24V 开关电源和液晶显示器等组成，如图 8-20 所示。

机器视觉系统安装在第一节装配输送线旁，镜头正对输送线中央，托盘上的工件经过视觉检测区域时进行拍照、分析，判断工件的加工尺寸是否符合要求，并把检测的结果通过通信的方式反馈给 PLC，PLC 再将结果反馈给机器人，由机器人对工件进行处理。

（4）装配机器人的周边设备

零件供给器：零件供给器的主要作用是提供机器人装配作业所需零部件，确保装配作业正常进行。目前应用最多的零件供给器主要是给料器和托盘，可通过控制器编程控制。

① 给料器　用振动或回转机构将零件排齐，并逐个送到指定位置，通常给料器以输送小零件为主，如图 8-21 所示。

② 托盘　装配结束后，大零件或易损坏划伤零件应放入托盘中进行运输。托盘能按一定精度要求将零件送到指定位置，由于托盘容纳量有限，故在实际生产装配中往往带有托盘自动更换机构，满足生产需求，托盘如图 8-22 所示。

图 8-21　振动式给料器　　　　　　　　　　　图 8-22　托盘

（5）装配机器人的工位布局

由装配机器人组成的柔性化装配单元，可实现物料自动装配，其合理的工位布局将直接影响到生产效率。在实际生产中，常见的装配工作站可采用回转式和线式布局。

① 回转式布局　回转式装配工作站可将装配机器人聚集在一起进行配合装配，也可进行

单工位装配，灵活性较大，可针对一条或两条生产线，具有较小的输送线成本，减小占地面积，广泛应用于大、中型装配作业，如图 8-23 所示。

②线式布局　线式装配机器人依附于生产线，排布于生产线的一侧或两侧，具有生产效率高、节省装配资源、节约人员维护，一人便可监视全线装配等优点，广泛应用于小物件装配场合，如图 8-24 所示。

图 8-23　回转式布局

图 8-24　线式布局

8.2　ABB 工业机器人仿真软件在车窗玻璃装配现场编程上的应用

8.2.1　指令简介

(1) 功能类型程序

①程序的作用　在程序执行过程中，如果发生需要紧急处理的情况，这就要中断当前程序。

功能类型的程序能够返回一个特定数据类型的值，在其他程序中可当作功能函数来调用。

②应用举例

FUNC bool bCompare（num nNum，numnMin，num nMax）

VAR bOK：=FALSE；

　　　　bOK：=nNum＞=nMin AND nNum＜=nMax；

RETURN bOK；

ENDFUNC

PROC Main（）

　　　　IF bCompare（nCount，5，10）THEN

　　　　　…

　　　　ENDIF

ENDPROC

③执行结果　此段程序为比较大小的布尔量型功能类型程序，调用时，需要输入要进行比较的数据以及最小值和最大值。如在 main 程序中，如果数据 nCount 大于等于 5 并且小于

等于 10，则 bCompare 为 TRUE，否则为 FALSE。

(2) 数组的应用

① 数组的作用　在定义程序数据时，可以将同种类型、同种用途的数值存放在同一个数据中，当调用该数据时需要写明索引号来指定调用的是该数据中的哪个数值，这就是所谓的数组。在 RAPID 中，可以定义一维数组、二维数组以及三维数组。

② 数组应用举例及说明

a. 一维数组。

VAR num reg1 {3}:=[5，7，9]；（定义一维数组 reg1）

reg2:=reg1 {2}；（reg2 被赋值为 7）

b. 二维数组。

VAR num reg1 {3，4}:=[[1，2，3，4]，[5，6，7，8]，[9，10，11，12]]；（定义二维数组 reg1）

reg2:=reg1 {3，2}；（reg2 被赋值为 10）

c. 三维数组。

VAR num reg1 {2，2，2}:=[[[1，2]，[3，4]]，[[5，6]，[7，8]]]；（定义三维数组 reg1）

reg2:=reg1 {2，1，2}；（reg2 被赋值为 6）

(3) 带参数的例行程序

① 例行程序的作用　在编写例行程序时，将该程序中的某些数据设置为参数，这样在调用该程序时输入不同的参数数据，则可对应执行在当前数据值情况下机器人对应执行的任务。

在切割应用中，频繁使用切割正方形的程序，切割正方形的指令及算法是一致的，只是正方形的顶点位置、边长不一致，可以将这两个变量设为参数。

② 例行程序应用举例

```
PROC rSquare（robtarget pBase，num nSideSize）
        MoveL pBase，v1000,fine,tool1\WObj:=wobj0；
        MoveL Offs(pBase，nSideSize，0，0)，v1000，fine，tool1\WObj:=wobj0；
        MoveL Offs(pBase，nSideSize，nSideSize,0)，v1000，fine，tool1\WObj:=wobj0；
        MoveL Offs(pBase,0,nSideSize，0)，v1000，fine,tool1\WObj:=wobj0；
        MoveL pBase，v1000，fine，tool1\WObj:=wobj0；
ENDPROC
PROC MAIN（ ）
        rSquare p1,100；
        rSquare p2,200；
ENDPROC
```

③ 执行结果　这样在调用该切割正方形的程序时，再指定当前正方形的顶点以及边长即可在对应位置切割对应边长大小的正方形。上述程序中，机器人先后切割了 2 个正方向，以 P_1 为顶点、100 为边长的正方形，以 P_2 为顶点、200 为边长的正方形。

8.2.2　车窗玻璃装配现场仿真编程

虚拟仿真工作站如图 8-25 所示。本工作站模拟车窗玻璃装配，在工作站中虚拟了三种样式的车窗，机器人利用视觉识别车窗样式以及位置，从而选择对应样式的车窗玻璃进行涂胶装配。

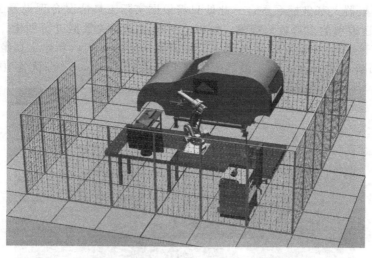

图 8-25　车窗玻璃装配机器人工作站布局

(1) I/O 配置

在"控制器"菜单中打开虚拟"示教器",将界面语言改为中文,之后依次单击"ABB 菜单"→"控制面板"→"配置",进入"I/O 主题",配置 I/O 信号。在此工作站中,配置有 1 个 DSQC652 通信板卡(数字量 16 进 16 出),则需要在 Unit 中设置此 I/O 单元的相关参数,配置见表 8-1 和表 8-2。

表 8-1　Unit 单元参数

Name	Type of Unit	Connected to Bus	Device Net Address
Board10	D652	DeviceNet1	10

在此工作站中,需要配置的 I/O 信号有:

数字输出信号 do Vacuum On,用于控制吸盘产生真空;

数字输出信号 do Glue On,用于控制胶枪涂胶;

数字输出信号 do Vis I/O On,用于控制虚拟视觉系统启动;

数字输入信号 di Process Start,工作站启动信号并随机选择车窗框体样式;

数字输入信号 di Vis I/O On Finished,虚拟视觉系统识别并定位完成;

组输入信号 gi Type,当前随机选择的车窗框体样式编号,取值范围 1~3。

I/O 信号参数见表 8-2。

表 8-2　I/O 信号参数

Name	Type Of Signal	Assigned to Unit	Unit Mapping
do Vacuum On	Digital Output	Board10	0
do Glue On	Digital Output	Board10	1
do Vis I/O On	Digital Output	Board10	2
di Process Start	Digital Input	Board10	2
di Vis I/On Finished	Digital Input	Board10	3
gi Type	group Input	Board10	0~1

(2) 坐标系标定

在本案例中,未设定工件坐标系,而是采用系统默认的初始工件坐标系 Wobj0,对于此工作站其 Wobj0 与机器人基坐标系重合；此处只需根据实际工具情况合理设置工具坐标系即可。此工作站中，搬运玻璃的工具较为规整，可以直接测量出相关数据进行创建。此处新建的工具坐标系只是相对于 tool0 来说沿着其 Z 轴正方向偏移一定的距离，新建工具坐标系的方向沿用 tool0 的方向，如图 8-26 所示。在示教器中编辑工具数据 tGripper，确认各项数值，见表 8-3。

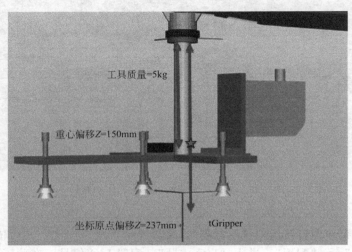

图 8-26　工具坐标系数据

表 8-3　工具数据参数

序号	参数名称	参数数值
1	robothold	TRUE
2	trans	
	X	0
	Y	0
	Z	237
3	rot	
	q1	1
	q2	0
	q3	0
	q4	0
	mass	5
	robothold	TRUE
4	cog	
	X	0
	Y	0
	Z	150
5	其余参数均为默认值	

（3）示教目标点

在此工作站中，需要示教大量的目标点，主要分成视觉定位工位、玻璃拾取工位、玻璃涂胶工位、玻璃装配工位 4 个工位。在示教器中，可依次找到对应的 4 个例行程序，分别是 rVisiOn、rPick、rGlue、rAssembly。视觉定位程序 "rVisiOn" 如图 8-27 所示，视觉拍照基准点如图 8-28 所示。类型 1 玻璃拾取点（图中所示玻璃为类型 1）如图 8-29 所示，类型 2 玻璃拾取点（图中所示玻璃为类型 2）如图 8-30 所示，类型 3 玻璃拾取点（图中所示玻璃为类型 3）如图 8-31 所示。

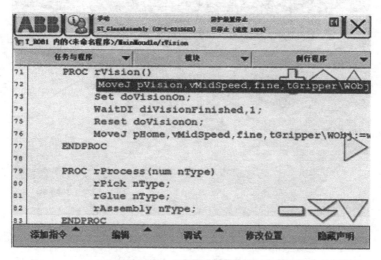

图 8-27　视觉定位程序

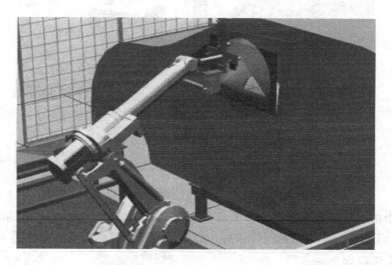

图 8-28　视觉拍照基准点

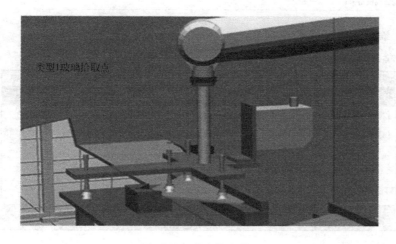

图 8-29　玻璃拾取点 1

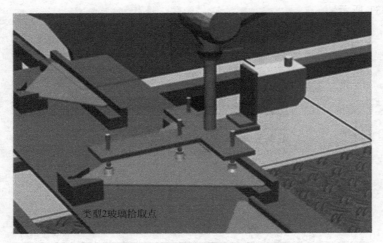

图 8-30　玻璃拾取点 2

图 8-31　玻璃拾取点 3

　　由于程序中的三个拾取基准点为一个目标点数组，如图 8-32 所示，因此示教该目标点时，选中"pPick〔nType〕"，单击修改位置后，会自动进入该数据结构，则选择对应的编号进行

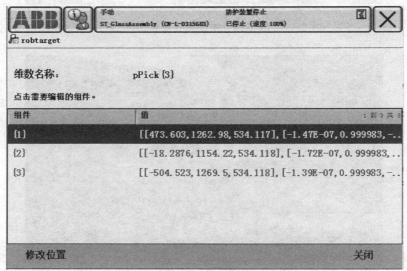

图 8-32　示教目标点

示教。拾取过渡点 1、点 2 位置的示意图如图 8-33 和图 8-34 所示。玻璃涂胶程序 "rGlue" 如图 8-35 所示，涂胶等待点 "pGlueApproach" 如图 8-36 所示。

图 8-33　拾取过渡点 1 示意图

图 8-34　拾取过渡点 2 示意图

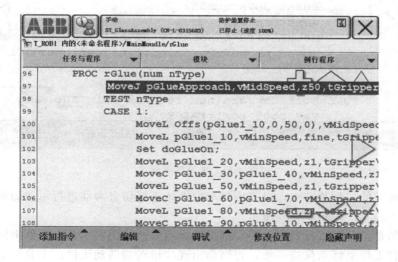

图 8-35　玻璃涂胶程序

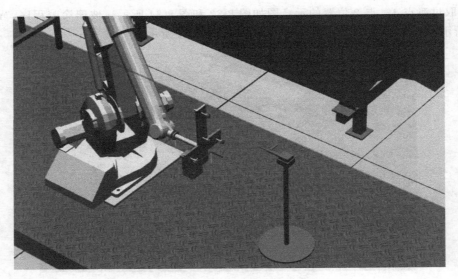

图 8-36　涂胶等待点

各个类型玻璃的涂胶点位则需沿着玻璃轮廓依次进行点位的视觉，由于三种玻璃均为三角形，故三条边均可使用两个目标点来指定一条涂胶轨迹，在各个顶角处为圆弧，则可分别使用3 个点位来指定一段圆弧轨迹，具体示教位置可自由选取，只需保证能够完成整个玻璃轮廓边界处的涂胶即可。玻璃装配程序"rAssembly" 如图 8-37 所示。装配前经过的中间过渡点 1、点 2 的示意如图 8-38 和图 8-39 所示。

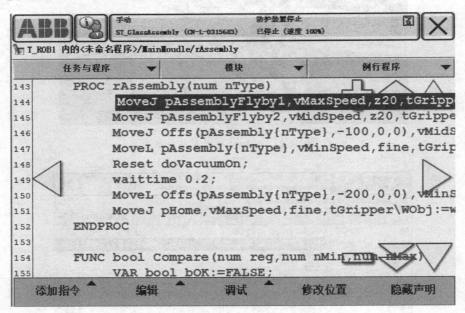

图 8-37　玻璃装配程序

三种类型玻璃的装配基准点，以玻璃与车窗框体正好切合为准进行示教即可。最后，机器人工作原位 pHome 示意如图 8-40 所示。

需要注意的是：示教目标点时，手动操纵画面当前所使用的工具和工件坐标系要和指令里面的参考工具和工件坐标系保持一致，否则会出现"错误的活动工件、工具"等警告。在本案例中，示教目标点时，统一使用工具坐标系"tGripper"、工件坐标系 "Wobj0"。

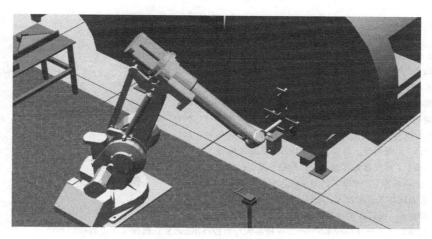

图 8-38　过渡点 1 示意图

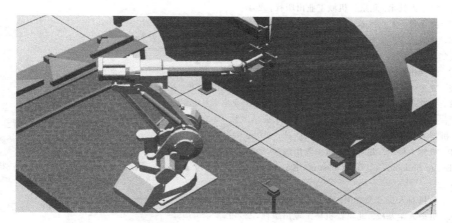

图 8-39　过渡点 2 示意图

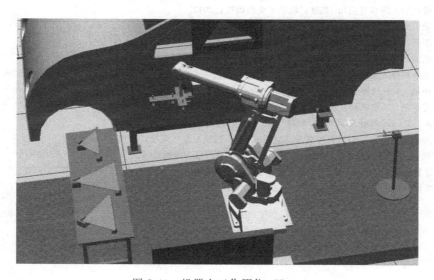

图 8-40　机器人工作原位 pHome

参 考 文 献

[1] 张培艳. 工业机器人操作与应用实践教程. 上海：上海交通大学出版社，2009.

[2] 邵慧，吴凤丽. 焊接机器人案例教程. 北京：化学工业出版社，2015.

[3] 韩建海. 工业机器人. 武汉：华中科技大学出版社，2009.

[4] 董春利. 机器人应用技术. 北京：机械工业出版社，2015.

[5] 于玲，王建明. 机器人概论及实训. 北京：化学工业出版社，2013.

[6] 余任冲. 工业机器人应用案例入门. 北京：电子工业出版社，2015.

[7] 杜志忠，刘伟. 点焊机器人系统及编程应用. 北京：机械工业出版社，2015.

[8] 叶晖，管小清. 工业机器人实操与应用技巧. 北京：机械工业出版社，2011.

[9] 肖南峰等. 工业机器人. 北京：机械工业出版社，2011.

[10] 郭洪江. 工业机器人运用技术. 北京：科学出版社，2008.

[11] 马履中，周建忠. 机器人柔性制造系统. 北京：化学工业出版社，2007.

[12] 闻邦椿. 机械设计手册（单行本）——工业机器人与数控技术. 北京：机械工业出版社，2015.

[13] 魏巍. 机器人技术入门. 北京：化学工业出版社，2014.

[14] 张玫等. 机器人技术. 北京：机械工业出版社，2015.

[15] 王保军，滕少峰. 工业机器人基础. 武汉：华中科技大学出版社，2015.

[16] 孙汉卿，吴海波. 多关节机器人原理与维修. 北京：国防工业出版社，2013.

[17] 张宪民等. 工业机器人应用基础. 北京：机械工业出版社，2015.

[18] 李荣雪. 焊接机器人编程与操作. 北京：机械工业出版社，2013.

[19] 郭彤颖，安冬. 机器人系统设计及应用. 北京：化学工业出版社，2016.

[20] 谢存禧，张铁. 机器人技术及其应用. 北京：机械工业出版社，2015.

[21] 芮延年. 机械人技术及其应用. 北京：化学工业出版社，2008.

[22] 张涛. 机器人引论. 北京：机械工业出版社，2012.

[23] 李云江. 机器人概论. 北京：机械工业出版社，2011.

[24] ［意］Bruno Siuliano，［美］Oussuma Khatib. 机器人手册. 《机器人手册》翻译委员会译. 北京：机械工业出版社，2013.

[25] 兰虎. 工业机器人技术及应用. 北京：机械工业出版社，2014.

[26] 蔡自兴. 机械人学基础. 北京：机械工业出版社，2009.

[27] 王景川，陈卫东，［日］古平晃洋. PSoC3 控制器与机器人设计. 北京：化学工业出版社，2013.

[28] 兰虎. 焊接机器人编程及应用. 北京：机械工业出版社，2013.

[29] 胡伟. 工业机器人行业应用实训教程. 北京：机械工业出版社，2015.

[30] 杨晓钧，李兵. 工业机器人技术. 哈尔滨：哈尔滨工业大学出版社，2015.

[31] 叶晖. 工业机器人典型应用案例精析. 北京：机械工业出版社，2015.

[32] 叶晖等. 工业机器人工程应用虚拟仿真教程. 北京：机械工业出版社，2016.

[33] 汪励，陈小艳. 工业机器人工作站系统集成. 北京：机械工业出版社，2014.

[34] 蒋庆斌，陈小艳. 工业机器人现场编程. 北京：机械工业出版社，2014.

[35] ［美］John J. Craig. 机器人学导论. 贠超等译. 北京：机械工业出版社，2006.

[36] 刘伟等. 焊接机器人离线编程及传真系统应用. 北京：机械工业出版社，2014.

[37] 肖明耀，程莉. 工业机器人程序控制技能实训. 北京：中国电力出版社，2010.

[38] 陈以农. 计算机科学导论基于机器人的实践方法. 北京：机械工业出版社，2013.

[39] 李荣雪. 弧焊机器人操作与编程. 北京：机械工业出版社，2015.